普通高等院校计算机仿真系列教材

控制系统 MATLAB 仿真

主　编　沈清波　宋云东　杨　静
副主编　赵春芳　刘姝廷

北京理工大学出版社
BEIJING INSTITUTE OF TECHNOLOGY PRESS

内 容 简 介

本书以 MATLAB 9.5（MATLAB R2018b）为仿真平台，较全面地介绍了自动控制系统的建模、分析、仿真、校正与设计的基本原理和方法。全书共分 7 章，内容包括绪论、MATLAB 计算基础、Simulink 仿真、控制系统数学模型、控制系统时域分析法、频域分析法和控制系统校正与参数整定。

本书可作为高等学校自动化、电气工程及其自动化、测控技术与仪器等专业“控制系统仿真”课程的教材，也可作为“系统建模与仿真”课程的参考教材，还可作为“自动控制原理”“过程控制工程”等相关课程的辅助教材，或者作为工程技术人员的参考用书。

图书在版编目(CIP)数据

控制系统 MATLAB 仿真 / 沈清波，宋云东，杨静主编
. -- 北京：北京理工大学出版社，2021.1(2025.1 重印)
ISBN 978-7-5682-9454-6

Ⅰ. ①控… Ⅱ. ①沈… ②宋… ③杨… Ⅲ. ① Matlab 软件 - 应用 - 自动控制系统 - 系统仿真 - 高等学校 - 教材 Ⅳ. ①TP273

中国版本图书馆 CIP 数据核字(2021)第 005103 号

责任编辑：陈世立　　**文案编辑**：李　硕
责任校对：刘亚男　　**责任印制**：李志强

出版发行 / 北京理工大学出版社有限责任公司
社　　址 / 北京市丰台区四合庄路 6 号
邮　　编 / 100070
电　　话 / (010) 68914026（教材售后服务热线）
(010) 63726648（课件资源服务热线）
网　　址 / http://www.bitpress.com.cn

版 印 次 / 2025 年 1 月第 1 版第 2 次印刷
印　　刷 / 唐山富达印务有限公司
开　　本 / 787 mm × 1092 mm　1/16
印　　张 / 15
字　　数 / 347 千字
定　　价 / 42.00 元

前　　言

《控制系统 MATLAB 仿真》是一本涉及控制理论、计算机数学与计算机仿真技术的综合性学科教材。本教材以 MATLAB/Simulink 仿真软件为平台，用数学模型和仿真模块替代实际的控制系统，对与控制系统相关的数学函数、PID 算法、闭环系统进行仿真实验和研究。

MATLAB/Simulink 仿真软件具有功能强大、适用范围广、编程效率高和图形界面友好等优点，在控制理论和控制工程仿真设计中得到了广泛应用。MATLAB 的 Toolbox（工具箱）与 Simulink（仿真）是控制系统设计与系统校正计算与仿真的两个强有力的工具，它们使控制系统的设计与校正发生了革命性的变化。

本教材以 MATLAB 9.5（MATLAB R2018b）仿真软件为平台，在借鉴众多相关优秀书籍和教材的基础上，以培养应用型人才为宗旨，结合工科自动化、电气、测控和信息类专业的特点和教学任务要求，介绍了控制理论、系统的发展和概念，并运用 MATLAB 软件进行系统程序设计和应用仿真实验；介绍了控制系统的建模、分析、仿真与校正设计的基本原理和方法。全书共分 7 章，内容包括第 1 章 绪论（介绍控制理论发展、控制系统概念、计算机仿真和 MATLAB 下的控制系统仿真等）；第 2 章 MATLAB 计算基础（介绍 MATLAB 命令行操作、常用指令、数值类型、矩阵运算、符号运算、逻辑运算、复变函数运算、常用绘图命令和程序设计等）；第 3 章 Simulink 仿真（介绍仿真模块和创建仿真模型）；第 4 章 控制系统数学模型（介绍模型的建立和转换）；第 5 章 控制系统时域分析法；第 6 章 频域分析法；第 7 章 控制系统校正与参数整定。本教材在阐述控制系统仿真原理的同时，力争通过大量有代表性的例题来介绍相应的内容，使控制系统仿真内容更生动，其包含的模拟系统工程设计实际应用技术的仿真操作，能够便于读者掌握和巩固本专业所学的内容，为将来工程仿真设计和创新打下应用的基础。

“控制系统仿真”课程是在学习“电路原理”“控制原理”和“C 语言程序设计”等专业基础课后开设的，后续的相关专业课有“过程控制工程”等。学生在具有前期“电路原理”“控制原理”和“C 语言程序设计”等相关的概念和编程基础后，能够更好地理解本教材内容。另外，本教材借助 MATLAB 仿真软件，对专业学习和巩固专业知识和技能应用可起到事半功倍的作用。

本教材分工如下。沈阳工学院信息与控制学院副教授沈清波编写第 1、3、6、7 章，并统稿全书，宋云东（国家电网辽宁省电力有限公司电力科学研究院高级工程师）和副教授赵春芳编写第4、5章，副教授刘姝廷编写第2章，沈阳科技学院的杨静教师收集并提供了相关素材和资料。

本教材在编写过程中参考了部分网络资料和文献，限于篇幅，没有全部列入参考文献，在此对这些资料的作者深表谢意。

由于时间仓促以及编者的水平所限，书中难免存在一些不足和错漏，恳请读者批评指正。

编　者

2020年10月

CONTENTS 目录

第1章 绪 论

本章介绍了自动控制理论的发展、自动控制系统的构成和分类、自动控制系统的相关术语、控制系统仿真和计算机仿真的基础知识、仿真技术的分类和发展趋势及 MATLAB 仿真软件特点等。通过本章内容的学习，读者能够对自动控制系统与仿真有一个整体的认识。

1.1 自动控制理论的发展与应用

自动控制理论的发展经过经典控制理论（频域法或复频域法）、现代控制理论（状态空间法）、大系统控制理论和智能控制等阶段。

1.1.1 自动控制理论的发展

按发展阶段的不同，自动控制理论可分为经典控制理论和现代控制理论两大部分。20 世纪 40 年代至 20 世纪 50 年代，经典控制理论（频域法或复频域法）诞生，其核心为传递函数，以及稳定性、稳定裕度等。该理论采用图形方法，直观简便，设置参数少（以简单控制结构获取相对满意的性能），适用于单输入单输出（Single Input and Single Output，SISO）系统，其数学基础是复变函数和积分变换。

20 世纪 60 年代至 20 世纪 70 年代，现代控制理论（状态空间法）诞生，其核心为状态变量的能控、能观性和系统性能的最优化。该理论采用时域法，统一处理 SISO 系统和多输入多输出（Multi - Input and Multi - Output，MIMO）系统，有完整的理论体系，其数学基础是线性代数和矩阵理论。该理论的缺点为对系统的数学模型精度要求高，实际性能达不到设计的最优，所需状态反馈难以直接实现。

从 20 世纪 70 年代到现在，多种新型控制理论、多变量频域控制理论诞生。例如，基于互质分解的全新的频域优化理论，当具有当系统存在模型误差或受到扰动时仍能保持良好性能的能力，即良好的鲁棒性控制（Robust Control）、拟人（学习、记忆、判断、推理等）智能控制（Intelligent Control）、大系统控制和复杂系统控制等；其控制系统具有高维数、强关联、多约束、多目标、不确定性、分散性、非线性、大时滞和难建模等特征，适用于电力系统、城市交通系统、网络系统、制造系统和经济系统等。

1.1.2 自动控制理论的应用

自动控制理论的早期应用可以追溯到两千年前古埃及的水钟控制和中国古代的指南车控制，但当时还未建立自动控制的理论体系。1769 年，瓦特（Watt）设计的内燃机引发了现代工业革命，而他于 1788 年为内燃机设计的飞锤调速器可以被认为是最早的反馈控制系统的工业应用。随后，线性系统的稳定性、PID 控制器参数的经验公式等控制理论先后被提出。

系统的传递函数、时域和频域分析技术，以及线性反馈系统的根轨迹分析技术等构成了经典控制理论。由庞特里亚金（Pontryagin）提出的极大值原理，以及美国学者提出的动态规划和状态空间分析技术开创了控制理论研究的新时代，构成了第二代控制理论——现代控制理论的基础。之后，在此基础上又出现了线性二次型最优调节器、极点配置状态反馈、最优状态观测器等新型控制理论。

自动控制是指在没有人直接参与的情况下，利用外加的设备或装置，使机器、设备或生产过程中的某个工作状态或参数自动地按照预定的规律运行。自动控制理论的研究有利于将人类从复杂、危险、烦琐的劳动环境中解放出来，并且能够大大提高生产效率。

1.2 自动控制系统的基本概念

自动控制系统是指采用自动控制装置，对生产中的设备或对象的某些关键参数进行自动控制，使它们在受到外界干扰（扰动）的影响而偏离正常状态时，能够被自动地调回到工艺所要求的数值范围内。自动控制系统分为开环、闭环控制系统，而闭环控制系统还有控制品质的要求。此外，还可根据数学模型所描述系统的运动性质和使用的数学工具将控制系统分为多种类型。

1.2.1 自动控制系统的基本分类

根据有无反馈，可将自动控制系统分为开环控制系统和闭环控制系统。这是自动控制系统最基本的分类方式，可以根据现场不同的工艺要求选择不同的控制系统。

1. 开环控制系统

如果控制系统的输出量对系统没有反馈作用，则称为开环控制系统。开环控制系统抗扰动能力差，控制精度难以保证，应用少，其框图如图 1 – 1 所示。

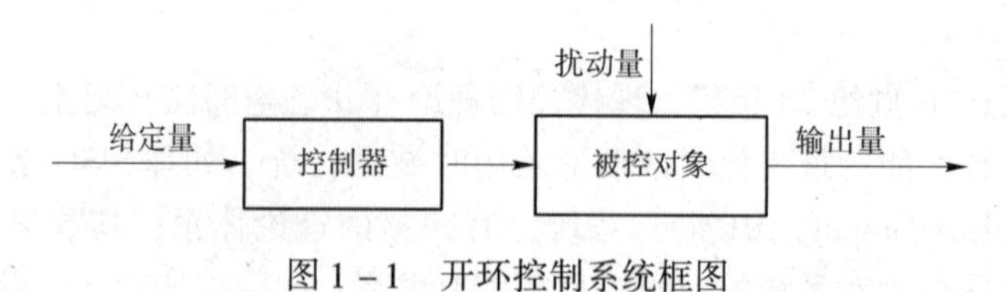

图 1 – 1 开环控制系统框图

可见，给定量直接经过控制器作用于被控对象，不需要将输出量反馈到输入端与给定量进行比较，所以只有给定量影响输出量。开环控制系统主要应用于机械、化工、物料装卸和运输等过程的控制，机械手和自动生产线也会应用。

2. 闭环控制系统

闭环控制系统是把输出量检测出来，经过物理量的转换，再反馈到输入端与给定量进行比较（相减），并利用比较后的偏差信号，经过控制器或调节器对控制对象进行控制，抑制外部或内部扰动对输出量的影响，从而减小输出量的误差。也就是说，只要闭环控制系统的输出量出现偏差，系统就自行纠正，其框图如图 1－2 所示。

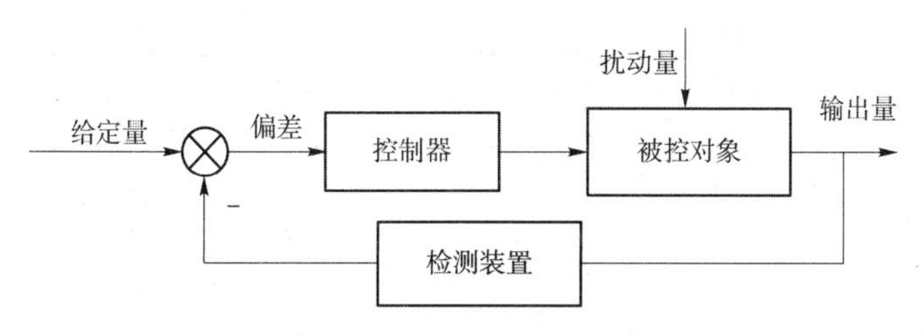

图 1－2 闭环控制系统框图

闭环控制系统通过被控量与给定值比较的偏差对系统进行控制，也称为反馈控制系统，其特点是当不论什么原因导致被控量偏离期望值而出现偏差时，必定会产生一个相应的控制作用去减小或消除这个偏差，使被控量与期望值趋于一致。

1.2.2 自动控制系统的基本组成和应用示例

自动控制系统的作用就是保证生产对象（装置）的某输出量始终满足生产工艺的要求，其基本组成和应用示例如下。

1. 自动控制系统的基本组成

自动控制系统就是利用控制器操纵被控对象，使被控量按技术要求变化，其基本组成框图如图 1－3 所示。

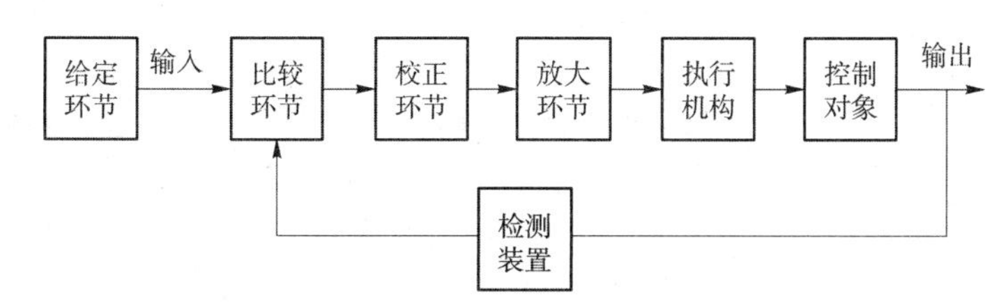

图 1－3 自动控制系统的基本组成框图

自动控制系统基本组成框图的说明如下。

（1）给定环节：给出与期望的被控量相对应的系统输入量的给定值。

（2）比较环节：把测量到的输出被控量（实际值）与给定环节给出的输入量（给定值）进行比较，求出它们之间的偏差。

（3）校正环节：即补偿环节，它是调整结构或参数的环节（控制器）。

（4）放大环节：将比较环节给出的偏差信号进行放大，推动执行机构去控制被控对象。

（5）执行机构：由传动装置和调节机构组成，执行机构直接作用于控制对象，使被控制量发生变化达到所要求的数值。

（6）控制对象（调节对象）：是指需要对其进行控制的设备或过程，也称被控对象。

（7）检测装置（传感器）：检测被控制量，并将其转换为与给定量统一的物理量。

自动控制系统中通常把比较环节、校正环节和放大环节合在一起称为控制装置，其说明如下。

（1）根据其特性，有超前、滞后和滞后－超前校正等。

（2）根据其与被控对象的不同连接方式，有串联、并联（反馈）、前馈和干扰补偿校正等。

常用的校正方法是串联、并联（反馈）校正和前馈－反馈（复合）校正等。

2. 自动控制系统的应用示例

【例1－1】 水池水位人工控制系统原理如图1－4所示。在出水量随意的情况下，能够保持水位高度不变。请说明该水池水位人工控制系统的操作过程，并画出框图。

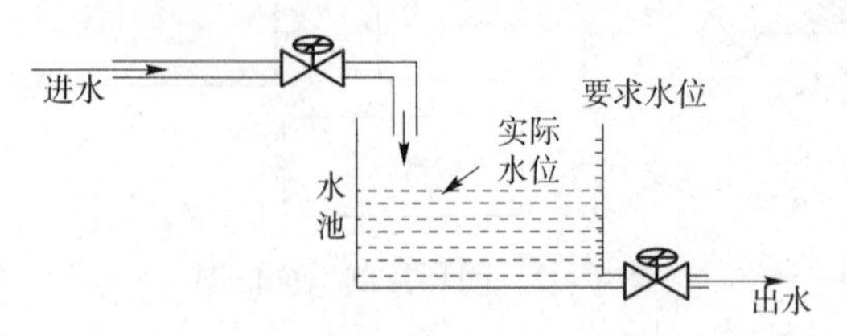

图1－4 水池水位人工控制系统原理

解： 该系统操作过程说明如下。

操作人员需先测出实际水位，并与要求的水位进行比较。若实际水位低于要求的水位，则需开大进水阀门，否则应关小进水阀门；若两者正好相等，则进水阀门不动。

根据水池水位人工控制系统的原理图，可画出其框图如图1－5所示。

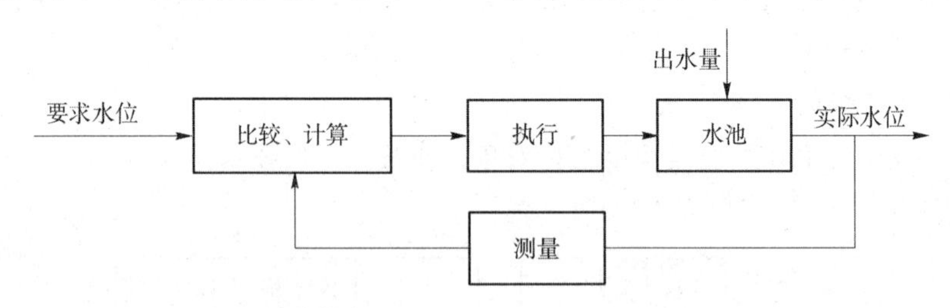

图1－5 水池水位人工控制系统框图

【例1－2】 自动控制装置代替操作人员控制水池水位。水池水位自动控制系统原理如图1－6所示。请说明该水池水位控制系统的操作过程，并画出框图。

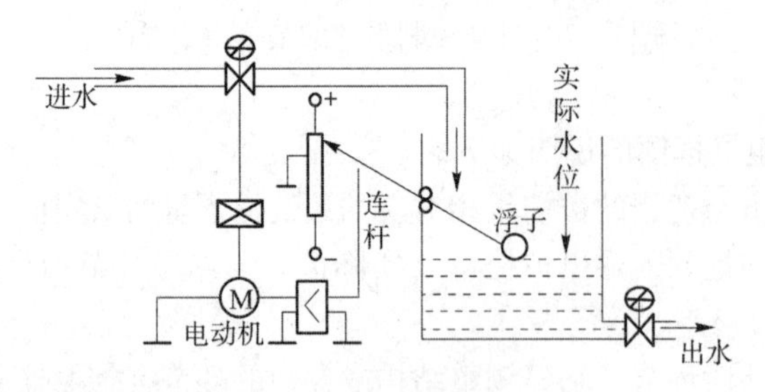

图1－6 水池水位控制系统原理

解： 该系统操作过程说明如下。

浮子测出实际水位，与要求的水位比较，得出偏差然后再由调节元件根据偏差的大小和正负产生控制信号，最后由执行元件根据控制信号执行控制动作。其具体操作过程为：将浮子测出的水位与连杆和电位器进行比较，当浮子低时，电位器上得到正电压，经放大器使电动机向进水阀门开大的方向旋转；反之，当浮子高时，电位器上得到负电压，使电动机向进水阀门关小的方向旋转；若水位正好，则电位器上电压为0，电动机不转，阀门不动。

由此，水池水位自动控制系统框图如图1－7所示。

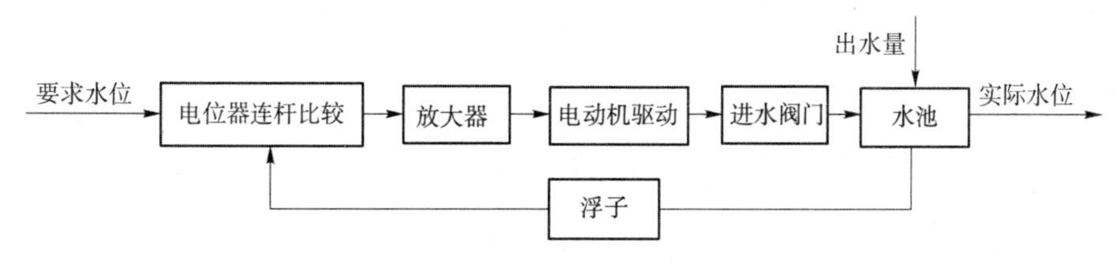

图 1－7 水池水位自动控制系统框图

1.2.3 反馈控制系统的品质要求

在反馈控制系统中，当扰动量或给定量发生变化时，希望系统的输出量（被控量）必须迅速、准确地按输入量的变化而变化，以克服扰动影响。但在实际中，系统输出量不会按理想状态变化，而是偏离给定量而产生偏差，经过反馈作用和过渡过程，输出量最后趋于新的稳态值。因此，反馈控制系统的品质要求可以归纳为稳定性、快速性和准确性。

1. 稳定性

稳定性是指动态过程的振荡倾向和系统重新恢复平衡状态的能力，是对系统的基本要求，不稳定的系统不能实现预定任务。不同的系统对于稳定性有不同的要求，且稳定性通常由系统的结构决定，与外界因素无关。

2. 快速性

快速性是对过渡过程的形式和快慢提出的要求，一般称为动态特性或暂态特性，其实质是指动态过程的时间长短。

一般来说，在合理的结构和适当的系统参数下，一个系统的动态过程多属于衰减振荡过程，即被控量变化很快并产生超调量，经过几个振荡后，达到新的稳定工作状态。为了满足生产工艺的要求，往往要求系统的动态过程达到稳定状态越快越好，振荡程度越小越好。

3. 准确性

准确性通常用稳态误差来表示，而稳态误差是指系统达到稳态时，输出量的实际值和期望值之间的误差。准确性是指系统过渡过程结束达到新的平衡工作状态后或系统受干扰重新恢复平衡后，最终保持的精度，是反映后期的性能。

因被控对象不同，各种控制系统对稳、快、准的要求有不同侧重。恒值系统对稳要求严格；随动系统对快、准要求高。同一控制系统稳、快、准是相互制约的，提高过渡过程的快速性，可能会引起振荡；改善了稳定性，过渡过程又很迟缓。因此，必须兼顾这两方面的要求，根据具体情况合理解决问题。

1.2.4 自动控制系统的其他分类

自动控制系统是工程科学的一个分支，从使用方法的角度看，它以数学的系统理论为基础，按数学描述分类可分为线性控制系统和非线性控制系统；从数学角度，按时间信号的性质可分为连续控制系统和离散控制系统；按系统参数是否随时间变化可分为定常系统和时变系统；按给定量的不同可分为恒值控制系统、随动控制系统和程序控制系统等。不同系统模型需要不同的数学分支和求解工具来研究。

1. 线性控制系统和非线性控制系统

（1）线性控制系统：由线性元件组成，其特征方程用线性方程描述，如线性微分方程、线性差分方程和线性代数方程等，其特点具有齐次性和叠加性，优点是数学处理简便，理论体系完整。

（2）非线性控制系统：由非线性微分方程描述，其微分方程系数与自变量相关。非线性控制系统一般只能满足近似的定性描述和数值计算，不满足叠加原理。

2. 连续控制系统和离散控制系统

（1）连续控制系统：系统中各部分信号均以模拟的连续函数形式表示（各变量均对时间连续）。

（2）离散控制系统：系统中一处或几处的变量是以脉冲序列或数字形式表示的，如计算机控制系统和采样控制系统。

3. 定常系统和时变系统

（1）定常系统：参数不随时间变化，其描述动态特性的微分方程或差分方程的系数为常数。

（2）时变系统：系统的参数随时间变化，其描述动态特性的微分方程或差分方程的系数不为常数。

4. 恒值控制系统、随动控制系统和程序控制系统

（1）恒值控制系统：要求被控制量保持在恒定值，其给定量是不变的，即给定值不变，要求系统输出量以一定的精度接近给定期望值的系统，如石化炼油厂的炼油装置设定的生产标号油品的温度、水池水位控制系统，空调、冰箱、恒温箱、炉温和电动机转速控制系统等。

（2）随动控制系统：其给定量按照事先不知道的时间函数随意变化，并要求输出量能按一定精度随给定量的变化而变化，如跟踪目标的雷达系统、火炮群控制系统、导弹制导系统、参数的自动检验系统、$X-Y$ 记录仪、船舶驾驶舵位跟踪系统及飞机自动驾驶仪系统等。

（3）程序控制系统：其给定量按照一定时间函数变化，如程控机床的控制系统输出量应与给定量的变化规律相同等。另外，在间歇生产过程中，该类系统应用也比较普遍，如多种液体自动混合加热控制系统。

1.3 控制系统计算机仿真

控制系统计算机仿真从诞生至今经过半个多世纪的飞速发展，已成为一种系统的实验科学，其基本思想是利用物理或数学模型，并借用计算机技术来模仿现实过程，所遵循的基本原则是相似性原理。

1.3.1 计算机仿真技术概述

计算机仿真技术的基本内容包括系统建模、仿真算法、计算机程序设计与仿真结果显示、分析与验证等环节。其三要素为系统、模型与计算机。联系三要素的3个基本活动为模型建立、仿真模型建立及仿真试验（运行）。计算机仿真技术的三要素及3个基本活动框图如图1－8所示。

1.3.2 控制系统计算机仿真的实质

控制系统计算机仿真是系统仿真的一个重要分支，它是一门涉及自动控制理论、计算数学、计算机技术、系统辨识、控制工程，以及系统科学的新型综合性学科，为控制系统的分析、计算、研究、综合设计及计算机辅助教学等提供了快速、经济、科学、有效的手段。

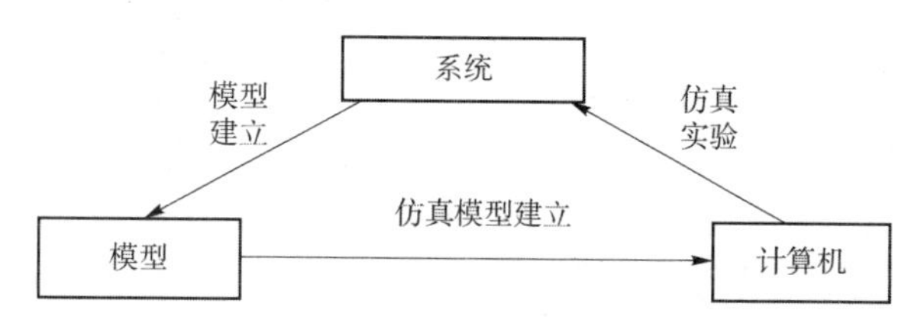

图 1-8 计算机仿真技术的三要素及 3 个基本活动框图

控制系统计算机仿真通过控制系统的数学模型和计算方法，编写程序，使之能自动求解各环节变量的动态变化情况，从而得到关于系统输出和所需要的中间各变量的有关数据和曲线等，以实现对控制系统性能指标的分析与设计。

总之，控制系统计算机仿真就是利用计算机研究控制系统性能的一门学问，它依赖于现行“自动控制原理”和“现代控制理论”课程的基础知识，但侧重点又与这两门课程不同，控制系统计算机仿真更倾向于控制理论问题的计算机分析和求解。

1.4 MATLAB/Simulink 下的控制系统仿真

控制系统的仿真设计普遍使用 MATLAB 软件，该软件的仿真途径有如下两种。

（1）在 MATLAB 的命令行窗口下，运行 M 文件，调用指令和各种用于系统仿真的函数，进行系统仿真。

（2）直接在 Simulink 窗口上进行面向系统结构方框图的系统仿真。

1.4.1 MATLAB 仿真软件

MATLAB 是美国 MathWorks 公司出品的商业数学软件，用于算法开发、数据可视化、数据分析以及数值计算的高级技术计算语言和交互式环境，主要包括 MATLAB 和 Simulink 两大部分。MATLAB 是矩阵（matrix）和实验室（laboratory）两个词的组合，意为矩阵工厂（矩阵实验室）。

MATLAB 具有强大的数值计算能力，包含各种工具箱，但其程序不能脱离 MATLAB 环境而运行，所以严格地讲，MATLAB 不是一种计算机语言，而是一种高级的科学分析与计算软件。Simulink 是 MATLAB 附带的基于模型化图形组态的动态仿真环境。首创者克里夫·莫勒尔（Cleve Moler）和约翰·里多（John Little）等人成立了 The MathWorks 公司。该公司自从于 1984 年首次推出 MATLAB 后，不断更新陆续推出了多个版本，几乎每年 MathWorks 公司都会有新版本的 MATLAB 更新出品，本教材选用 MATLAB R2018 进行案例仿真。

1.4.2 MATLAB/Simulink 的仿真特点

MATLAB/Simulink 在控制系统的仿真中得到了广泛应用，其具有如下特点。

1. MATLAB 的仿真特点

MATLAB 的仿真特点如下：

（1）强大的运算功能；

（2）特殊功能的工具箱（Toolbox）；

（3）高效的编程效率；

（4）简单易学的编程语言；

（5）友好的编程环境。

2. Simulink 的仿真特点及仿真步骤

Simulink 的仿真特点如下：

（1）Simulink 采用系统模块直观地描述系统典型环节；

（2）建立仿真模型不用花费较多时间编程。

Simulink 的仿真步骤如下：

（1）启动 Simulink，进入 Simulink 窗口；

（2）在 Simulink 窗口中，借助 Simulink 模块库，创建系统框图模型并设置模块参数；

（3）设置仿真参数后进行仿真；

（4）输出仿真结果。

1.4.3 与控制系统设计与分析、测试相关的基础工具箱

在 MATLAB 中，与控制系统设计与分析、测试相关的基础工具箱包括控制系统工具箱（Control System Toolbox）、系统辨识工具箱（System Identification Toolbox）、模型预测控制工具箱（Model Predictive Control Toolbox）、鲁棒控制工具箱（Robust Control Toolbox）、神经网络工具箱（Neural Network Toolbox）、模糊逻辑工具箱（Fuzzy Logic Toolbox）、优化工具箱（Optimization Toolbox）、航空航天工具箱（Aerospace Toolbox）、数据采集工具箱（Data Acquisition Toolbox）、仪器控制工具箱（Instrument Control Toolbox）、图像采集工具箱（Image Acquisition Toolbox）和车辆网络工具箱（Vehicle Network Toolbox）等。

练习题

1.1 绘制水池水位闭环控制系统框图，并写出各环节在系统中的作用。

1.2 计算机仿真的三要素和 3 个基本活动分别是什么？

1.3 运用 MATLAB 进行控制系统仿真的特点是什么？

1.4 运用 Simulink 进行系统仿真的步骤有哪些？

第2章 MATLAB计算基础

本章首先介绍了MATLAB的桌面操作环境，MATLAB数值、关系、逻辑、符号和复数运算和仿真的基础知识，并对MATLAB控制系统中常用的符号运算和积分变换运算如傅里叶变换、拉普拉斯变换和Z变换的基本命令进行了比较详细的描述；其次介绍了MATLAB常用的绘制图形命令和图形窗口处理命令，并对MATLAB命令的执行方法、M文件分类概念、程序文件类型及应用、MATLAB程序流程控制和MATLAB程序设计原则等进行了实例分析；最后对程序的调试进行了简单介绍。

通过本章内容的讲解，读者能够对MATLAB有一个比较全面的了解，并熟练掌握各种科学计算及绘图指令的运用，学会程序设计方法，为使用MATLAB进行控制系统建模、分析、程序设计与仿真打下基础。本书以MATLB R2018b版本为例，介绍MATLAB的基本操作及示例仿真。

2.1 MATLAB桌面操作环境

MATLAB系统由MATLAB开发环境、MATLAB数学函数库、MATLAB语言、MATLAB图形处理系统和MATLAB应用程序接口（API）五大部分构成。本节介绍MATLAB R2018b的启动和退出、操作窗口、命令行窗口的常用指令、文件管理和帮助功能。

2.1.1 MATLAB启动和退出

启动和退出MATLAB是仿真过程中进入和结束仿真平台窗口的基本操作。

1. *启动 MATLAB*

双击电脑桌面上MATLAB的快捷图标，即可启动MATLAB。

2. *退出 MATLAB*

退出MATLAB有如下方式：

（1）单击MATLAB主页界面窗口右上角的“关闭”图标；

（2）在命令行窗口输入指令Exit或Quit，按〈Enter〉键。

2.1.2 MATLAB操作窗口

MATLAB操作窗口上部由主页、绘图、APP选项卡和搜索文档等工具条栏目组成，其下部由命令行窗口、工作区和当前文件夹等界面组成，如图 2－1 所示。

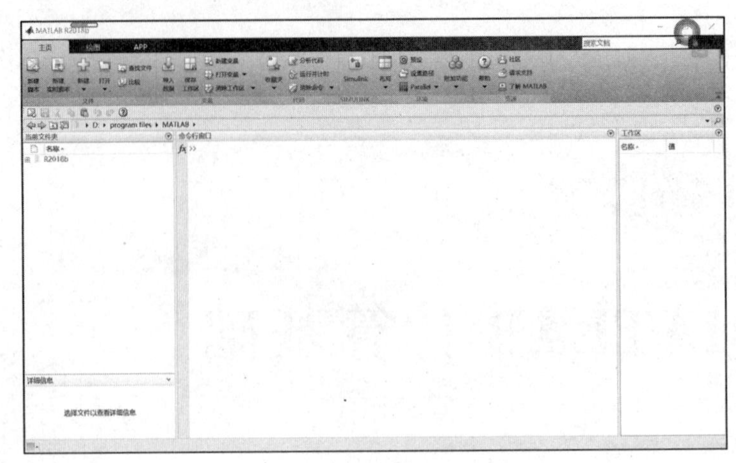

图 2－1　MATLAB 操作窗口

1. 主页选项卡

MATLAB 工具条——主页选项卡如图 2－2 所示，利用这些按钮可简便直观地进行 MATLAB 的基础操作。

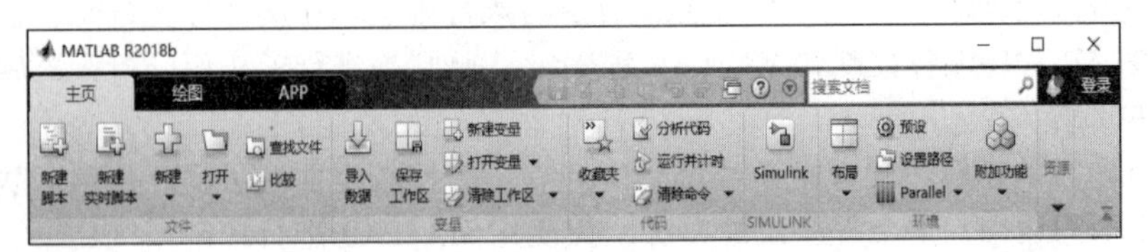

图 2－2　MATLAB 工具条——主页选项卡

2. 绘图选项卡

MATLAB 工具条——绘图选项卡如图 2－3 所示，根据用户安装 MATLAB 的工具箱种类的不同，这个绘图选项卡内能够选择的绘图功能也不同。

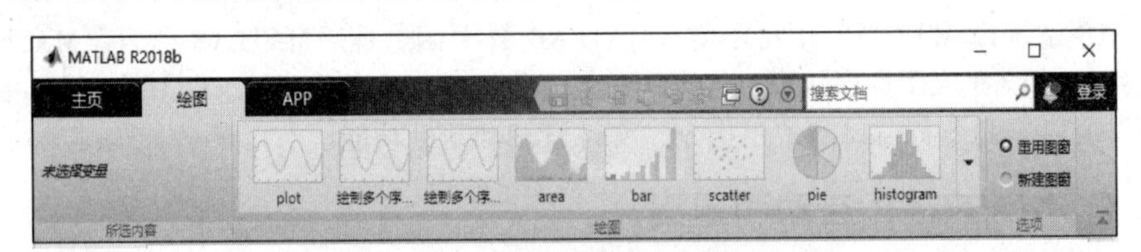

图 2－3　MATLAB 工具条——绘图选项卡

3. APP 选项卡

MATLAB 工具条——APP 选项卡如图 2－4 所示，该选项卡显示了已经安装在当前计算机上的若干个 MATLAB 应用。

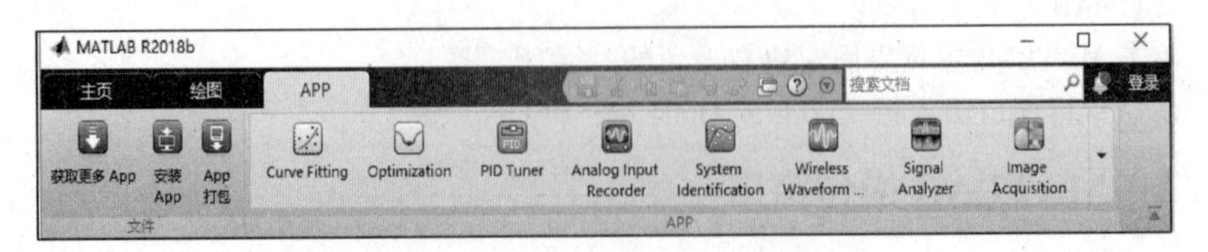

图 2－4　MATLAB 工具条——APP 选项卡

MATLAB 应用一般是指 The MathWorks 公司开发的 MATLAB 工具箱所包含的图形工具，以及用户自己开发并且添加到 MATLAB 应用当中的图形工具。这些图形工具给用户提供了简单易用的操作途径，可以便捷地解决某些特定的应用问题。如 PID 整定（PID Tuner）、信号分析仪（Signal Analyzer）等。

4. 命令行窗口

图 2－1 中的 MATLAB 主界面的下部分有命令行窗口，在该窗口中输入 MATLAB 的命令和数据后按〈Enter〉键，即可执行运算并显示结果。命令行窗口中的“fx >>”为命令提示符，表示 MATLAB 处于准备状态。

当在提示符后输入一段程序或一段命令语句后，按〈Enter〉键，在 MATLAB 命令行窗口中会给出计算结果，所得结果变量名称将被保存在工作空间窗口中，同时，命令行窗口再次进入准备状态。

5. 工作区窗口

图 2－1 中的命令行窗口右侧即为工作区窗口，该窗口用来接收 MATLAB 命令的内存区域。当 MATLAB 指令或程序在命令行窗口运行时，将变量存储在内存中，这些存储变量的内存空间称为基本工作空间，简称工作区。工作区窗口以列表形式显示了 MATLAB 工作空间中当前所有变量的名称及属性（大小、字节等）。其中，不同的变量使用不同的图标。

6. 当前文件夹窗口

图 2－1 中的命令行窗口左侧即为当前文件夹窗口，该窗口被分为上、下两部分，上半部分列出当前文件夹包括的子目录、M 文件和 .mat 文件等，下半部分为选中文件或正在运行文件的属性描述。

2.1.3 命令行窗口中的常用命令

在 MATLAB 中，可以通过菜单对工作中的窗口进行操作，也可以通过键盘在命令行窗口输入命令进行操作，本小节主要介绍了交互式命令，内存变量查阅、删除命令，保存和导入变量文件命令。

1. 交互式命令

在 MATLAB 的应用中，交互式命令是最基本、最简单的命令，可通过在命令行窗口中直接输入来实现计算或绘图功能。在 MATLAB 命令行窗口，指令可逐条输入，逐条执行，操作简单、直观，但执行过程不能保留，其具体操作如下。

（1）可将 MATLAB 的命令行窗口看作计算器，通过输入数学算式直接计算，如在 MATLAB 命令行窗口的输入语句如下：

```
>>1 +2 +3 +4 +5
```

程序运行，输出结果如下：

```
ans = 15
```

（2）如果在输入的表达式指令后面加上分号“;”，则运行后就不会马上显示运算的结果，必须输入输出变量后才能显示运算结果，如在 MATLAB 命令行窗口的输入语句如下：

```
>>1 +2 +3 +4 +5;
```

窗口不会马上显示运算结果，而输入语句改为如下：

```
>>ans
```

后程序运行，输出结果如下：

```
ans =15
```

用分号关闭不必要的输出会使程序运行速度成倍甚至成百倍地提高。

(3) 如果在表达式后面加上逗号“,”或什么都不加，则运行后会马上显示该表达式的运算结果。

(4) 如果一个表达式很长，则可以用续行号“…”将其延续到下一行，如在MATLAB命令行窗口的输入语句如下：

```
>>1 +2 +3 +4 +5 +…          % 注意加号写在本行
6 +7 +8 +9 +10
```

程序运行，输出结果如下：

```
ans =55
```

如果续行号前面是数字，则直接使用续行号会出现错误。解决办法有3种：一是设法使续行号前面是一个运算符号，二是先空一格再加续行号，三是再加一个点。

(5) 在一行中也可以写几个语句，它们之间用逗号“,”或分号“;”隔开。如在MATLAB命令行窗口的输入语句如下：

```
>>A =[1,2,3.3,sin(4)],X =1966/310 +1
```

程序运行，输出结果如下：

```
A =1.000 0  2.000 0  3.300 0, -0.756 8
X =7.341 9
```

2. 内存变量查阅、删除命令

在MATLAB中，常用的内存变量查阅、删除命令如表2-1所示。

表2-1　常用的内存变量查阅、删除命令

命令	功　能
who	显示（查看）当前工作空间中所有变量的简单列表
whos	详细查看（列出）工作空间中变量的名称、大小和数据格式等详细信息
clc	清除命令行窗口中显示的所有内容
clear	清除工作空间中保存的所有变量和函数

3. 保存和导入变量文件命令

1）save函数命令

save函数命令是将MATLAB工作区中的变量存入磁盘，即将工作区变量列表中所列出的变量以二进制格式存入名为matlab.mat的磁盘文件中（当没有定义文件名时），也可定义具体文件名。

例如，“ >> save defile < 文件名 >” 是指将当前工作区中所有变量以二进制格式存入 defile. mat 文件中，其扩展名 “. mat” 是自动产生的。

2）load 函数命令

load 函数命令是将先前用 save 命令保存的变量从磁盘文件调入 MATLAB 工作区中。

例如，“ >> load defile < 文件名 >” 是指将磁盘文件 defile. mat 的内容读入到 MATLAB 工作区中。

对于 save 和 load 函数命令的功能，在 MATLAB R2018b 版本软件中也可单击主页中的 “保存工作空区” 和 “导入数据” 按钮来查看。

2.1.4 MATLAB 文件管理

MATLAB 除了可以通过菜单对文件进行管理外，还提供了一组文件管理命令，包括列文件名、显示或删除文件、显示或改变当前目录等。部分与文件管理相关的命令及功能如表 2－2 所示。

表 2－2 部分与文件管理相关的命令及功能

命令	功能	命令	功能
which	显示某个文件的路径	cd…	返回上一级目录
dir	显示当前目录下所有的文件	delete filename	删除文件 filename
cd path	由当前目录进入 path 目录	cd	显示当前目录
what	显示当前目录下所有与 MATLAB 相关的文件及路径	type filename	在命令行窗口中显示文件 filename

2.1.5 MATLAB 帮助功能

MATLAB 中常用帮助命令、在线帮助浏览器和演示帮助如下。

1. MATLAB 常用帮助命令

在 MATLAB 中，所有函数都是以逻辑群组的方式组织的，而 MATLAB 的目录结构也是以这些群组的方式来编排的，在命令行窗口中可以输入命令寻求相关的帮助。MATLAB 常用帮助命令如表 2－3 所示。

表 2－3 MATLAB 常用帮助命令

命令	功能	命令	功能
help matfun	矩阵函数及数值线性代数	help ops	操作符和特殊字符
help general	通用命令	help polyfun	多项式和内插函数
help graphics	通用图形函数	help elmat	基本矩阵和矩阵操作
help elfun	基本的数学函数	help datafun	数据分析和傅立叶变换函数
help lang	语言结构和调试	help strfun	字符串函数
help control	控制系统工具箱函数	helpwin	帮助窗口
helpdesk	帮助桌面，浏览器模式	lookfor	返回包含指定关键词的命令

2. 在线帮助浏览器

MATLAB R2018b 设计了全新的在线帮助浏览器，可在操作窗口工具栏按钮单击 “？帮助”

按钮，在下拉菜单中，可选择“文档”“示例”和“支持网站”等选项，或者按〈F1〉快捷键也可以打开帮助浏览器。

3. 演示帮助

选择“Help”菜单中的“Demos”选项，可以打开演示窗口，观看要查询项的动画演示。

2.2 MATLAB 数值计算

MATLAB 是计算语言，它的运算指令和语法基于一系列基本的矩阵运算及其扩展运算。MATLAB 支持的数值元素是复数，这是其区别于其他高级语言最大的特点，它给许多领域的计算、研究、综合设计，以及控制系统的计算机辅助教学等提供了快速、经济、科学、有效的手段。为了更好地利用 MATLAB 语言的优越性，本节首先对 MATLAB 的数值类型、矩阵运算、关系运算、逻辑运算和符号运算进行介绍，并给出应用实例，本节讲解的内容是后面章节的基础。

2.2.1 数值类型

MATLAB 的数值类型包括变量与常量、字符串变量、元胞数组、结构数组和对象。

1. 变量与常量

变量是数值计算的基本单元，MATLAB 语言中的变量无须事先定义。

1）MATLAB 变量的命名规则

变量名需区分大小写，且必须以字母开头，之后可以是任意字母、数字或下划线，且不允许使用标点符号。变量名最多不超过 31 个字符，某些常量也可以作为变量名，如 i、j 等。

在 MATLAB 工作内存中，驻留了几个由系统预先定义的变量，称为永久变量。部分特殊的系统预先定义变量如表 2－4 所示。

表 2－4　部分特殊的系统预先定义变量

常量	说明	常量	说明
ans	用于结果的缺省变量名	i、j	虚数单位
pi	圆周率	nargin	函数的输入变量个数
eps	计算机的最小数	nargout	函数的输出变量个数
inf	无穷大	realmin	最小正实数
realmax	最大正实数	nan	不定量

注意：

（1）自定义变量名一般不和系统变量同名；

（2）在 MATLAB 中输入的内容直接决定变量的类型；

（3）使用 who 和 whos 命令可以查看变量；

（4）使用 clear 命令可以删除所有定义过的变量，如果只是删除其中某些变量，应在 clear 后面指定要删除的变量名；

（5）有了变量，就可以组成表达式，也就可以对变量进行赋值。表达式是指用运算符号把特殊字符、函数名、变量名等有关运算量连接起来的式子，其结果是一矩阵。

MATLAB 的赋值语句有 2 种形式：（1）变量名＝表达式；（2）表达式。在第一种形式中，

MATLAB 将右边表达式的值赋给左边的变量；在第二种形式中，MATLAB 将表达式的值赋给系统变量 ans。

2）变量的显示格式

任何 MATLAB 语句的执行结果都可以在命令行窗口中显示，同时赋值给指定的变量。当没有指定变量时，赋值给一个特殊的变量 ans。变量的显示格式由 format 命令控制，format 只影响结果的显示，不影响其计算与存储。MATLAB 总是以双字长浮点数（双精度）来执行所有的运算。如果结果为整数，则显示没有小数；如果结果不是整数，则有如表 2－5 所示的数据输出格式。

表 2－5　数据输出格式

命令	显示形式	举例说明
format(short)	短格式（5 位定点数）	format，pi ans =3. 1416
format long	长格式（15 位定点数 ）	format long，pi ans =3. 141592653589793
format short e	短格式 e 方式	format short e，pi ans =3. 1416e +00
format long e	长格式 e 方式	format long e，pi ans = 3. 141592653589793e +00
format bank	2 位十进制	format bank，pi ans = 3. 14
format hex	十六进制格式（16 位十六进制数）	format hex，pi ans = 400921fb54442d18

2. 字符串变量及创建

1）字符串变量

字符是 MATLAB 符号运算的基本元素，也是文字表达方式的基本元素。在 MATLAB 中，字符串是作为字符数组（或变量）用单引号“'”引用到程序中的。例如，s ='abc'。字符串还可以通过运算组成复杂的字符串。

字符串中的每个字符（包括空格）都是字符串变量（矩阵或向量）中的元素。字符串变量是一种特殊的符号对象，在数据处理、造表和函数求值中，字符串变量具有重要的应用。字符串中的字符以 ASCII 码形式储存并且区分大小写，通过函数 abs( )可以看到字符的 ASCII 码。

2）字符串变量的创建

字符串变量的创建方式：在 MATLAB 指令窗口中，将待创建的字符串放在单引号界定内，然后按〈Enter〉键即可。

【例 2－1】 字符串变量的创建和查看。

解： 在 MATLAB 命令行窗口中输入的语句如下：

```
>> s1 ='hello'                    % 用赋值语句方式建立字符串 s1
```

输出结果显示如下：

```
s1 ='hello'
```

继续输入的语句如下：

```
>> s2 ='How are you'        % 用赋值语句方式建立字符串 s2
   s2 ='How are you'
```

继续输入的语句如下：

```
>> whos                  % 查看字符串占用的字节信息
```

程序运行，输出结果如下：

```
Name        Size              Bytes  Class     Attributes
 s1         1x5                10     char
 s2         1x11               22     char
```

编程中通常将字符串当作一维数数组（或变量），每个元素对应 1 个字符，1 个字符占 2 个字节，并且每个字符（包括空格）以其 ASCII 码的形式存放，其标识方法和数值数组（变量）相同。

注意：

（1）字符串中的字符可以是数字、英文字母、汉字、横线、括号、表达式和方程等；

（2）字符串也称为字符串数组或字符变量；

（3）用赋值符号“=”把字符串赋给某个标识符。例如，“s1”“s2”这些标识符称为字符串变量名，简称字符名。

在 MATLAB 中，字符串和字符矩阵基本上是等价的。

例如，“s = ['matlab']”等价于“>> s = ' matlab'”，按〈Enter〉键后结果显示为“s = 'matlab'”。

3. 元胞数组及创建

1）元胞数组概述

元胞数组是 MATLAB 中的特殊数据类型，可以将其看作无所不包的通用矩阵（广义矩阵），其基本组成部分为元胞。元胞数组与数值数组相似，组成元胞数组的元素可以是任何一种数据类型的常数或常量，以下标来区分，其中单元胞数组由元胞和元胞内容两部分组成。

数据类型可以是字符串、双精度数组、稀疏矩阵、元胞数组、结构数组或其他 MATLAB 数据类型。每一个元胞数据可以是标量、向量、矩阵、n 维数组，每一个元素可以具有不同的尺寸和内存空间，每一个元素的内容可以完全不同。

用花括号“{}”表示元胞数组的内容，用圆括号“()”表示元胞元素。元胞数组的内存空间是动态分配的，元胞数组的维数不受限制。

2）元胞数组的创建

元胞数组的创建有以下 3 种方法：

（1）使用运算符花括号“{}”，将不同类型和尺寸的数据组合在一起构成一个元胞数组，即直接创建法；

（2）将数组的每一个元素用花括号“{}”括起来，然后再用创建数组的方括号“[ ]”将数组的元素括起来构成一个元胞数组；

（3）用“{}”创建一个元胞数组，MATLAB 能够自动扩展数组的尺寸，将没有明确赋值的元素作为空元胞数组存在。

部分元胞数组的操作函数如表 2－6 所示。

表 2-6 部分元胞数组的操作函数

函数	功能	函数	功能
cell	创建空的元胞数组	cellplot	利用图形方式显示元胞数组
cellfun	为元胞数组的每个元胞执行指定的函数	celldisp	显示所有元胞数组的内容

【例 2-2】 创建元胞数组。通过元胞数组的操作函数 celldisp( ) 显示元胞数组的全部内容，通过元胞数组的操作函数 cellplot( ) 以图形方式显示元胞数组的元素（元胞）。分别采用以下方式创建：(1) 直接使用“{}”进行赋值创建；(2) 将数组的每个元素用“{}”括起来，然后用方括号“[]”将全部数组元素括起来创建元胞数组。请分别写出 2 种方式创建的具体情况。

解：(1) 直接使用“{}”进行赋值创建。在 MATLAB 命令行窗口输入语句如下：

```
% 将随机数组、字符串、传递函数、矩阵和元胞数组等放在{}内创建元胞数组
>>A = {rand(2,2),'An example of cell array',[1 2;3 4];tf(1,[1,8]),
12.35,{1,11}}
```

程序运行，输出结果如下：

```
A =2 ×3 cell 数组
     {2 ×2 double}     {'An example of c…'}     {2 ×2 double}
    {1 ×1 tf      }    {[              12.3500]}    {1 ×2 cell   }
```

继续输入的语句如下：

```
>>celldisp(A)
```

程序运行，输出结果如下：

```
A{1,1} =0.678 7     0.743 1
        0.757 7     0.392 2
A{2,1} =tf - 属性:
 Numerator: {[0 1]}
 Denominator: {[1 8]}
 Variable: 's'
 IODelay: 0
 InputDelay: 0
 OutputDelay: 0
          Ts: 0
 TimeUnit: 'seconds'
 InputName: {''}
 InputUnit: {''}
 InputGroup: [1 ×1 struct]
 OutputName: {''}
 OutputUnit: {''}
 OutputGroup: [1 ×1 struct]
 Notes: [0 ×1 string]
```

```
     UserData: []
      Name: ''
      SamplingGrid: [1 ×1 struct]
      A{1,2} =
    An example of cell array
    A{2,2} =1    2
             3    4
    A{1,3} =1    2
             3    4
    A{2,3}{1} = 1
    A{2,3}{2} = 11
```

继续输入的语句如下：

```
>>cellplot(A)              % 用函数图形方式显示元胞数组元素(元胞)
```

程序运行，输出的 cellplot 运行结果如图 2－5 所示。

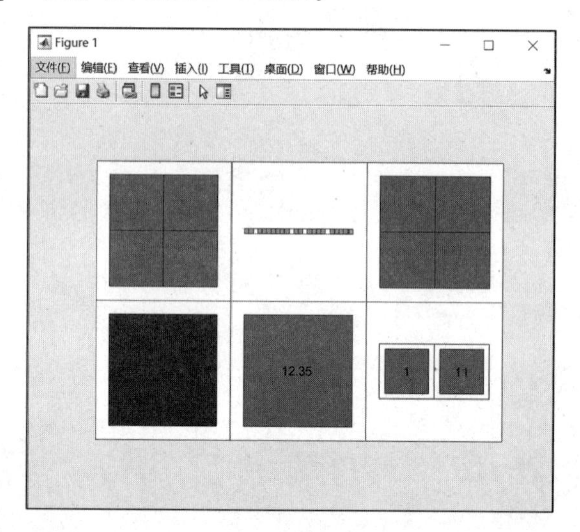

图 2－5　cellplot 运行结果

（2）将数组的每一个元素用花括号“{}”括起来，然后用方括号“[ ]”将全部数组元素括起来创建元胞数组。在 MATLAB 命令行窗口输入的语句如下：

```
>>A=[{rand(2,2)},{'An example of cell array'},{[1 2;3 4]};{tf(1,[1,
8])},{12.35},{{1,11}}]
```

程序运行，输出结果如下：

```
  A =2 ×3 cell 数组
     {2 ×2 double}     {'An example of c…'}     {2 ×2 double}
     {1 ×1 tf     }    {[            12.350 0]}    {1 ×2 cell   }
```

继续输入的语句如下：

```
>>celldisp(A)    % 用 celldisp 函数显示该元胞数组 A
```

继续输入的语句如下：

```
>>cellplot(A)    % 用函数图形方式显示元胞数组元素(元胞)
```

程序运行，输出结果与（1）相同。

4. 结构数组

与元胞数组相似，结构数组（Structure Array）也能存放各类数据，可用直接赋值的方法创建结构。创建的时候，直接用结构的名称，配合操作符“.”和相应字段的名称完成创建，创建内容是直接给字段赋具体的数值。

【例 2-3】 直接赋值创建学生档案。请在 MATLAB 中执行并得出结果。

解：在 MATLAB 命令行窗口，输入的语句如下：

```
>>Student.Name ='Wangyi'
>>Student.Birthday ='19761206'
>>Student.Grade =uint16(1)
>>whos
```

程序运行，输出结果如下：

```
Student =
  包含以下字段的 struct:
  Name: 'Wangyi'
  Birthday: '19761206'
  Grade: 1
  Name          Size            Bytes  Class     Attributes
  Student        1x1              558  struct
```

在这个例子中，创建了具有 Student 记录的结构数组，该数组具有 1 个元素（记录），同时具有 3 个字段，分别为姓名（Name）、出生日期（Birthday）和级别（Grade），这 3 个字段数据类型分别为字符串、字符串和无符号整数。

5. 对象

MATLAB 语言有多种对象，自动控制系统中常用的对象有传递函数模型对象(tf object)、状态空间模型对象(ss object)和零极点模型对象(zpk object)。这些对象之间可以相互转换，具体内容将在第 4 章中详细介绍。

2.2.2 矩阵运算

出色的数值计算能力使 MATLAB 占据世界上数值计算应用软件的主导地位，且 MATLAB 以矩阵为单元进行计算，即矩阵计算是 MATLAB 的核心。

1. 矩阵基本概念和矩阵创建与访问

若矩阵 $\boldsymbol{a}$ 由 m 行 n 列构成，则称其为 $m\times n$ 阶矩阵，它总共由 $m\times n$ 个元素组成，矩阵元素记为 a_{ij}，其中，i 表示行，j 表示列。矩阵分为方块矩阵(简称方阵)、对角矩阵、单位矩阵和转置矩阵等，同时它还有行向量与列向量之分。

创建矩阵的方法有直接输入法，其规则如下：

（1）矩阵元素必须用“[ ]”括住；

（2）矩阵元素必须用逗号或空格分隔；

（3）在“[ ]”内矩阵的行与行之间必须用分号分隔；

（4）矩阵元素可以是任何 MATLAB 的表达式，可以是实数，也可以是复数；

（5）表达式中不可包含未知的变量，复数可用 i、j 表示；

（6）当矩阵中没有元素时，该矩阵称为空阵。

【例 2-4】 首先在 MATLAB 命令行窗口中创建矩阵 ***a*** = [1 2 3;4 5 6]，然后在矩阵 ***a*** 基础上添加 1 行元素得到矩阵 ***b*** = [***a***; 11 12 13]。最后，对指定的单个、整列、整行和整块矩阵元素进行访问，并获取访问结果。

解：在 MATLAB 命令行窗口输入的语句如下：

```
>>a =[1 2 3;4 5 6]                % 创建 2 ×3 的矩阵 a
```

程序运行，输出结果如下：

```
a =1     2     3
   4     5     6
```

继续在 MATLAB 命令行窗口输入的语句如下：

```
>>b =[a;11 12 13]                 % 添加 1 行元素
```

程序运行，输出结果如下：

```
b =1     2     3
   4     5     6
   11    12    13
```

在 MATLAB 命令行窗口中对矩阵元素的访问获得结果如下：

```
单个元素 b(3,2) ----->12
整列元素 b(:,3) ------->[3 6 13]
整行元素 b(1,:) -------->[1 2 3]
整块元素 b(2:3,2:3) ---->[5,6;12,13] ;访问(2 ×2)子块矩阵
```

2. 特殊矩阵生成函数

MATLAB 常用特殊矩阵生成函数(部分)如表 2-7 所示，其他函数参见联机帮助。

表 2-7 常用特殊矩阵生成函数（部分）

函数	说明	函数	说明
zeros( )	生成元素全为 0 矩阵	ones( )	生成元素全为 1 的矩阵
randn( )	生成正态分布随机矩阵	magic( )	生成魔方矩阵
diag( )	生成对角矩阵	triu( )	生成上三角矩阵
tril( )	生成下三角矩阵	eye( )	生成单位矩阵
compqny( )	生成伴随矩阵	vander( )	生成 vander 矩阵
hankel( )	生成 hankel 矩阵	hadamard( )	生成 hadamard 矩阵

注意：

MATLAB严格区分字母大小写，因此，a与A是不同的变量。另外，MATLAB中的函数名必须小写。

在使用MATLAB进行矩阵运算的过程中，不需要事先定义矩阵的维数，MATLAB会自动为矩阵分配存储空间。但如果在程序运行过程中采用零矩阵为矩阵生成的全部元素，或某一行、某一列的元素预先分配空间，将会大大加快运算速度。

【例2-5】特殊矩阵生成函数举例。矩阵 ***a*** = [1 2 3; 4 5 6; 7 8 9]，用函数tril( )生成下三角矩阵。写出语句并得出运行结果。

解：在MATLAB命令行窗口输入的语句如下：

```
>>a =[1 2 3;4 5 6;7 8 9];
>>b =tril(a)                          % 生成下三角矩阵
```

程序运行，输出结果如下：

```
b =1  0  0
   4  5  0
   7  8  9
```

3. 矩阵基本运算

1）矩阵的加、减运算

矩阵的加、减运算的规则如下：

（1）相加、减的2个矩阵必须有相同的行和列，2个矩阵对应元素相加、减；

（2）允许参与运算的2个矩阵之一是标量，标量可与矩阵的所有元素分别进行加、减操作。

2）矩阵乘运算

矩阵乘运算的规则如下：

（1）矩阵 ***A*** 的列数必须等于矩阵 ***B*** 的行数；

（2）标量可与任何矩阵相乘。

【例2-6】矩阵乘运算举例。

解：在MATLAB命令行窗口输入的语句如下：

```
>>a =[1 2 3;4 5 6;7 8 0];
>>b =[1;2;3];
>>c =a *b
```

程序运行，输出结果如下：

```
c =14
   32
   23
```

继续在MATLAB命令行窗口输入的语句如下：

```
>>d =[ -1;0;2];
>>f =pi *d
```

程序运行，输出结果如下：

```
f = -3.1416
    0
    6.2832
```

3）矩阵乘方运算

a^p 为方阵 a 自乘 p（>1 的整数）次幂。对于 p 的其他值，计算将涉及特征值和特征向量，如果 p 是标量，则 a^p 使用特征值和特征向量自乘到 p 次幂；如 p 是矩阵，则 a^p 无意义。

【例 2－7】 矩阵乘方运算。

解： 在 MATLAB 命令行窗口输入语句如下：

```
>>a =[1,2,3;4,5,6;7,8,9];
>>a^2
```

程序运行，输出结果如下：

```
ans =30    36    42
     66    81    96
     102  126   150
```

当方阵有复数特征值或负实数特征值时，其非整数幂是复数阵。

继续输入的语句如下：

```
a^0.5
```

程序运行，输出结果如下：

```
ans =
    0.4498 + 0.7623i   0.5526 + 0.2068i   0.6555 -0.3487i
    1.0185 + 0.0842i   1.2515 + 0.0228i   1.4844 - 0.0385i
    1.5873 - 0.5940i    1.9503 - 0.1611i   2.3134 + 0.2717i
```

4）矩阵除（左除和右除）运算

在线性代数中没有矩阵除运算，只有矩阵逆运算；在 MATLAB 中有 2 个矩阵除运算，即左除和右除。矩阵与矩阵之间可以进行 MATLAB 矩阵基本运算，具体如表 2－8 所示。

表 2－8　MATLAB 矩阵基本运算

操作符号	功能说明	操作符号	功能说明
+	矩阵加法	/	矩阵的左除
-	矩阵减法	‘	矩阵转置
*	矩阵乘法	logm( )	矩阵对数运算
^	矩阵的幂	expm( )	矩阵指数运算
\	矩阵的右除	inv( )	矩阵求逆

注意：

在进行左除“/”和右除“\”时，两矩阵的维数必须相等。

【例 2－8】 矩阵的左除和右除运算举例。已知矩阵 a 和 b，进行左除和右除运算。

解：在 MATLAB 命令行窗口输入的语句如下：

```
>>a =[1 2 ;3 4];
>>b =[3 5;2 9];
>>div1 =a/b            % 矩阵的左除
>>div2 =b\a            % 矩阵的右除
```

程序运行，输出结果如下：

```
div1 =                          div2 =
  0.2941   0.0588               -0.3529   -0.1176
  1.1176  -0.1765                0.4118    0.4706
```

4. 矩阵运算与矩阵分解运算函数

MATLAB 提供了多种关于常用矩阵运算函数，如表 2－9 所示，常用矩阵分解运算函数如表 2－10 所示。

表 2－9　常用矩阵运算函数

函数名	功能说明	函数名	功能说明
rot90( )	矩阵逆时针旋转 90°	eig( )	计算矩阵的特征值和特征向量
lipud( )	矩阵上下翻转	rank( )	计算矩阵的质
fliplr( )	矩阵左右翻转	trace( )	计算矩阵的迹
flipdim( )	矩阵的某维元素翻转	norm( )	计算矩阵的范数
shiftdim( )	矩阵的元素移位	poly( )	计算矩阵的特征方程的根

表 2－10　常用矩阵分解运算函数

函数名	功能说明	函数名	功能说明
eig( )	矩阵的特征值分解	svd( )	矩阵的奇异值分解
qr( )	矩阵的 QR 分解	chol( )	矩阵的 Cholesky 分解
schur( )	矩阵的 Schur 分解	lu( )	矩阵的 LU 分解

【例 2－9】 矩阵运算函数举例。已知矩阵 $\boldsymbol{a}$ = [1 3 5; 2 4 6; 7 9 13]，用 eig( ) 函数求取矩阵的特征向量 $\boldsymbol{b}$ 和特征值 c。

解：在 MATLAB 命令行窗口输入的语句如下：

```
>>a =[1 3 5;2 4 6;7 9 13];
>>[b c] =eig(a)
```

程序运行，输出结果如下：

```
b = -0.3008   -0.7225   0.2284
    -0.3813   -0.3736   -0.8517
    -0.8742    0.5817   0.4717
c =19.3341      0         0
    0          -1.4744    0
    0            0        0.1403
```

【例 2-10】矩阵分解运算函数举例。已知矩阵 $\boldsymbol{a}$ = [6 2 1; 2 3 1; 1 1 1]，通过分解运算函数 lu( )求下三角矩阵 $\boldsymbol{L}$、上三角矩阵 $\boldsymbol{U}$ 和置换矩阵 $\boldsymbol{P}$。

解：在 MATLAB 命令行窗口输入的语句如下：

```
>>a =[6 2 1;2 3 1;1 1 1];
>>[L U P] =lu(a)
```

程序运行，输出结果如下：

```
L =1.0000        0         0              U =6.0000   2.0000    1.0000
   0.3333   1.0000         0                   0   2.3333    0.6667
   0.1667   0.2857    1.0000                   0        0    0.6429
P =1        0         0
   0        1         0
   0        0         1
```

2.3 关系运算和逻辑运算

在 MATLAB 中，所有关系表达式和逻辑表达式的输入把任何非 0 数值当作真，把 0 当作假，对于所有关系表达式和逻辑表达式的输出，输出 1 为真，输出 0 为假。MATLAB 的关系运算符如表 2-11 所示，逻辑运算符如表 2-12 所示。

表 2-11 关系运算符

符号	功能	符号	功能
<	小于	> =	大于等于
< =	小于等于	= =	等于
>	大于	∽ =	不等于

表 2-12 逻辑运算符

符号	功能	符号	功能
&	逻辑与	∽	逻辑非
|	逻辑或	xor	逻辑异或

参与关系运算的操作数可以使用各种数据类型的变量或者常量，运算的结果是逻辑类型的数据。标量也可以和矩阵或者数组进行比较，比较的时候将自动扩展标量，返回的结果是和数组同维的逻辑类型数组。如果进行比较的是两个数组，则数组必须同维，且每一维的尺寸必须一致。

参与逻辑运算的操作数不一定是逻辑类型的变量、常量或常数，也可以使用其他类型的数据，但是运算的结果一定是逻辑类型的数据。

2.4 符号运算

MATLAB 的符号运算是利用符号数学工具箱（Symbolic Math Toolbox）进行的。符号数学工

具箱的特点如下：

（1）用途广泛，而不是针对一些特殊专业或专业分支；

（2）使用字符串来进行符号分析，而不是基于数组的数值分析。

符号数学工具箱的主要功能包括符号表达式的创建、符号矩阵的运算、符号积分、符号代数方程、符号微分方程、符号函数绘图、符号表达式的化简和替换等。下面分别介绍 MATLAB 符号运算基础和控制系统中常用的符号运算。

2.4.1 MATLAB 符号运算基础

符号数学工具箱是操作和解决符号表达式的符号数学函数的集合，是复合、简化、微分、积分，以及求解代数方程和微分方程的工具。本小节介绍字符串变量、符号变量和符号表达式的创建。

1. 字符串变量

字符串是特殊的符号对象，在数据处理、造表和函数求值中具有重要的应用。一般将采用单引号界定的字符序列称为字符串。例如，s = 'matlab'。

字符串中的每个字符（包括空格）都是字符串变量（矩阵或向量）中的元素。字符串中的字符以 ASCII 码形式储存并区分大小，用函数 abs( )可以看到字符的 ASCII 码。在 MATLAB 中，字符串和字符矩阵基本上是等价的。

2. 符号变量和符号表达式的创建

在 MATLAB 的符号数学工具箱中，提供了 2 个基本函数指令 sym( )和 syms，用来创建符号变量、符号表达式和符号矩阵，其调用格式如下：

```
sym('变量')
syms  var1  var2  var3 …
```

【例 2-11】 创建符号变量 x 和符号表达式 ax^2+bx+c。

解：在 MATLAB 命令行窗口输入的语句如下：

```
>> sym('x')
```

程序运行，输出结果如下：

```
ans = x
```

继续输入的语句如下：

```
>> syms a b c x;
>> a * x^2 + b * x + c
```

程序运行，输出结果如下：

```
ans = a * x^2 + b * x + c
```

注意：

（1）由于 syms 函数书写简洁，含义清楚，符合 MATLAB 的习惯特点，一般提倡使用 syms 创建符号变量、符号表达式和符号矩阵。

（2）注意用单引号创建的字符串变量和用函数 sym( )、syms 创建的符号变量性质并不完全一样。

在符号数学工具箱中，有些指令的参数既可以用字符串型数据也可以用符号型数据，但也有一些指令的参数必须用符号型数据。例如，加法、求导等运算，对数值形式的字符串和符号变量都按符号变量对待，不加区别，而级数求和命令 symsum（f，x，a，b）（表达式 f 定义关于符号变量 x 的级数项，变量 x 的值从 a 变化到 b）中的 f 必须用符号表达式而不能用字符串。

2.4.2 控制系统中常用的符号运算

控制系统中常用的符号运算有微分、积分、拉普拉斯变换和 Z 变换等，常用符号函数如表 2－13 所示。

表 2－13　常用符号函数

函数	功能	函数	功能
diff(f)	求表达式 f 对缺省变量的微分	int(f)	求表达式 f 对缺省变量的积分
diff(f，n)	求表达式 f 对缺省变量求 n 阶微分	int(f，v)	求表达式 f 对变量 v 的积分
diff(f，v)	求表达式 f 对变量 v 的微分	int(f，v，a，b)	求表达式 f 在区间（a，b）上对变量 v 的定积分
diff(f，v，n)	求表达式 f 对变量 v 的 n 阶微分		

求微分最常用的函数是 diff( )，其输入参数既可以是函数表达式，也可以是符号矩阵。常用格式为

$$\text{diff}(f,\ x,\ n)$$

其含义为求 f 关于 x 的 n 阶导数。

求积分最常用的函数是 int，其输入参数可以是函数表达式。常用格式为

$$\text{int}(f,\ r,\ x_0,\ x_1)$$

其含义为求 f 关于 r 在区间（x_0，x_1）上的定积分。

【例 2－12】 已知 $f(x)=ax^2+bx+c$，求 $f(x)$ 的微分、积分和定积分（上下限为 0，2）。

解： 在 MATLAB 命令行窗口输入的语句如下：

```
>>syms a b c x;
>>f =sym(a*x^2 +b*x +c)
```

程序运行，输出结果如下：

```
f = a*x^2 +b*x +c
```

继续输入的语句如下：

```
>>diff(f,a)
```

程序运行，输出结果如下：

```
ans =x^2
```

继续输入的语句如下：

```
>>int(f)
```

程序运行，输出结果如下：

```
ans =(a*x^3)/3 + (b*x^2)/2 + c*x
```

继续输入的语句如下：

```
>>int(f,x,0,2)
```

程序运行，输出结果如下：

```
ans = 8/3*a+2*b+2*c(或(8*a)/3 + 2*b + 2*c)
```

【例 2-13】 已知 $f=\sin(ax)$，分别对其中的 x 和 a 求导。

解： 在 MATLAB 命令行窗口输入的语句如下：

```
>>syms a x;                    % 定义符号变量 a,x
>>f =sin(a*x) ;                % 创建函数 f
>>dfx =diff(f,x)               % 对 x 求导
```

程序运行，输出结果如下：

```
dfx =a*cos(a*x)
```

继续输入的语句如下：

```
>>dfa =diff(f,a)                % 对 a 求导
```

程序运行，输出结果如下：

```
dfa = x*cos(a*x)
```

【例 2-14】 已知 $f=x\log(1+x)$，求对 x 的积分和 x 在 [0，1] 上的定积分。

解： 在 MATLAB 命令行窗口输入的语句如下：

```
>>syms x;                      % 定义符号变量 x
>>f =x*log(1+x);               % 创建函数 f
>>int1 =int(f,x)               % 对 x 积分
```

程序运行，输出结果如下：

```
int1 = 1/2*(1+x)^2*log(1+x)+3/4+1/2*x-1/4*x^2-(1+x)*
log(1+x)
```

继续输入的语句如下：

```
>>int2 =int(f,x,0,1)           % 求[0,1]区间上的积分
```

程序运行，输出结果如下：

```
int2 = 1/4
```

2.5 复数与复变函数运算

复变函数通常用来描述控制系统模型的传递函数，是控制工程的数学基础。MATLAB 支持在函数中使用复数或复数矩阵，也支持复变函数运算。下面简单介绍 MATLAB 中的复数运算基础、留数及其基本运算、拉普拉斯变换及其反变换和 Z 变换及其反变换。

2.5.1 复数运算基础

1. 复数的一般表示及创建

复数一般有 2 种表示方式，第一种为 $x=a+b\mathrm{i}$，其中，a 称为实部，b 称为虚部；第二种为 $x=r\mathrm{e}^{\mathrm{i}\theta}$，其中，$r$ 称为复数的模，记作 $|x|$；θ 称为复数的幅角，记作 $\arctan(x)$，并满足条件

$$r=\sqrt{a^2+b^2},\ \tan\theta=\frac{b}{a}$$

一般而言，第一种表示方式适合处理复数的代数运算问题，第二种表示方式适合处理复数旋转涉及幅角改变的问题。

从第一种复数表达式可以看出，复数是关于实部和虚部的符号函数。也就是说，复数既可以直接创建，也可以用符号函数创建。两种创建方法如下。

（1）直接法。直接法就是利用符号 i 或 j 来表示复数单位，将复数看作完整的表达式输入，其具体形式有 2 种：一种用实部和虚部形式表示；另一种用复指数形式表示。

（2）符号函数法。符号函数法就是将复数看成函数形式，其实部和虚部看成自变量，用函数 syms 来构造，并用函数 subs( ) 对符号函数中自变量进行赋值。

【例 2－15】 使用直接法和符号函数法创建复数。即用 MATLAB 指令代码创建复数 $x=-1+\mathrm{j}$。

解：（1）直接法。在 MATLAB 命令行窗口输入的语句如下：

```
>> x1 = -1 + j                                      % 实部和虚部形式
```

程序运行，输出结果如下：

```
x1 = -1.0000 +1.0000i
```

继续输入的语句如下：

```
>> x2 = sqrt(2) * exp(j * (3 * pi / 4))            % 复指数形式
```

程序运行，输出结果如下：

```
x2 = -1.0000 +1.0000i
```

（2）符号函数法。在 MATLAB 命令行窗口输入的语句如下：

```
>> syms a b real;                                   % 设 a,b 为实数型
>> x3 = a + b * j;                                  % 实部虚部形式
>> subs(x3, {a,b}, {-1,1})                          % 代入具体数值
```

程序运行，输出结果如下：

```
ans = -1 + 1i
```

继续输入的语句如下：

```
>>syms r ctreal;                          % 设 r,ct 为实数型
>>x4 =r * exp(ct * j);                    % 复指数形式
>>subs(x4,{r,ct},{sqrt(2),3 * pi/4})      % 代入具体数值
```

运行程序，输出结果如下：

```
ans = -1 +1i
```

2. 复数矩阵的表示及创建

矩阵运算是 MATLAB 中重要的运算过程，它不但能体现 MATLAB 强大的运算优势，而且贯穿 MATLAB 运算始终，复数矩阵是其运算的一个重要方面。由于复数矩阵的每个元素都是复数，因此复数矩阵创建有直接创建方法和利用符号函数创建方法。

复数矩阵的直接创建有以下方法：

（1）由复数元素创建复数矩阵，即将复数作为矩阵元素并按照矩阵格式进行填充得到复数矩阵；

（2）利用实矩阵创建复数矩阵，即由实、虚两个矩阵分别作为实部和虚部的同维矩阵构造复数矩阵。

下面举例介绍复数矩阵的创建。

【例 2－16】 用两种直接创建法创建复数矩阵 $\begin{bmatrix} 2+2i & 2+3i & 2+4i \\ 2-2i & 2-3i & 2-4i \end{bmatrix}$。

解：（1）由复数元素创建复数矩阵。在 MATLAB 命令行窗口输入的语句如下：

```
% 在 MATLAB 命令行窗口直接输入各元素
 >>A1 =[sqrt(8) * exp((pi/4) * i) 2 +3i 2 +4i;sqrt(8) * exp(( -pi/4)
* i) 2 -3i 2 -4i]
```

运行程序，输出结果如下：

```
A1  =
   2.0000 + 2.0000i   2.0000 + 3.0000i   2.0000 + 4.0000i
   2.0000 - 2.0000i   2.0000 - 3.0000i   2.0000 - 4.0000i
```

（2）利用实矩阵创建复数矩阵。在 MATLAB 命令行窗口输入的语句如下：

```
% 在 MATLAB 命令行窗口输入实、虚部矩阵
  >>A2re =[2 2 2;2 2 2];
  >>A2im =[2 3 4; -2  -3  -4];
  >>A2 =A2re +A2im * i
```

运行程序，输出结果如下：

```
A2 =
   2.0000 + 2.0000i   2.0000 + 3.0000i   2.0000 + 4.0000i
   2.0000 - 2.0000i   2.0000 - 3.0000i   2.0000 - 4.0000i
```

由此可知，不同直接创建复数矩阵的方法所得结果相同。

3. 复数函数绘制直角坐标图和极坐标图

复数函数有以下绘图形式：

(1) 绘制直角坐标图，即分别以复数的实部和虚部为坐标画出复数的表示图；

(2) 绘制极坐标图，即分别以复数的模和幅角为坐标画图。

MATLAB 提供了绘制极坐标图的函数 polar( )，并可以用该函数绘制出极坐标栅格线。调用格式如下：

```
polar(theta,rho)
```

其中，theta 为极坐标极角；rho 为极坐标矢径。

【例 2-17】 用复数函数绘制出函数为 $y=t+it\cos(t)$ 在直角坐标和极坐标下的表示图。

解：以实部为横坐标，虚部为纵坐标绘制直角坐标图；以模为极半径，幅角为极角绘制极坐标图。在 MATLAB 命令行窗口输入的语句如下：

```
% 绘制 y=t+itcos(t)函数在直角坐标和极坐标下的图
t=0:0.01:2*pi;
y=t+i*t*cos(t); % 函数作用在数组上,生成一个新的数组,再与 t 的每一个元素进行点乘
r=abs(y);             % 函数的绝对值生成了这样的一个数组
bdelta=angle(y);      % 得到这个数对应的角度
subplot(2,1,1);       % subplot 用于画子图
plot(y);              % 绘制直角坐标
title('直角坐标');
subplot(2,1,2);
polar(bdelta,r);      % 绘制极坐标图绘制出极坐标栅格线
title('极坐标')
```

以“12_17.m”为文件名存盘，并运行程序，输出结果。极坐标下复数的表示如图 2-6 所示。

4. 复数的操作函数

对于等式形如 $x=a+bi$ 的复数，一般希望能够了解它的自身结构性质，包括实部、虚部、模和幅角等。MATLAB 提供了方便的复数操作函数，如表 2-14 所示。

表 2-14 复数操作函数

函数名	功能	函数名	功能
real(**A**)	求复数或复数矩阵 **A** 的实部	abs(**A**)	求复数或复数矩阵 **A** 的模
imag(**A**)	求复数或复数矩阵 **A** 的虚部	angle(**A**)	求复数或复数矩阵 **A** 的相角，单位为弧度
conj(**A**)	求复数或复数矩阵 *A* 的共轭		

在 MATLAB 中，复数的基本运算与实部相同，即使用相同的函数。例如，复数或复数矩阵 $\boldsymbol{x}$ 除以 y，运算命令也是 x/y，与实数运算一样。

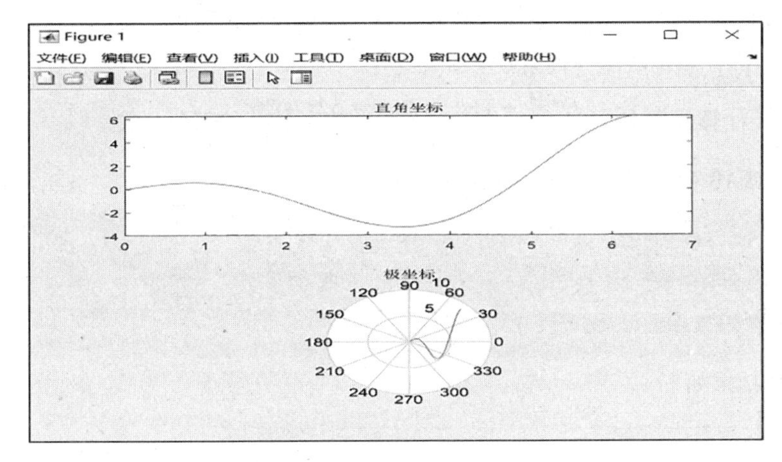

图2-6 极坐标下复数的表示

2.5.2 留数及其基本运算

在MATLAB中，有专门为留数开发的函数命令，下面首先复习留数的概念。

留数定义：设z_0是$f(z)$的孤立奇点，在圆环域D：$0<|z-z_0|<R$内解析，C是D内围绕z_0的任一正向简单闭曲线，则称积分$\frac{1}{2\pi i}\oint_C f(z)\mathrm{d}z$为$f(z)$在$z_0$处的留数，记为$\mathrm{Res}[f(z),z_0]$，即

$$\mathrm{Res}[f(z),z_0]=\frac{1}{2\pi i}\oint_C f(z)\mathrm{d}z=c_{-1}$$

式中：c_{-1}为$f(z)$的洛朗展开式中负幂项$c_{-1}(z-z_0)^{-1}$的系数。

留数定理：设函数$f(z)$在区域D内除有限个孤立奇点z_1，z_2，…，z_n外处处解析，C是D内包围诸奇点的一条正向简单闭曲线，其表达式为

$$\oint_C f(z)\mathrm{d}z=2\pi i\sum_{k=1}^{n}\mathrm{Res}[f(z),z_k]$$

若z_0为$f(z)$的m阶极点，则

$$\mathrm{Res}[f(z),z_0]=\lim_{z\to z_0}\frac{1}{(m-1)!}\frac{\mathrm{d}^{m-1}}{\mathrm{d}z^{m-1}}[(z-z_0)^m f(z)]$$

根据上面孤立奇点的类型，采用不同的计算方法，可以减少计算积分的工作量，即通过留数定理可以将闭环积分转化为简单的代数计算。在工程中遇到的$f(z)$多数情况下为有理分式，在微积分中，计算有理分式函数的积分时，通常将有理分式分解成所谓的部分分式。若n阶多项式a(s)不重根，则传递函数多项式可以展开为

$$\frac{b(s)}{a(s)}=\frac{b_m s^m+b_{m-1}s^{m-1}+\cdots+b_1 s+b_0}{a_n s^n+a_{n-1}s^{n-1}+\cdots+a_1 s+a_0}=\frac{r_n}{s-p_n}+\cdots+\frac{r_2}{s-p_2}+\frac{r_1}{s-p_1}+k(s)$$

式中：p_1，p_2，…，p_n称为极点；r_1，r_2，…，r_n称为留数；$k(s)$称为直接项。

在高等数学中，留数r_1，r_2，…，r_n通常用待定系数法来计算。而MATLAB提供了函数residue()来求有理多项式的留数，该函数的功能是对两个多项式的比进行部分分式展开，即完成把传递函数分解为部分分式单元的形式。其调用格式如下：

```
[r, p, k] = residue(b, a)
```

其中：输入多项式向量$\mathrm{b}=[\mathrm{b_m}\cdots \mathrm{b_1}\ \mathrm{b_0}]$和$\mathrm{a}=[\mathrm{a_n}\cdots \mathrm{a_1}\ \mathrm{a_0}]$是按$s$的降幂排列的多项式系数，

传递函数部分分式展开后，residue 返回参数有 3 个，分别对应留数向量 $r = [r_n \cdots r_2\ r_1]$、极点向量 $p = [p_n \cdots p_2\ p_1]$ 和常数项（高阶项）。

【例 2-18】 计算函数 $F(s) = \dfrac{s^4 + 11s^3 + 39s^2 + 52s + 26}{s^4 + 10s^3 + 35s^2 + 50s + 24}$ 的部分分式。

解：在 MATLAB 命令行窗口输入的语句如下：

```
>>b=[1 11 39 52 26];            % 分子多项式系数
>>a=[1 10 35 50 24];            % 分母多项式系数
>>[r,p,k]=residue(b,a)
```

程序运行，输出结果如下：

```
r=1.0000
   2.5000
  -3.0000
   0.5000
p=-4.0000
  -3.0000
  -2.0000
  -1.0000
k=1
```

由结果可得到 $F(s)$ 函数的部分分式如下：

$$F(s) = \frac{s^4 + 11s^3 + 39s^2 + 52s + 26}{s^4 + 10s^3 + 35s^2 + 50s + 24} = \frac{1}{s+4} + \frac{2.5}{s+3} + \frac{-3}{s+2} + \frac{0.5}{s+1} + 1$$

2.5.3 拉普拉斯变换及拉普拉斯反变换

在 MATLAB 的符号工具箱中，有拉普拉斯变换运算函数 laplace()和拉普拉斯反变换运算函数 ilaplace()，使用前，需要用符号变量函数 syms 设置有关的符号变量。

（1）符号变量函数 syms 设置的格式如下：

```
syms var1 var2.…;     % 用于设置符号运算中的变量 var1,var2 等
```

当需要说明变量的数据类型时，采用的格式如下：

```
syms var1 var2 …datatype
```

其中：datatype 可以是实型（real）、整型（positive）、非实型（unfeal）等。

（2）laplace 变换函数的格式如下：

```
L=laplace(F)
```

其中：F 是时域函数表达式，约定的自变量是 t，得到的拉普拉斯变换函数是 $L(s)$。

（3）ilaplace 变换函数的常用格式如下：

```
F=ilaplace(L)
```

此函数将拉普拉斯函数 $L(s)$ 变换为时域函数 $F(t)$。

【例 2-19】求函数 $f_1(t)=e^{at}$（a 为实数）、$f_2(t)=t-\sin t$ 的拉普拉斯变换。

解：在 MATLAB 命令行窗口输入的语句如下：

```
>> syms t s a;                          % 创建符号变量
>> f1 = exp(a * t); f2 = t - sin(t);    % 定义函数
>> L1 = laplace(f1)                     % 进行拉普拉斯变换
```

程序运行，输出结果如下：

```
L1 = -1/(a - s)
```

继续输入的语句如下：

```
>> L2 = laplace(f2)                     % 进行拉普拉斯变换
```

程序运行，输出结果如下：

```
L2 = 1/s^2 - 1/(s^2 + 1)
```

由上述运行结果可知

$$L[f_1(t)]=\frac{1}{s-a},\ L[f_2(t)]=\frac{1}{s^2}-\frac{1}{s^2+1}$$

【例 2-20】求函数 $F_1((s)=\frac{1}{s(1+s^2)}$，$F_2(s)=\frac{s+3}{(s+1)(s+2)}$ 的拉普拉斯反变换。

解：在 MATLAB 命令行窗口输入的语句如下：

```
>> syms t s;                            % 创建符号变量
>> F1 = 1/(s * (1 + s^2));              % 定义函数
>> F2 = (s + 3)/((s + 1) * (s + 2));    % 定义函数
>> f1 = ilaplace(F1)                    % 进行拉普拉斯反变换
```

程序运行，输出结果如下：

```
f1 = 1 - cos(t)
```

继续输入的语句如下：

```
>> f2 = ilaplace(F2)
```

程序运行，输出结果如下：

```
f2 = 2 * exp(-t) - exp(-2 * t)
```

由上述运行结果可知

$$L^{-1}[F_1(s)]=1-\cos(t),\ L^{-1}[F_2(s)]=2e^{-t}-e^{-2t},\ t\geqslant 0$$

2.5.4 *Z* 变换及其反变换

MATLAB 的符号数学工具箱中有 *Z* 变换运算函数 ztrans( )和 *Z* 反变换运算函数 iztrans( )。

1. *Z* 变换运算函数 ztrans( )

Z 变换运算函数 ztrans( )的调用格式如下：

```
F = ztrans(f)
```

此函数是返回独立变量 n 关于符号向量 $\boldsymbol{F}$ 的 Z 变换函数，默认的调用格式如下：

```
ztrans(f)↔F(z) = symsum(f(n)/z^n,n,0,inf)
```

【例 2-21】 试求函数 $f_1(t)=t$，$f_2(t)=e^{-at}$、$f_3(t)=\sin(at)$ 的 Z 变换。

解：在 MATLAB 命令行窗口输入的语句如下：

```
>> syms n a w k z T ;                   % 创建符号变量,T 为采样周期
>> f1 = ztrans (n * T);                 % 需变换的函数
>> f1 = simplity(f1)                    % 进行 Z 变换并化简结果
```

程序运行，输出结果如下：

```
f1 = (T*z)/(z - 1)^2
```

继续输入的语句如下：

```
>> f2 = ztrans(exp( -a * n * T));        % 需变换的函数
>> f2 = simplify(f2)                     % 进行 Z 变换并化简结果
```

程序运行，输出结果如下：

```
f2 = z/(z - exp( -T * a))
```

继续输入的语句如下：

```
>> f3 = ztrans(sin(w * a * T),w,z);      % 需变换的函数
>> f3 = simplify(f3)                     % 进行 Z 变换并化简结果
```

程序运行，输出结果如下：

```
f3 =(z * sin(T * a))/(z^2 - 2 * cos(T * a) * z + 1)
```

注意：

程序代码中用了简化表达式函数 simplify( )，且所给函数变量是 t（时）域。

由此题输出结果可知，Z 变换结果为

$$F_1(z)=\frac{Tz^{-1}}{(1-z^{-1})^2},\ F_2(z)=\frac{1}{1-e^{-aT}z^{-1}},\ F_3(z)=\frac{\sin(aT)z^{-1}}{1-2\cos(aT)z^{-1}+z^{-2}}$$

2. Z 反变换运算函数 iztrans( )

Z 反变换运算函数 iztrans( ) 调用格式如下：

```
f = itrans(F)
```

此函数是返回独立变量 z 关于符号向量 $\boldsymbol{F}$ 的 Z 反变换函数。

【例 2-22】 试求函数 $F_1(z)=\dfrac{2z^2-0.5z}{z^2-0.5z-0.5}$ 的 Z 反变换函数。

解：在 MATLAB 命令行窗口输入的语句如下：

```
>>syms  z  a  k  T                    % 创建符号变量,T 为采样周期
>>f1 =iztrans((2 * z^2 -0.5 * z)/(z^2 -0.5 * z -0.5));
                                      % 需变换的函数
>>f1 =simplify(f1)                    % 进行 Z 反变换并化简结果
```

程序运行，输出结果如下：

```
f1 =( -1/2)^n +1
```

由此可见，Z 反变换结果为

$$f_1(kT) = \sum_{k=0}^{\infty} f(kT)\delta(t - kT)$$

2.6　MATLAB 常用绘图指令

MATLAB 具有强大的图形绘制功能，常用来实现数据的显示和分析，包括二维图形和三维图形。在控制系统仿真中，也常用到绘图，如绘制系统的响应曲线、根轨迹或频率响应曲线等。下面主要介绍常用的二维图形指令和三维图形指令的使用方法。关于这些指令的全部用法可参考 MATLAB 在线帮助系统。

2.6.1　基本的绘图指令

在 MATLAB 中进行数据可视化时，使用最为频繁的绘制图形函数是 plot( )，该函数能够将向量或者矩阵中的数据绘制在图形窗体中，并且可以指定不同的线型和色彩，同一 plot( ) 函数不仅能 1 次绘制 1 条曲线，还能 1 次绘制多条曲线。

plot( )的完整格式如下：

```
plot(x1,y1,'clm1',x2,y2,'clm2',…)
```

其中：x1、y1 给出的数据分别为 x、y 轴坐标值，clm1 为选项参数（可定义图形曲线的颜色和线型标记，如 r 红，g 绿，b 蓝，*、#等，其由单引号括起来），以逐点连折线的方式绘制 1 个二维图形；以此类推绘制多个二维图形。另外，plot( )指令的简化形式如下：

```
plot(x,y)
```

或

```
plot(x,y,clm)
```

其中：选项参数 clm 与上面的 clm1 含义相同。

2.6.2　图形窗口处理指令和添加/删除栅格指令

下面分别介绍常用的图形窗口处理指令和添加/删除栅格指令。

1. 图形窗口指令 figure( )

若同时打开不同的图形窗口，可采用 figure(1)；figure(2)；…；figure(n)，其后紧跟各自的绘制图形指令。此命令用来打开不同的图形窗口，以便绘制不同的图形。

2. 图形窗口拆分指令 subplot( )

subplot( )函数可把现有的图形窗口分割并存放在指定行数和列数的区域，在每个区域内部都可以包含一个绘图轴，利用该函数选择不同的绘图区，并将所有的绘图操作结果都输出到指定的绘图区中。其调用格式如下：

```
subplot(m,n,p)
```

此函数指令的作用是分割图形显示窗口。其中：m 表示图形窗口上下分割个数(行)；n 表示图形窗口左右分割个数(列)；p 表示选定的窗口区域子图序号，以行元素优先顺序排列。

3. 在图形上添加/删除栅格指令

在图形上添加/删除栅格的指令有：grid on，此命令为给当前坐标系加上栅格线；grid off，此命令为从当前坐标系中删去栅格线。grid 指令是交替转换指令，即执行 1 次，转变 1 个状态。

【例 2-23】 使用 subplot( )指令，试编写程序创建 2 个图形窗口，同时将其分割为 2 行 2 列，并分别在不同的区域绘制图形（斜线、正弦曲线、峰值曲线、薄膜曲线和薄膜封面图曲线等）。

解：编写的 MATLAB 程序代码如下：

```
clear all;% 清除全部变量和函数
x =0:0.1:2 * pi;
% 创建第 1 个图形窗口
figure(1);clf;
% 分割窗口为 2 行 2 列,分别在不同的区域绘图
subplot(2,2,1);plot(1:2 * pi);grid on;% 绘制 1 -2π 长的斜线
subplot(2,2,2);plot(x,sin(x));grid on;% 绘制正弦 x 频率的曲线
subplot(2,2,3);plot(x,sin( 2 * x));grid on;% 绘制正弦 2x 频率的曲线
subplot(2,2,4);plot(peaks);grid on;% 绘制峰值(高斯分布)曲线
% 创建第 2 个图形窗口
figure(2);clf;
% 图形窗口分割为 2 行 2 列,分别在不同的区域绘图
subplot(2,2,1);plot(1:2 * pi);grid on;% 绘制 1 -2π 长的斜线
subplot(2,2,2);plot(peaks);grid on; % 绘制峰值(高斯分布)曲线
subplot(2,2,3);plot(membrane);grid on;% 绘制薄膜曲线
subplot(2,2,4);surf(membrane);grid on;% 绘制薄膜封面图曲线
```

以“l2_23. m”为文件名存盘，并运行程序，输出结果。figure 1 窗口输出曲线如图 2-7 所示，figure 2 窗口输出曲线如图 2-8 所示。

注意：

(1) 程序中 surf( )函数为三维曲面绘制函数；

(2) clf 为擦除当前图形窗；

(3) peaks 是两个变量的函数，通过平移和缩放得到高斯分布图；

(4) membrane 是薄膜生成 MATLAB 徽标的图形函数。

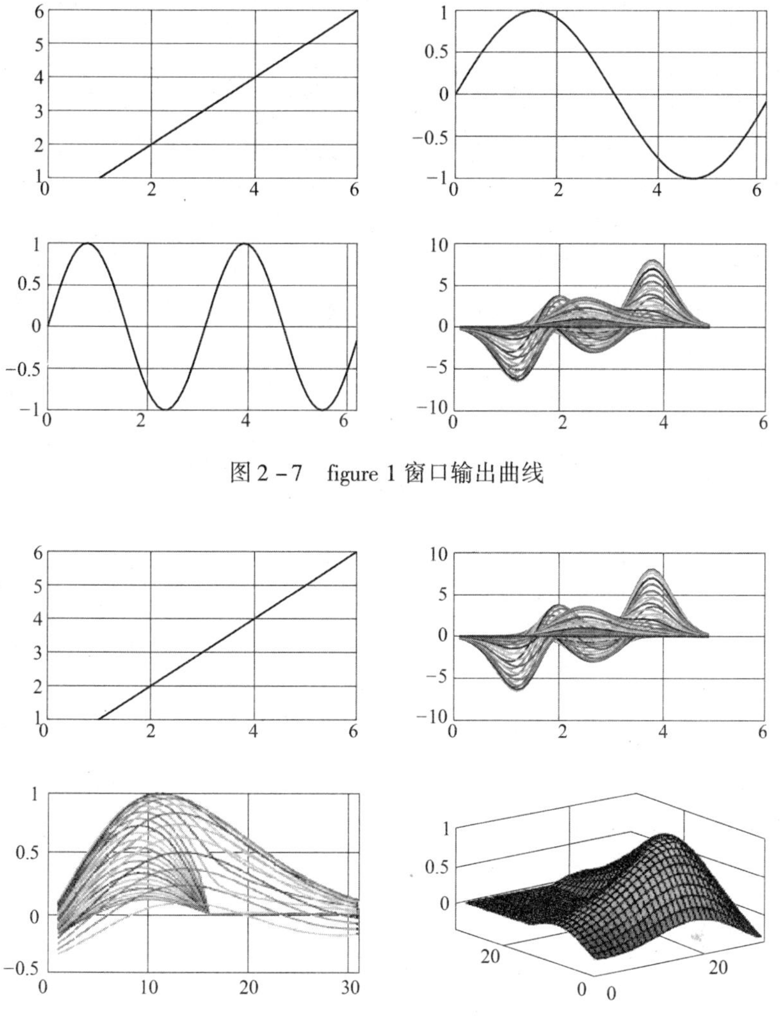

图 2－7 figure 1 窗口输出曲线

图 2－8 figure 2 窗口输出曲线

2.6.3 应用型绘图指令

应用型绘图指令常用于数值统计分析或离散数据处理，常用的应用型绘图指令如表 2－15 所示。

表 2－15 常用的应用型绘图指令

指令	功能	指令	功能
bar(x, y)	绘制 y 对应于 x 的高度条形图	stairs(x, y)	绘制 y 对应于 x 的阶梯图
hist(y, x)	绘制 x 在以 y 为中心的区间分布的个数柱状图	stem(x, y)	绘制 y 对应于 x 的散点图

注意：

图形的属性编辑可以在图形窗口上直接进行，但图形窗口关闭后编辑结果不会保存。

【例 2－24】 已知函数 $y = 15e^{-3.5x}$，分别以条形图、阶梯图、散点图和个数柱状图形式绘制曲线。

解： 编写的 MATLAB 程序代码如下：

```
x =0:pi/20:2 * pi;
y =15 * exp( -3.5 * x);
subplot(2,2,1);
bar(x,y,'g');grid on              % 绘制对应 x,y 的高度线条图
title('条形图');
axis([0,2 * pi,0,15]);
subplot(2,2,2);
stairs(x,y,'b');grid on           % 绘制 y 对应于 x 的阶梯图
title('阶梯图');
axis([0,2 * pi,0,15]);
subplot(2,2,3);
stem(x,y,'k');grid on             % 绘制 y 对应于 x 的散点图
title('散点图');
axis([0,2 * pi,0,15]);
subplot(2,2,4);
hist(y,x,'r');grid on             % 绘制 x 在以 y 为中心的区间分布的个数柱状图
title('柱状图');
axis([0,2 * pi,0,15]);
```

以“l2_24. m”为文件名存盘并运行程序，输出曲线如图 2-9 所示。

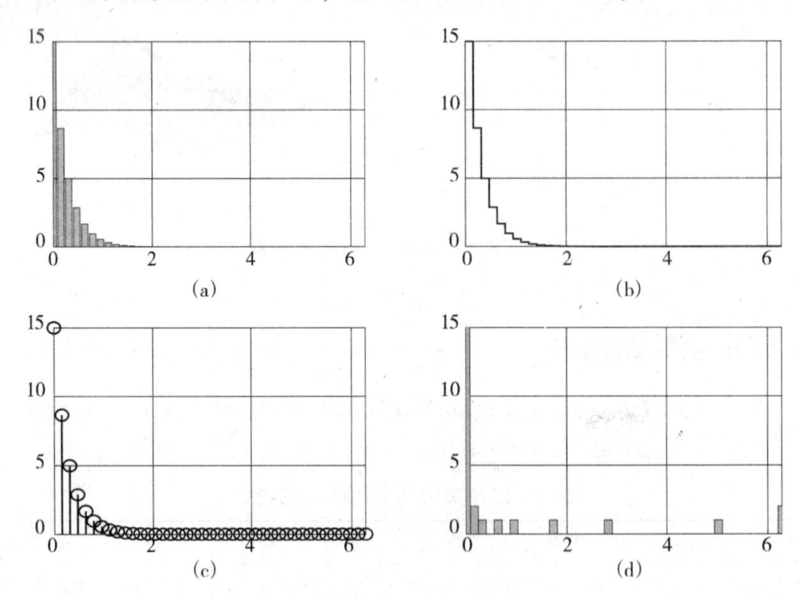

图 2-9　例 2-24 的输出曲线

(a) 条形图；(b) 阶梯图；(c) 散点图；(d) 柱状图

2.6.4　坐标轴相关的指令

在默认情况下，MATLAB 会自动选择图形的横、纵坐标的比例，但用户也可用 axis 指令来确定其横、纵坐标的大小。另外，在控制系统应用中，还会用到半对数坐标轴和对数坐标轴，坐

标轴相关指令如表 2 - 16 所示。

表 2 - 16 坐标轴相关指令

指　令	功　能
axis([xmin xmax ymin ymax])	分别给出 x 轴和 y 轴的最大值、最小值
axis equal	x 轴和 y 轴的单位长度相同
axis square	图框呈方形
axis off	清除坐标刻度
semilogx	绘制以 x 轴为对数坐标（以 10 为底），y 轴为线性坐标的半对数坐标图形
semilogx	绘制以 y 轴为对数坐标（以 10 为底），x 轴为线性坐标的半对数坐标图形
loglog	绘制全对数坐标绘图，即 x、y 轴均为对数坐标（以 10 为底）

2.6.5 文字标示指令

常用的文字标示指令如表 2 - 17 所示。

表 2 - 17 常用的文字标示指令

指　令	功　能
text（x，y，'字符串'）	在图形的指定坐标位置（x，y）处标示单引号括起来的字符串
gtext（'说明文字'）	利用鼠标在图形的某一位置标示说明文字
titel（'字符串'）	在所画图形的最上端显示说明该图形标题的字符串
xlabel（'字符串'）；ylabel（'字符串'）；zlabel（'字符串'）	设置 x、y、z 坐标轴的名称，输入特殊的文字需要用反斜杠（\）开头
legend（'字符串1'，'字符串2'，…，'字符串n'）	在屏幕上开启一个小窗口，然后依据绘图指令的先后次序，用对应的字符串区分图形上的线

2.6.6 图形保持/覆盖指令

图形保持/覆盖指令如表 2 - 18 所示。

表 2 - 18 图形保持/覆盖指令

指　令	功　能
hold	指令可以保持当前的图形，并且防止删除和修改比例尺
hold on	把当前图形保持在屏幕上不变，同时允许在这个坐标内绘制另一个图形
hold off	使新图覆盖旧图

注意：

MATLAB 默认为 hold off，这时的操作会修改图形的属性，因此编程时需要在 plot 前加上 hold on。

【例 2 - 25】 试用简单绘图指令绘制 [0，4π] 区间上的 $y=5\sin(t)$、$y1=10\sin(t-\pi/2)$ 和 $y2=7\sin(t-\pi)$ 曲线。要求：

（1）y 曲线的线型为点划线、颜色为青色、数据点标记为下三角；$y1$ 曲线的线型为虚线、颜色为黑色、数据点标记为矩形；$y2$ 曲线的线型为点线、颜色为洋红、数据点标记为圆圈；

（2）标示坐标轴的显示范围和刻度线、添加格栅线；

（3）标注坐标轴名称、标题和相应文字说明。

解：编写的 MATLAB 程序代码如下：

```
close all ;                     % 关闭打开了的所有图形窗口
clc, clear;                     % 清屏指令,清除工作区中所有变量
t =0:pi/20:4 * pi;              % 定义时间范围
hold on                         % 允许在同一坐标系下绘制不同的图形
axis([0 4 * pi  -10 10])        % 横轴范围[0,4pi],纵轴范围[ -10,10]
y =5 * sin(t);                  % 5 倍幅值正弦曲线
y1 =10 * sin(t -pi/2);          % 10 倍幅值滞后 90°正弦曲线
y2 =7 * sin(t -pi);             % 7 倍幅值滞后 180°正弦曲线
plot(t,y,'cv -.',t,y1,'- -ks',t,y2,'o:m')
                                % 绘制 3 条不同幅值的正弦曲线
xlabel('时间 t');ylabel('幅值 y')
                                % 标注横、纵坐标轴
title('简单绘图实例')           % 添加图标题
legend('y =5 * sint:点划线','y1 =10 * sin(t -pi/2:虚线','y2 =7sin(t -pi:
圆圈')))                        % 添加文字标注
gtext('y');gtext('y1');gtext('y2')
                                % 利用鼠标在图形标示曲线说明文字
grid on                         % 在所画出的图形坐标中添加栅格,注意用在 plot 之后
```

以“l2_25. m”为文件名存盘并运行程序，输出曲线如图 2－10 所示。

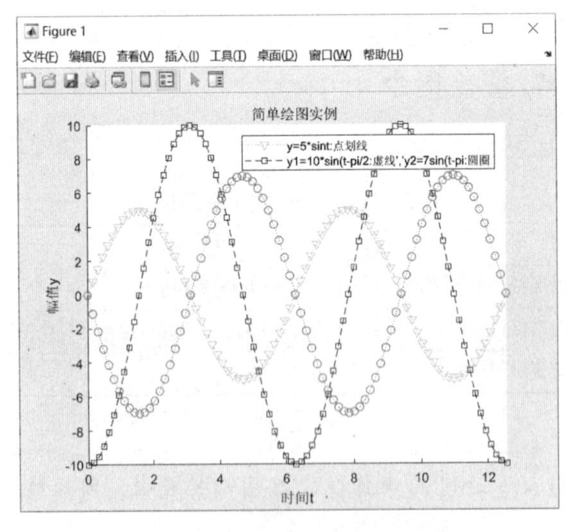

图 2－10　例 2－25 的输出曲线

注意：

写代码之前，首先启动 MATLAB，打开空白文件，进行程序编辑，代码编写完成后，以

“l2_24. m”为文件名存盘，运行程序（单击“run”按钮），检查错误，若有错误则进行改正；若程序完全正确则会出现输出曲线。

2.7 MATLAB的M文件和程序设计

MATLAB为用户专门提供了M文件，用户可以自行将指令写成程序，存储为M文件后，可以完成相应的工作。M文件分为脚本文件（Script File）和函数文件（Function File）两种形式，其扩展名都是“. m”。脚本文件的效果等同于将指令逐条输入指令窗口执行，因此，在执行脚本文件时，用户可以查看或调用工作空间中的变量。而函数文件则需要通过输入变量和输出变量来传递信息。如果没有特别设置，函数文件就像暗箱，函数文件中的中间变量在工作空间是看不到的。本节介绍M文件的概述、M文件的使用示例、MATLAB程序流程控制结构、MATLAB程序设计原则和跟踪调试。

2.7.1 M文件的概述

1. M文件的种类和建立

1）M文件的种类

M文件是用MATLAB语言编写的、可以在MATLAB中运行的程序。M文件有两种类型，一种称为脚本文件，另一种称为函数文件，两种文件的扩展名都是“. m”，且均以普通文本格式存放，可以用任何文本编辑软件进行编辑。MATLAB提供的M文件编辑器（MATLAB Editor/Debugger）也是程序编辑器。

在缺省情况下，M文件编辑器不是随MATLAB的启动而开启的，其只有在编写M文件时才启动。

2）新建M文件的方法

新建M文件有鼠标按钮操作法、鼠标菜单操作法、命令操作法3种方法。

（1）鼠标按钮操作法。

单击MATLAB主页窗口工具栏上的“✢”按钮（空白脚本），就可以出现标准的空白脚本文件“编辑器 - Untitled”窗口。新建的空白脚本文件“编辑器 - Untitled”窗口如图2-11所示。

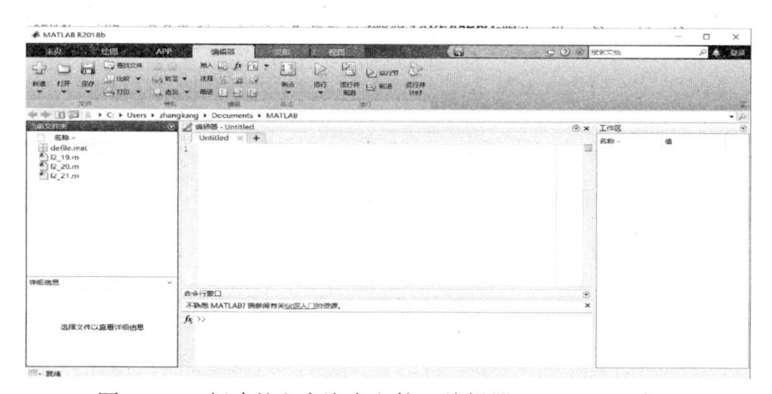

图2-11 新建的空白脚本文件“编辑器 Untitled”窗口

（2）鼠标菜单操作法。

单击MATLAB主页窗口工具栏上的“新建”菜单（创建新文档）下拉栏中的“脚本”，就可以调出标准的空白脚本文件“编辑器－Untitled 2”窗口。新建的空白脚本文件“编辑器－Untitled 2”窗口如图2－12所示。

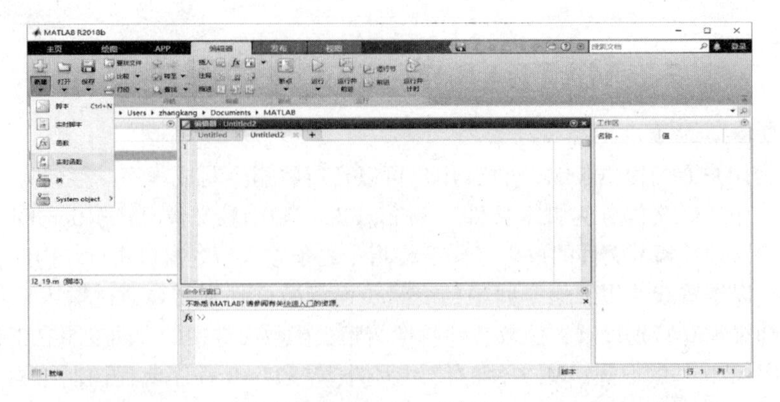

图2－12　新建的空白脚本文件“编辑器－Untitled 2”窗口

如果希望新建函数文件，可选择下拉菜单中的“*fx* 函数”，则出现标准的MATLAB函数文件“编辑器－Untitled 3”窗口。新建的函数文件“编辑器－Untitled 3”窗口如图2－13所示。

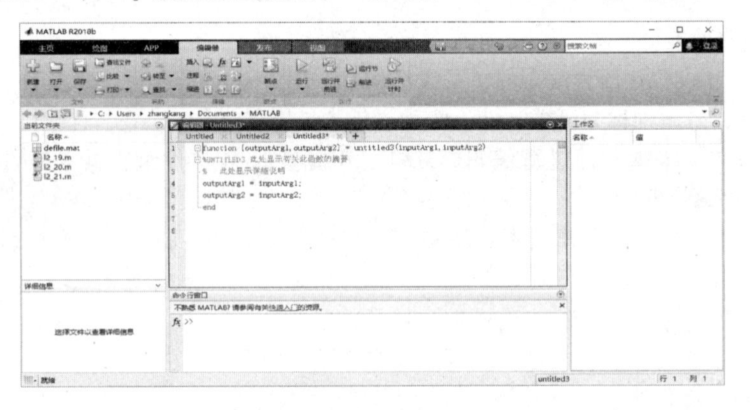

图2－13　新建的函数文件“编辑器－Untitled 3”窗口

（3）命令操作法。

在MATLAB命令行窗口输入指令edit，并按〈Enter〉键，MATLAB将启动新建脚本文件“编辑器－Untitled 4”窗口。新建的脚本文件“编辑器－Untitled 4”窗口如图2－14所示。

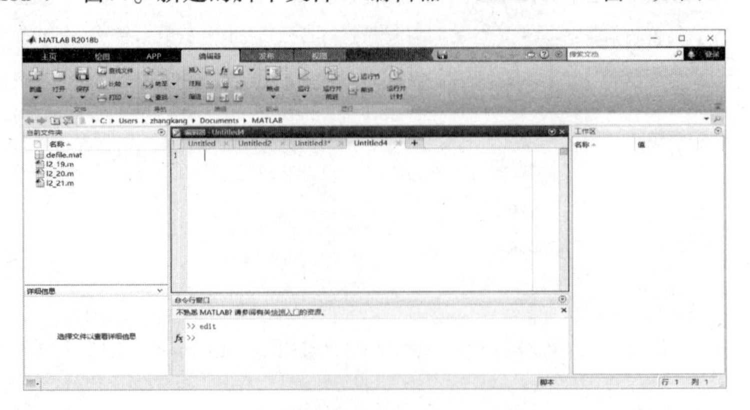

图2－14　新建脚本文件编辑器－Untitled 4窗口

2. M 文件的编写

用户通过编写脚本和函数文件，可以初步了解文件的编写结构、格式和运行特性。

1）脚本文件

编写的程序有较多的输入命令，或者需要经常对某些命令进行重复输入，故可以将这些命令按执行顺序存放在 M 文件中，只要在 MATLAB 命令行窗口中输入该文件的文件名，系统就会调入该文件并执行其中的全部命令，即 MATLAB 的脚本文件。

注意：

脚本文件中的语句可以访问 MATLAB 工作空间中的所有变量；而在脚本文件执行过程中创建的变量也会一直保留在工作空间中，其他命令或 M 文件都可以访问这些变量。

【例 2-26】 在 MATLAB 中编写一脚本文件，求满足 $1+2+3+\cdots+n<100$ 的最大正整数 n 和此时全部数字相加的和 sum。

解： 编写脚本文件的步骤如下。

（1）建立新的脚本文件（有多种方法），启动 M 文件编辑器。

（2）编写的 MATLAB 程序代码如下：

```
clear all;                  % 清除工作空间变量
sum =0;n =0;                % 赋初始值
while sum <100              % 判断当前的和是否小于 100
      n =n +1;              % 如果没有超过 100,则对 n 加 1
      sum = sum +n;         % 计算最新的和
end
sum = sum -n;               % 当循环结束时有 sum > =100,故应对 sum 减 n
n =n -1;                    % 当循环结束时有 sum > =100,故应对 n 减 1
n,sum                       % 显示最大正整数 n 以及和 sum
```

（3）保存建立的文件。

MATLAB 程序代码输入完成后，需要保存该文件，其方法为单击 M 文件编辑器菜单栏中的“保存”按钮，出现“文件保存”对话框。在对话框中选定存储位置，输入需要保存的文件名，如“12_26. m”，单击“保存”按钮即可。保存完毕后，原来未命名（Untitled）的 M 文件将立即显示输入的文件名和路径。

（4）运行脚本文件。

单击菜单栏中的“运行”按钮或在 MATLAB 命令行窗口输入的语句如下：

```
>>12_26
```

程序运行，输出结果如下：

```
n =13 sum =91
```

运行的 M 脚本文件编辑器窗口如图 2-15 所示。

注意：

（1）运行 M 文件的方法有很多，最常用的方法为在命令行窗口输入 M 文件不带扩展名的文件名，（如“12_26”），并按〈Enter〉键，或者单击当前编辑窗口菜单栏中的“运行”按钮；

（2）当使用 M 文件编辑器保存文件时，不必写出文件的扩展名。

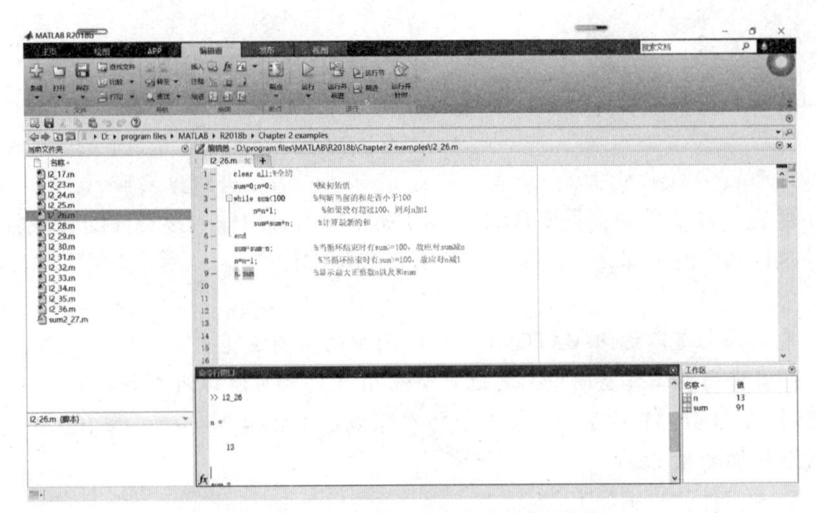

图 2-15　运行的 M 脚本文件编辑器窗口

2）函数文件

函数文件是另一类 M 文件，其可以像库函数一样被调用，MATLAB 提供的许多工具箱，就是由函数文件组成的。对于某一类特殊问题，用户可以建立系统的函数文件，形成专用工具箱。

函数文件的第一行有特殊的要求，它必须遵循的形式如下：

```
function <因变量> = <函数名>(<自变量>)
```

其他各行都是程序运行语句，没有特别要求。函数文件的文件名必须是 <函数名>. m。

【例 2-27】 在 MATLAB 软件中编写 M 函数文件，计算 $\sum_{n=1}^{100} n$。

解： 编写函数文件的步骤如下。

（1）建立新的函数文件。启动未命名（Untitled3）M 函数文件编辑器窗口，如图 2-13 所示。

（2）编写程序并保存。对输入变量（Input Arg）、输出变量（Output Arg）和函数文件名（Untitled3）等做相应修改，以“12_27. m”为文件名存盘，函数文件进行相应修改后的窗口如图 2-16 所示。

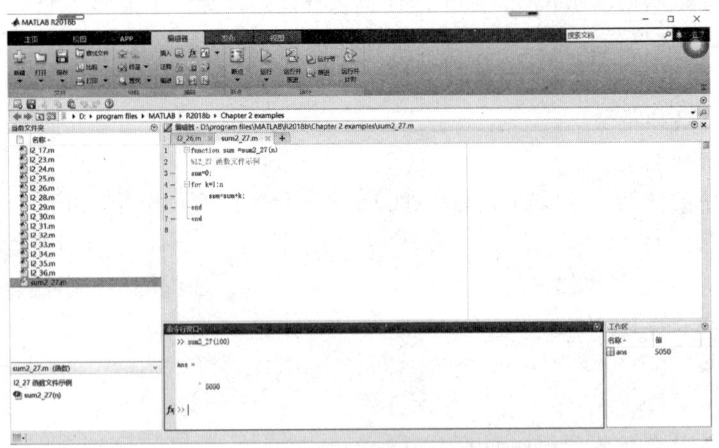

图 2-16　函数文件进行相应修改后的窗口

（3）在命令行窗口输入的语句如下：

```
>> sum = 12_27(100)
```

程序运行，输出结果如下：

```
sum =5050
```

注意：

(1) 在命令行窗口中执行函数时，必须事先在工作空间中对输入变量赋值，或者直接将输入变量的值输入到函数名后面的小括号中，用户如果像执行脚本文件一样执行函数文件，即仅输入“12_27”后按〈Enter〉键或单击编辑器菜单栏中的“运行”按钮，MATLAB 将提示出错；

(2) 函数文件在保存时，MATLAB 将函数名默认为文件名，建议用户不要随意修改，一旦函数文件的文件名与函数不一致时，MATLAB 将以函数文件的文件名为准来执行；

(3) 用户也可以通过在脚本文件中使用交互式输入指令 input( )，达到和函数文件相似的执行效果。

【例2-28】 已知变量 $\boldsymbol{a}$ = [1, 2, 3, 4, 5, 6, 7, 8, 9, 10], $\boldsymbol{b}$ = [11, 12, 13, 14; 15, 16, 17, 18]，将变量 $\boldsymbol{a}$、$\boldsymbol{b}$ 的值互换，编写程序实现。

解： 在文件编辑器中输入的 MATLAB 程序代码如下：

```
clear;
a = 1:10;
b = [11,12,13,14;15,16,17,18];
c = a; a = b; b = c;
a, b
```

以“12_28.m”为文件名存盘，并运行程序，输出结果如下：

```
a =
   11    12    13    14
   15    16    17    18
b =
    1     2     3     4     5     6     7     8     9    10
```

3. 脚本文件和函数文件的区别

脚本文件和函数文件的区别如下。

(1) 脚本文件没有输入参数，也不返回输出参数；函数文件可以有输入参数，也可以返回输出参数。

(2) 脚本文件对工作空间中的变量进行操作，其文件中所有命令的执行结果也返回工作空间中；函数文件中定义的变量为局部变量，当函数文件执行完毕时，这些变量也被清除。

(3) 脚本文件可以直接运行，函数文件不能直接运行，要以函数调用的方式来调用。

2.7.2 MATLAB 程序流程控制结构

MATLAB 程序流程控制结构包括顺序（逐行往下执行到结束）程序结构、选择或分支（根据条件满足与否，确定执行方向）程序结构和循环（循环变量从初值计数，直到大于终止值为止）程序结构，任何复杂的程序都可以由这 3 种基本结构构成。本节结合 MATLAB 的特点对这几种流程控制结构做简要说明。

1. 顺序程序结构

顺序程序结构是指程序语句按排列顺序依次执行，直到最后一个语句为止。

1）数据的输入

从键盘输入数据，可以使用input( )函数来进行，其调用格式如下：

```
A = input('提示信息','选项')
```

其中：‘提示信息’为字符串，用于提示用户输入数据。如从键盘输入A，则可以采用下面的命令来完成。

```
A = input('输入A矩阵')
```

如果在用input( )函数调用时，选项为“*s*”，则允许用户输入1个字符串。举例如下：

```
xm = input('What is your name? ','s')
```

2）数据的输出

在命令行窗口使用的输出函数主要是disp( )函数，其调用格式如下：

```
disp('输出项')
```

其中：输出项既可以为字符串，也可以为矩阵。

例如，在MATLAB命令行窗口输入的语句如下：

```
>>A ='Hello, Tom';
>>disp(A)
```

程序运行，输出结果如下：

```
Hello, Tom
```

又如，在MATLAB命令行窗口输入的语句如下：

```
>>A =[1,2,3;4,5,6;7,8,9];
>>disp(A)
```

程序运行，输出结果如下：

```
1  2  3
4  5  6
7  8  9
```

【例2-29】编写MATLAB程序，求一元二次方程 $ax^2 + bx + c = 0$ 的根。

解：在文件编辑器中编写的MATLAB程序代码如下：

```
a = input('a = ? ');
b = input('b = ? ');
c = input('c = ? ');
d = b * b - 4 * a * c;
x = [( -b + sqrt(d)) / (2 * a),( -b - sqrt(d)) / (2 * a)];
disp(['x1 =',num2str(x(1)),',x2 =',num2str(x(2))]);
```

以“12_29.m”为文件名存盘，并运行程序，输出结果如下：

```
>>a=?4
>>b=?78
>>c=?54
```

在问号（?）后输入数字，回车后续填数字（由一元二次方程系数 a、b、c 确定），最后获得 x_1 和 x_2 值，具体如下：

```
x1 = -0.7188,x2 = -18.7812
```

2. 选择或分支程序结构

选择或分支结构根据给定的条件成立或不成立，分别执行不同的语句。MATLAB 用于实现选择结构的语句通过 if – else – end 结构、while 结构和 switch – case – otherwise 结构来实现。下面分别加以介绍。

1）if – else – end 结构

if – else – end 结构是实现分支结构程序最常用的一种语句，能够实现单分支、双分支和多分支结构，其具体表现如下。

（1）单分支结构的格式如下：

```
If 逻辑表达式
     指令语句组
end
```

（2）双分支结构的格式如下：

```
If 逻辑表达式
      指令语句组1
    else
      指令语句组2
  end
```

（3）多分支结构的格式如下：

```
If 逻辑表达式1
        指令语句组1
   else if 逻辑表达式2
          指令语句组2
   …
   else if 逻辑表达式n
          指令语句组n
   else
        指令语句组n+1
  end
```

【例2-30】编写 MATLAB 程序，判断键盘输入的数 n 是否是正、负、空和奇偶性数据。

解：编写的 MATLAB 程序代码如下：

```
n = input('n =')
if isempty(n) = =0
    if n < =0  A ='negative'            % 判断输入的正负性
          else                          % 判断输入是否为空
          A ='positive'
    end
else
    A ='This isempty'
end
if isempty(n) = =0
        if rem(n,2) = =0                % 除 2 取余数,判断奇偶性
          A ='even'
else
          A ='odd'
          end
else
A ='empty'
end
```

以“12_30. m”为文件名存盘并运行程序，键盘输入 19，则输出结果如下：

```
n = 19    A = 'positive'
A = 'odd'
```

2）switch – case – otherwise 结构

switch 语句根据表达式的取值不同，分别执行不同的语句，其语句格式如下：

```
switch 开关表达式
case 表达式 1
     指令语句组 1
…
case 表达式 m
     指令语句组 m
otherwise
     语句组 m +1
end
```

switch 子句后面的表达式应为标量或字符串；case 子句后面的表达式不仅可以为标量或字符串，还可以为元胞矩阵。

【例 2 – 31】 某商场对顾客购买的商品实行打折销售，折扣标准如下（商品价格用 price 来表示）：

price < 200	没有折扣
200 ≤ price < 500	3% 折扣

500≤price<1 000　　　5%折扣
1 000≤price<2 500　　8%折扣
2 500≤price<5 000　　10%折扣
5 000≤price　　　　　14%折扣

试编写 MATLAB 程序，完成输入所售商品的价格（300），得出其实际销售价格。

解：编写的 MATLAB 程序代码如下：

```
price = input('请输入商品价格:');
switch fix(price/100)
  case {0,1}                % 价格小于200
        rate =0;
  case {2,3,4}              % 价格大于等于200但小于500
        rate =3/100;
  case num2cell(5:9)        % 价格大于等于500但小于1000
        rate =5/100;
   case num2cell(10:24)     % 价格大于等于1000但小于2500
        rate =8/100;
   case num2cell(25:49)     % 价格大于等于2500但小于5000
        rate =10/100;
   otherwise                % 价格大于等于5000
        rate =14/100;
end
price=price*(1-rate)      % 输出商品实际销售价格
```

以"l2_31.m"为文件名存盘，并运行程序，键盘输入300，则输出结果如下：

```
price =  291
```

3. 循环程序结构

循环程序结构是指按照给定的条件，重复执行指定的语句，MATLAB 提供了实现循环结构的语句：for 语句和 while 语句。

while 语句和 for 语句的区别：while 语句的循环体被执行的次数不是确定的，而 for 语句中循环体的执行次数是确定的。

1）for 语句

for 语句的格式如下：

```
for 循环变量 =表达式1:表达式2:表达式3
    循环体指令语句组
end
```

其中：表达式1的值为循环变量的初值，表达式2的值为步长，表达式3的值为循环变量的终值；步长为1时，表达式2可以省略。下面通过实例介绍 for 语句的循环程序结构。

【例2-32】 编写 MATLAB 程序，完成数字 $1\sim N$（$N\leq5$）的乘法运算表。

解：编写的 MATLAB 程序代码如下：

```
clear;
n = input('N = ? ')
for n =1:n
    for m =1:n
    r(n,m) = m * n
    end
end
```

以“l2_32.m”为文件名存盘，并运行程序，键盘输入5，则输出结果如下：

```
r =
    1     0     0     0     0
    2     4     0     0     0
    3     6     9     0     0
    4     8    12    16     0
    5    10    15    20    25
```

2）while 语句

while 语句的格式如下：

while 条件（逻辑表达式）

  循环体指令语句组

end

若条件成立，即逻辑表达式为真（非0），则执行循环体语句，执行后再判断条件是否成立；若不成立，即逻辑表达式为假（0），则跳出循环。

【例2-33】 while 语句使用举例。编写 MATLAB 程序，计算200以内的 fibonacci（斐波那契）数列（fibonacci 数列又称黄金分割数列或“兔子数列”）。以递推的方法定义 $F(1)=1$，$F(2)=1$，$F(i)=F(i-1)+F(i-2)$（$i\geqslant 3$，$i\in \mathrm{N}$）。

解：编写的 MATLAB 程序代码如下：

```
f(1) =1;
f(2) =1
i =1
while f(i) + f(i +1) <200
f(i +2) = f(i) + f(i +1)
i =i +1
end
f
```

以“l2_33.m”为文件名存盘，并运行程序，输出结果如下：

```
i = 1
f = 1  1    2
i = 2
f = 1  1    2    3
```

```
...
i = 11
f = 1   1   2    3    5    8    13    21    34    55    89   144
```

3）break 语句和 continue 语句

在循环程序结构中还有语句可以影响程序的流程，即 break 语句和 continue 语句。它们一般与 if 语句配合使用，break 语句作用是终止循环的执行，其功能是：当在循环体内执行到该语句时，程序将跳出循环，继续执行循环语句的下一语句；continue 语句作用是控制跳过循环体中的某些语句，即当在循环体内执行到该语句时，程序将跳过循环体中所有剩下的语句，跳转到判断循环条件的语句处，继续下一循环。

【例 2-34】 编写 MATLAB 程序，求［100，200］之间第一个能被 21 整除的整数。

解：编写的 MATLAB 程序代码如下：

```
clear;
for n = 100:200
    if rem(n,21) ~ =0;
         continue
    end
    break
end
n
```

以“l2_34. m”为文件名存盘，并运行程序，输出结果如下：

```
n =  105
```

2.7.3 MATLAB 程序设计原则和程序调试

MATLAB 强大的科学技术资源来自 MATLAB 内部存储的丰富的函数文件，日益丰富的函数文件资源也是 MATALB 版本升级的基础。而 MATLAB 程序设计既有传统高级语言的特征，又有自己的特点，可以利用数据结构的特点，使程序结构简单化，提高编程效率。下面介绍 MATLAB 程序设计原则和程序调试方法。

1. MATLAB 程序基本设计原则

MATLAB 程序基本设计原则如下。

（1）程序中% 后面是程序的注解，要善于运用注解使程序更具可读性。

（2）养成在主程序开头用 clear 指令清除变量的习惯，以消除工作空间中其他变量对程序运行的影响，但注意在子程序中不要使用 clear 指令。

（3）参数值要集中放在程序的开始部分，以便对其进行维护；要充分利用 MATLAB 工具箱提供的指令来执行所要进行的运算，在语句行之后输入分号使其中间结果不在屏幕上显示，以提高运算速度。

（4）input 指令可以用来输入一些临时的数据；对于大量参数则需建立一个存储参数的子程序，在主程序中通过子程序的名称来调用。

（5）程序尽量模块化，即采用主程序调用子程序的方法，将所有子程序合并在一起来执行全部的操作。

(6) 充分利用 Debugger 进行程序的调试（设置断点、单步执行、连续执行），并利用其他工具箱或图形用户界面（GUI）的设计技巧，将设计结果集成到一起。

(7) 设置好 MATLAB 的工作路径，以便程序的运行。

2. MATLAB 程序的基本结构

MATLAB 程序的基本结构如下：

(1) %：说明或注释；

(2) 清除命令：清除工作空间中的变量和图形（即 clear 指令）；

(3) 定义变量：定义的变量包括全局变量的声明及参数值的设定；

(4) 逐行执行命令：指 MATLAB 提供的指令或工具箱提供的专用命令；

(5) 控制循环：包含 for、if then、switch 和 while 等语句；

(6) end：结束指令；

(7) 绘图命令：将运算结果绘制出来。

当然，更复杂的程序还需要调用子程序，或者与 Simulink 及其他应用程序相结合。

3. 程序调试

在完成 M 文件的编写后，一般需要进行程序调试，调试的目的是保证程序没有语法错误，得到正确的结果。应用程序中常出现的错误有两类，一类是语法错误，另一类是运行时产生的错误。若为语法错误，则命令行窗口会给出相应的错误信息，并标出错误在程序中的行号。

【例 2－35】 编写 MATLAB 程序，对 2 个数组（或矩阵）进行点乘运算及矩阵运算。

解：编写的 MATLAB 程序代码如下：

```
clear all;               % 清除全部变量或函数
A =[1 2;3 4;3 7];        % 3 ×2 数组(或矩阵)
B =[3 2 7;5 9 1];        % 2 ×3 数组(或矩阵)
F =A. * B;               % 数组的点运算
E =A * B;                % 矩阵运算
```

以“l2_35. m”为文件名存盘，并运行程序，输出的结果如图 2－17 所示。

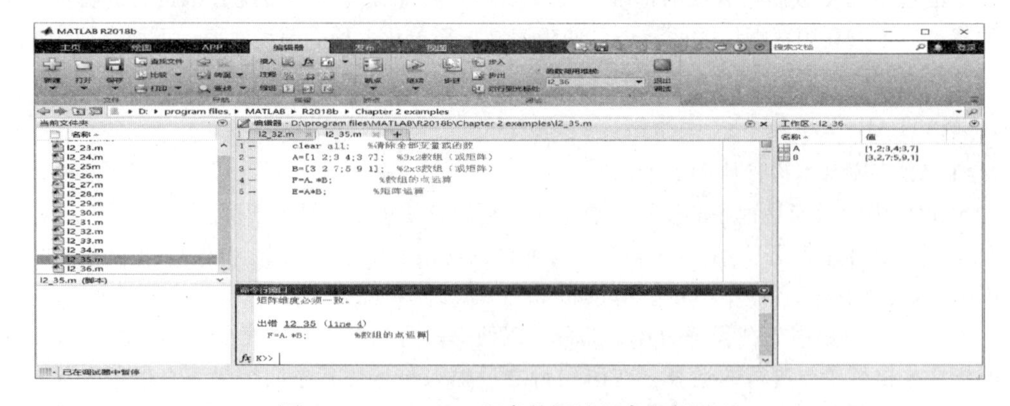

图 2－17　MATLAB 程序的调试程序运行界面

由图 2－17 中的命令行窗口可见，“下划线”为 MATLAB 提供的超级链接，将鼠标靠近超级链接，待指针的形状变成“手形”时，右击即可进入该文件出错的第四行内容，用户可根据

MATLAB 提供的出错原因加以改正。本例给出错误的原因是两个数值（或矩阵）的维数不满足数组进行点乘的要求。纠错时，将相应的点去掉即可。

分析 MATLAB 给出的错误信息，不难排查程序中的语法错误，但 MATLAB 对程序中出现的逻辑错误不会给出任何提示信息。因此，可以通过调试手段来发现程序中的逻辑错误。具体方法如下：

（1）将程序的一些主要中间结果输出到命令行窗口，从而确定错误的区域；

（2）单击 MATLAB 的菜单栏中的“运行”按钮或在命令行窗口输入文件名命令并按〈Enter〉键，实现程序的调试；

（3）在调试过程中，工作空间将出现输入变量名的运行结果，检查变量的值，可以分析判断程序的正确性，直到结束调试。

【例 2－36】 编写一个求水仙花数的程序（若三位整数每位数字的立方和等于该数本身则称该数为水仙花数）。试设置断点来控制程序执行。

解： 编写的求水仙花数的程序代码如下：

```
clear,clc;                              % 清除变量和函数、清屏
  for m =100:999
        m1 = fix(m/100);                % 取出百位数
        m2 = rem(fix(m/10),10);         % 取出十位数
        m3 = rem(m,10);                 % 取出个位数
    if m = = m1.^3 + m2.^3 + m3.^3
        disp(m)
    end
  end
```

以“l2_36. m”为文件名存盘。

【例 2－36】的程序调试步骤如下。

（1）在 if 语句处设置断点。将光标移至 if 语句所在行，右击并选择菜单中的“设置断点”命令，则该行前面将出现红色圆点，程序运行时将在断点处暂停；

（2）运行程序，检查中间结果。单击菜单栏“运行”按钮或在命令行窗口输入“l2_36”后按〈Enter〉键。MATLAB 程序的调试程序运行界面（1）如图 2－18 所示。

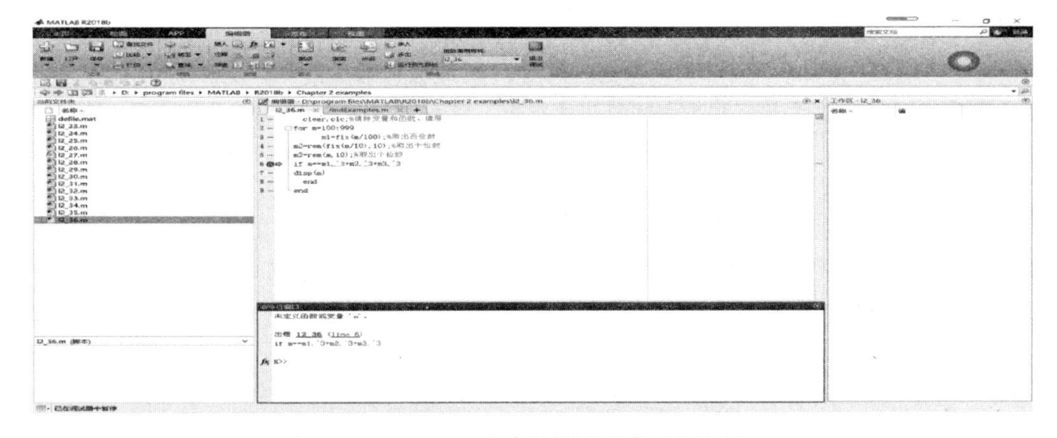

图 2－18　MATLAB 程序的调试程序运行界面（1）

图 2－18 中的命令行窗口出现信息如下：

```
未定义函数或变量 'm'。
出错 l2_36 (line 6)
if m = =m1.^3 +m2.^3 +m3.^3
>>
```

(3) 单击菜单栏“运行”按钮或在命令行窗口输入“l2_36”后按〈Enter〉键，命令行窗口出现的信息如下：

```
K >>
```

(4) 继续执行步骤 (3)。此时在工作空间出现输入变量名 m、m1、m2、m3 的运行结果，通过检查变量的值便能分析判断程序的正确性。连续执行步骤 (3)，程序继续运行，执行结果在工作空间中不断变化，检查变量的值，直到发现问题。

(5) 执行完毕，单击菜单栏“断点”按钮并选择“清除断点”或单击断点处的红色圆点，结束对程序的调试。MATLAB 程序的调试程序运行界面 (2) 如图 2－19 所示。

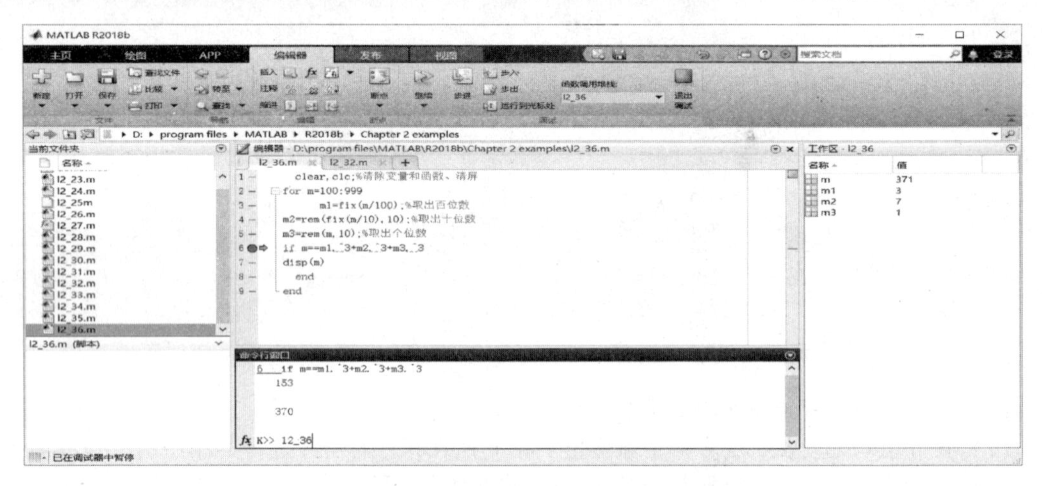

图 2－19　MATLAB 程序的调试程序运行界面 (2)

注意：

当进入调试状态时，MATLAB 的命令行窗口会显示当前断点的代码行，并且命令行窗口的提示符变成“K >>”，表示当前为调试状态。此时，在 M 文件编辑器中，第 6 行代码前有绿色的箭头 (见图 2－19)，表示当前程序运行到此处中断。这种调试方法可以使用户方便地了解每一个语句的执行结果，箭头在错误处消失，方便用户即时修改。

如果用户的程序规模较大，文件中又有较多的函数文件，显然使用逐步调试的方式不太合适，因此用户可以选择性地在文件的适当位置使用断点。另外，新版本的 MATLAB 提供的 M 语言编辑器能够在代码编写过程中针对其中的语法错误进行分析，并通过编辑器来提示相应的错误信息。

练习题

2.1 编写 MATLAB 程序，求满足 $1+2+3+\cdots+n<1\,000$ 的最大正整数 n。

2.2 已知 $f=x\lg(1+x)$，求对 x 的积分和 x 在 [0, 1] 上的定积分。

2.3 试用简单绘图命令绘制 [0, 4π] 区间上的 $y=10\sin(t)$、$y_1=5\sin(t-\pi/2)$ 和

$y_2 = 8\sin(t-\pi)$ 曲线。

（1）y 曲线的线型为点划线、颜色为青色、数据点标记为下三角；y_1 曲线的线型为虚线、颜色为黑色、数据点标记为矩形；y_2 曲线的线型为点线、颜色为洋红、数据点标记为圆圈。

（2）标示坐标轴的显示范围和刻度线、添加格栅线。

（3）标注坐标轴名称、标题、相应文字说明。

2.4 用直接方法创建复数矩阵 $\begin{bmatrix} 1+1i & 1+1.5i & 1+2i \\ 1-1i & 1-1.5i & 1-2i \end{bmatrix}$。

2.5 在 MATLAB 软件中编写一个脚本文件，求满足 $1+2+3+\cdots+n<200$ 的最大正整数 n 和此时全部数字相加的和。

2.6 已知变量 $\boldsymbol{a}$ = [1, 2, 3, 4, 5, 6, 7, 8, 9, 10]，$\boldsymbol{b}$ = [11, 12, 13, 14, 15, 16, 17, 18]，通过 MATLAB 编写程序将变量 $\boldsymbol{a}$、$\boldsymbol{b}$ 的值互换。

2.7 在 MATLAB 软件中编写一个 M 函数文件，计算 $\sum_{n=1}^{200} n$。

2.8 已知矩阵为

$$\boldsymbol{a} = \begin{pmatrix} 41 & 42 & 43 & 44 \\ 31 & 32 & 33 & 34 \\ 21 & 22 & 23 & 24 \\ 11 & 12 & 13 & 14 \end{pmatrix}$$

试分析下列语句的功能，并写出执行结果。

（1）$\boldsymbol{a}$(2, 3)；（2）$\boldsymbol{a}$(1: 3, 2: 3)；（3）$\boldsymbol{a}$(:, end)；（4）$\boldsymbol{a}$(2,:)；（5）$\boldsymbol{a}$(:, 2: 3)；（6）$\boldsymbol{a}$(:)；（7）$\boldsymbol{a}$(2: 3)；（8）$\boldsymbol{a}$(1: 3, 2: 3)；（9）$\boldsymbol{a}$(:,:)。

2.9 编写 MATLAB 程序，求一元二次方程 $ax^2+bx+c=0$ 的根。

2.10 编写 MATLAB 程序，实现符号函数 $y=\mathrm{sgn}(x)=\begin{cases} 1, & x>0 \\ 0, & x=0 \\ -1, & x<0 \end{cases}$。在 MATLAB 命令行窗口分别输入 $x>0$，$x=1$，$x<0$，查看 $y=\mathrm{sgn}(x)$ 的输出结果。

2.11 编写 MATLAB 程序，计算 n = 给定值（如 200）以内的 fibonacci（斐波那契）数列。

第3章 Simulink 仿真

本章的主要内容为 Simulink 仿真概述、Simulink 的模块库简介、Simulink 功能模块的处理、Simulink 仿真设置和 Simulink 自定义功能模块，以及 s - function 的设计与应用。通过本章内容的讲解，读者能够全面了解 Simulink 的基本模块和功能，并掌握 Simulink 的基本操作，为使用 Simulink 进行控制系统仿真打下基础。

3.1 Simulink 仿真概述

1990 年，MathWorks 软件公司为 MATLAB 提供了新的控制系统模型图形输入与仿真工具 SIMULAB，使仿真软件进入了模型化图形组态阶段。因其名字与当时比较著名的软件 Simula 类似，所以 1992 年该软件被正式更名为 Simulink。在实际工程中，结构复杂的控制系统可以借助 Simulink 仿真软件准确地把控制系统的模型输入计算机，并对其进行分析与仿真实验，获得初步的仿真结果。

3.1.1 Simulink 简介

Simulink 的出现给控制系统分析与设计带来了极大的便利。Simulink 有两个主要功能：Simu（仿真）和 Link（连接），即该软件可以在模型窗口上绘制出所需要的控制系统模型，并对控制系统模型进行仿真和分析。Simulink 是 MATLAB 的分支产品，主要用来实现对工程问题的模型化及动态仿真，它体现了模块化设计和系统级仿真的思想，采用模块组合的方法使用户能够快速、准确地创建动态系统的计算机模型，使得建模仿真如搭积木一般简单。目前，Simulink 已成为仿真领域首选的计算机仿真软件。

随着软件的升级换代，计算机硬件的接口有了很大改进，使用 Simulink 可以很方便地进行实时信号控制和处理、信息通信及 DSP（Digital Signal Processor），Simulink 已成为世界上许多公司进行产品设计和开发的强有力工具。

因此，Simulink 是用来模拟线性或非线性、连续或离散，或者两者混合动态系统的系统级仿真工具。

3.1.2 Simulink 的仿真特征和启动方式

Simulink 是 MATLAB 软件的扩展，它具有自己独特的仿真特征和启动方式。

1. Simulink 的仿真特征

Simulink 与 MATLAB 的主要区别：Simulink 与用户的交互接口是基于 Windows 的模型化图形输入，从而使得用户可以把更多的精力投入系统模型的构建而非语言的编程上。

Simulink 提供了一些按功能分类的基本系统模块，用户只需要知道这些模块的输入、输出及功能，而不必考察模块内部是如何实现的，只需要对这些基本模块进行简单地调用，并按一定的规则连接起来即可构成所需要的系统模型，进而进行系统仿真与分析。

Simulink 的主要特征：(1) 具有丰富的可扩充的预定义模块库，利用交互式的图形编辑器来组合和管理直观的模块图，实现动态系统的建模、仿真和分析；(2) 预先对系统进行仿真与分析，以设计功能的层次性来分割模型，实现对复杂设计的管理，并能进行适当的实时修改，以达到仿真的最佳效果；(3) 通过模型浏览器导航、创建、配置，以及搜索模型中的任意信号、参数、属性，生成模型代码、调试和整定控制系统的参数，以提高系统的性能；(4) 能够使用定步长或变步长运行仿真，并根据仿真模式来决定以解释性的方式或以编译代码的形式运行模型，使构建系统简化，提高系统的开发效率。

2. Simulink 的启动方式

Simulink 一般有以下启动方式。

(1) 启动 MATLAB 后，单击 MATLAB 主窗口的 Simulink 按钮。

(2) 启动 MATLAB 后，在命令行窗口中输入“Simulink”，并按〈Enter〉键。

这两种启动方式均能启动 Simulink 并进入“Simulink Start Page”窗口，如图 3－1 所示。

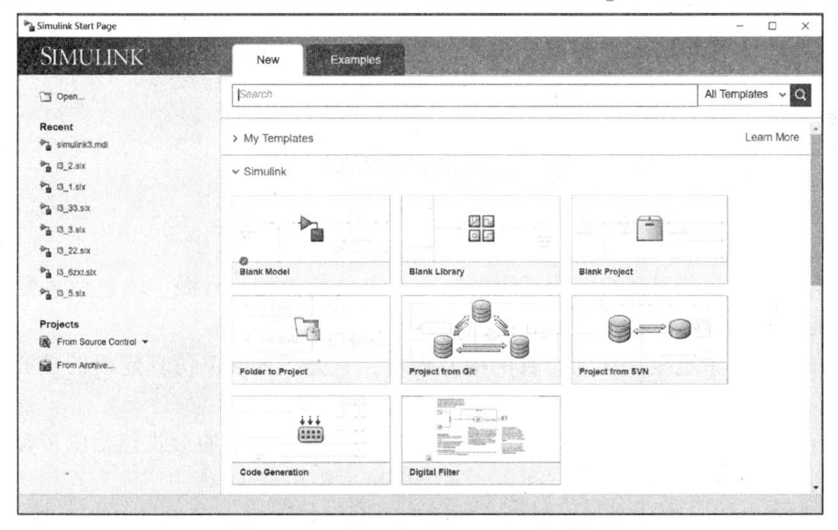

图 3－1 “Simulink Start Page” 窗口

单击“Simulink Start Page”窗口中的“Blank Model”选项，即可新建 Simulink 仿真模型编辑窗口，如图 3－2 所示。

标题栏上出现的“untitled”表示该模型文件尚未命名，而菜单栏和工具栏是 Simulink 系统仿真的重要工具。

Simulink 仿真模型编辑窗口中的菜单栏包括 File（文件）、Edit（编辑）、View（查看）、Display（显示）、Diagram（图表）、Simulation（仿真）、Analysis（分析）、Code（代码）、Tools（工

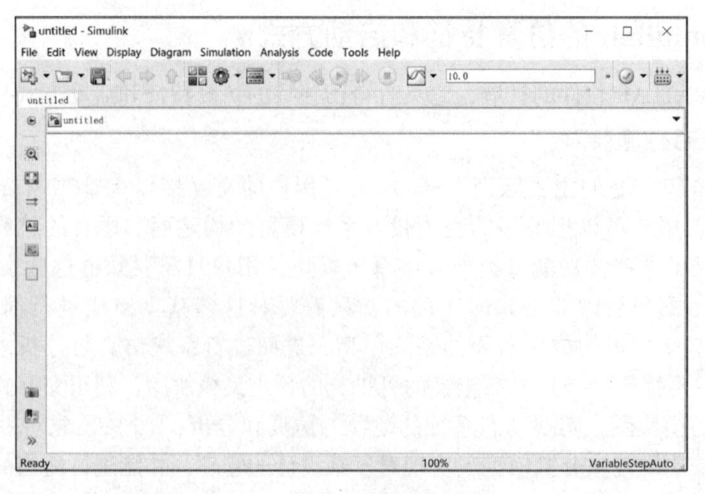

图 3-2　Simulink 仿真模型编辑窗口

具）与 Help（帮助）等内容。每个主菜单项都有下拉菜单，单击下拉菜单中相应的命令，即可执行该项命令所规定的操作。其中，Edit 和 View 使用最为频繁。

单击“Simulink Start Page”窗口右上角的“关闭”按钮即可退出 Simulink 仿真。

3.1.3　Simulink 建模仿真

Simulink 建模仿真首先需要调用模块构建系统模型，然后分步进行仿真。下面分别介绍 Simulink 模型结构和 Simulink 建模仿真的基本过程。

1. Simulink 模型结构

典型的 Simulink 模型由图 3-3 所示的 3 种类型的模块构成。

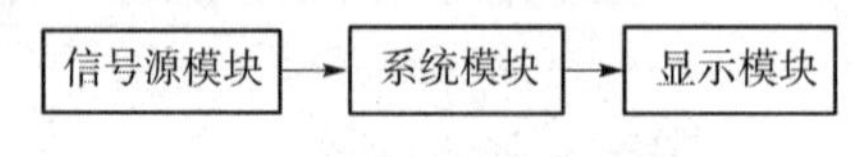

图 3-3　Simulink 模型的模块结构

3 种模块的功能说明如下。

（1）信号源模块。信号源模块为系统的输入，它包括常数信号源、函数信号发生器（如正弦波和阶跃函数等）及用户在 MATLAB 中创建的自定义信号。

（2）系统模块。系统模块作为仿真的中心模块，它是 Simulink 仿真建模的核心，是解决问题的关键。

（3）显示模块。显示模块主要是用于系统的输出，输出显示的形式包括图形显示、示波器显示和输出到文件或 MATLAB 工作空间中，输出模块主要在 Sinks 库中。

Simulink 模型并不一定要包含全部的 3 种模块，在实际应用中通常可以缺少其中的 1 个或 2 个。例如，若要模拟一系统偏离平衡位置后的恢复行为，就可以建立一没有输入而只有系统模块和显示模块的模型。在某种情况下，也可以建立一只有信号源模块和显示模块的系统。若需要 1 个由几个函数复合的特殊信号，则可以使用信号源模块生成信号并将其送入 MATLAB 工作空间或文件中。

2. Simulink 建模仿真的基本过程

Simulink 建模仿真的基本过程如下：

（1）单击“Simulink Start Page”窗口中的“Black Model”选项，新建空白的 Simulink 仿真

模型编辑窗口；

（2）进入 Simulink 模块库浏览窗口，将所需的模块通过拖拉或右击并选择“add block to model untitled”选项（向未命名的模型添加模块），将其添加到 Simulink 仿真模型的编辑窗口中；

（3）按照给定的框图修改 Simulink 仿真模型模块的参数。方法：双击模块，弹出此模块的参数设置对话框，查看模块的各项默认参数设置，并根据需要修改各项参数；

（4）将各个模块按给定的框图连接起来，搭建所需要的系统模型；

（5）通过单击菜单栏按钮或在命令行窗口输入相应的命令进行仿真分析，并观察仿真结果，如果发现有不正确的地方，就停止仿真，对参数进行修正；

（6）如果对仿真结果满意，可以将仿真模型按“xx. slx”格式的文件名进行存盘。

【例 3－1】 利用 Simulink 设计具有 1 个正弦信号源（幅值为 1，频率为 1rad/s），1 个余弦信号源（幅值为 1，频率为 2rad/s）和 1 个示波器的仿真模型，将 2 个信号源信号由示波器输出。

解： 基本步骤如下。

（1）新建一个模型窗口；（2）在模型窗口中添加所需模块，包括 2 个正弦波信号源（参数已设置）和 1 个输出示波器（设置 2 个输入端）；（3）连接相关模块，构成所需要的系统模型；（4）进行系统仿真，单击菜单栏“RUN”按钮执行仿真；（5）观察仿真结果。

按照以上步骤就可建立系统仿真模型并进行仿真，如图 3－4 所示，示波器输出波形如图 3－5 所示，然后以文件名“l3_1. slx”存盘。

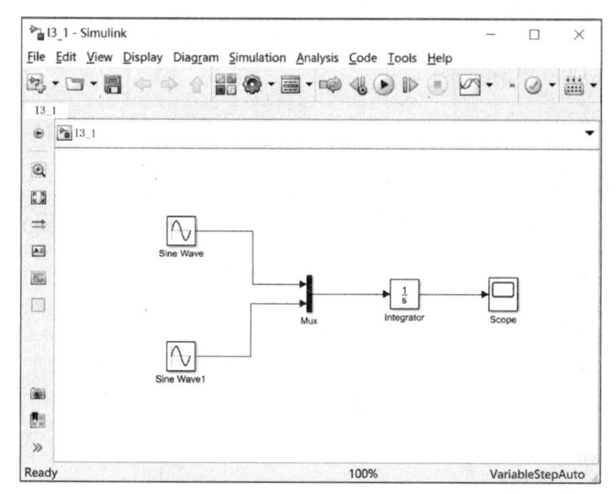

图 3－4 正弦波信号输出到示波器的仿真模型

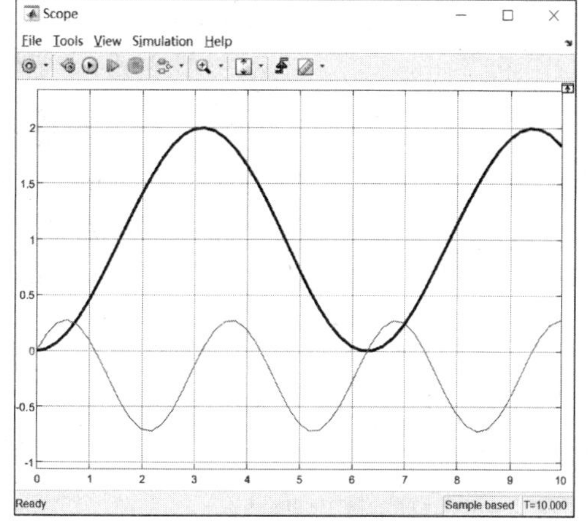

图 3－5 示波器中的输出曲线图

3.2 Simulink 的模块库简介

在进行 Simulink 系统动态仿真之前，应调用模块库中的模块创建仿真模型，并进行模块参数的设置。本节介绍 Simulink 模块库浏览窗口、Simulink 模块库分类、控制系统中常用的模块和模块集等。

3.2.1 Simulink 模块库浏览窗口

在新建仿真模型编辑窗口中，单击 View 菜单中的“Library Browser”选项、按〈Ctrl + Shift + L〉组合键或单击 按钮均可打开“Simulink Library Browser”（Simulink 模块库浏览）窗口，如图 3－6 所示。

Simulink 模块库包括标准模块库和专业模块库两大类。标准模块库是 MATLAB 中最早开发的模块库，包括了连续系统、非连续系统、离散系统、信号源、显示等各类子模块库。由于 Simulink 在工程仿真领域的广泛应用，因此为满足实际需要 MATLAB 又开发了控制系统、通信系统、数字信号处理、电力系统、模糊控制、神经网络等多种专业模块库。

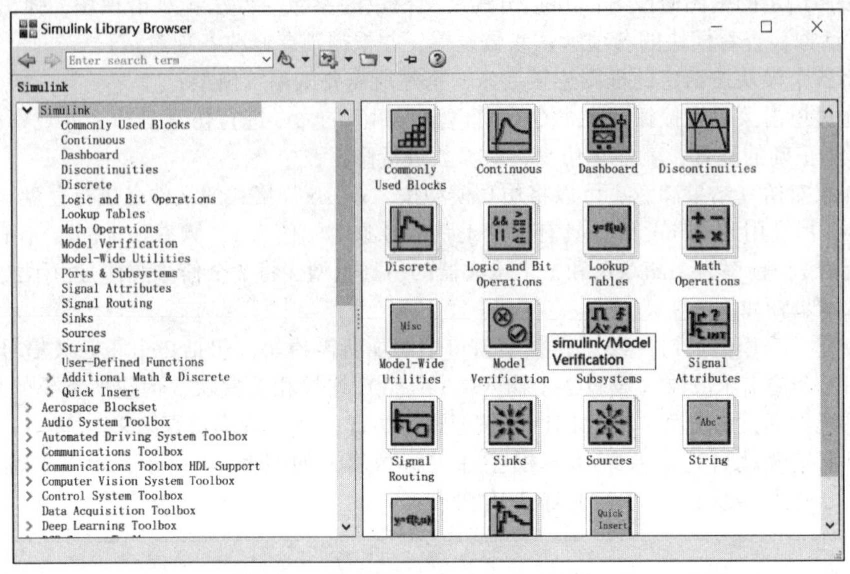

图 3-6　Simulink Library Browser 窗口

启动 MATLAB 后，在命令行窗口中输入“simulink3”文本，并按〈Enter〉键，将弹出一个以图标形式显示的“Library：simulink3-Simulink”窗口，如图 3-7 所示。

图 3-7 所示的 Simulink3 模块库包含了 10 个常用的功能模块库，它与图 3-6 所示的 Simulink 模块库相比只是显示形式不一样（Simulink3 模块库是用图标形式显示的）。

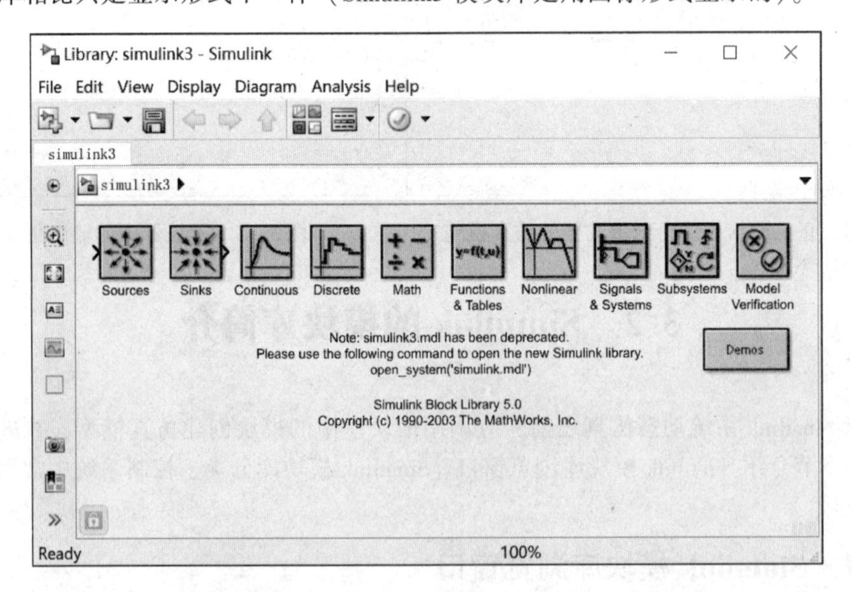

图 3-7　“Library：simulink3-Simulink”窗口

3.2.2 Simulink 模块库分类

图 3-6 所示的是 MATLAB R2018b 的 Simulink 模块库，按功能可分为 19 类模块子库。

Commonly Used Blocks（常用模块库）：为仿真提供常用的模块；Continuous（连续模块库）：为仿真提供连续系统模块；Dashboard（仪表盘模块库）：为仿真提供仪表盘模块；Discontinuities（非连续模块库）：为仿真提供非连续系统模块；Discrete（离散模块库）：为仿真提供离散系统模块；Logic and Bit Operations（逻辑和位运算模块库）：为仿真提供逻辑和位运算模块；Lookup Tables（查询表模块库）：为仿真提供线形插值表模块；Math Operations（数学运算模块库）：为仿真提供数学运算功能模块；Model - wide Utilities（模块组）：为仿真提供模型扩充模块；Model Verification（模型验证库）：为仿真提供验证模块；Ports & Subsystems（端口和子系统模块库）：为仿真提供端口和子系统模块；Signal Attributes（信号数学模块库）：为仿真提供信号数学模块；Signal Routing（信号通路模块组）：为仿真提供输入、输出和控制的相关信号及处理；Sinks（接收器模块库）：为仿真提供输出设备模块；Sources（输入源模块库）：为仿真提供各种信号源模块；String（字符串模块库）：为仿真提供字符串模块；User - Defined Function（用户定义函数模块库）：为用户提供自定义函数模块；Additional Math & Discrete（附加数学与离散模块库）：仿真提供附加数学与离散模块；Quick Insert（快速插入模块库）：为仿真提供快速插入模块。

3.2.3 控制系统仿真中最常用的模块和模块集

在控制系统 Simulink 仿真建模中，通常用到信号源部分模块库、系统模型部分模块库、输出显示部分模块库、函数与平台模块库中的模块，以及一些用于专业领域的模块集。

1. 信号源部分模块库

信号源部分模块主要采用 Sources（输入源模块库）中的信号源模块，如图 3 - 8 所示。其中，常用的信号源输入源模块如下。

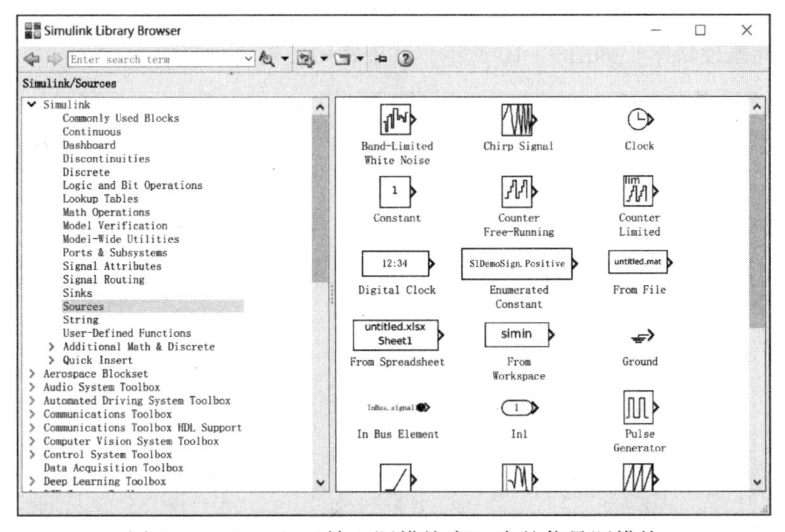

图 3 - 8　Sources（输入源模块库）中的信号源模块

Constant：常数信号；Clock：时钟信号；Pulse Generator：脉冲发生器；From File（.mat）：来自数据文件；Repeating Sequence：重复信号；From Workspace：来自 MATLAB 的工作空间；Sine Wave：正弦波信号；Step：阶跃波信号；Signal Generator：信号发生器，产生正弦波、方波、锯齿波、随意波等。

2. 系统模型部分模块库

在控制系统 Simulink 仿真中，用来建立系统模型部分的模块库，常用的有 Continuous（连续模块库)、Discrete(离散模块库)、Math Operations(数学运算模块库)、Nonlinear(非线性模块库)、Discreate(离散模块库)和 Signal & Systems(信号与系统模块库)等。

1)Continuous(连续模块库)

Continuous(连续模块库)如图 3-9 所示,其中常用的模块函数如下。

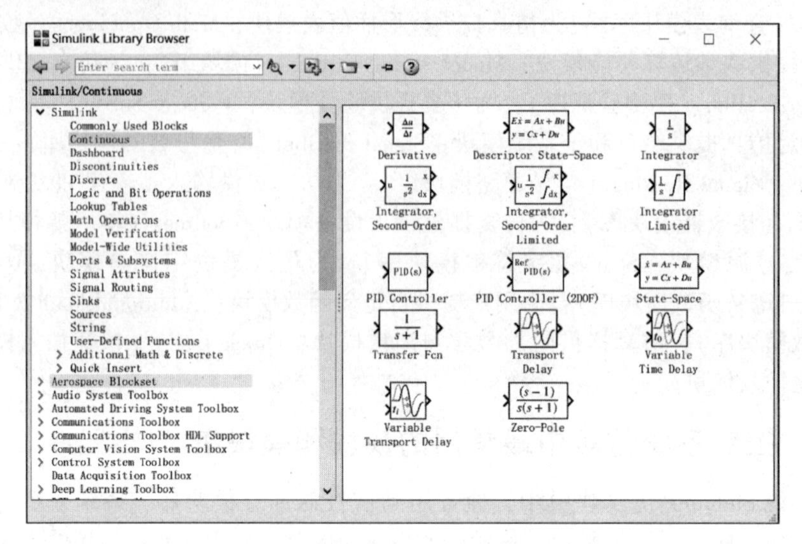

图 3-9 Continuous(连续模块库)

Integrator:输入信号积分;Derivative:输入信号微分;State-Space:线性状态空间系统模型;Transfer Fcn:线性传递函数模型;Zero-Pole:以零极点表示的传递函数模型;Transport Delay:输入信号延时一固定时间再输出;Variable Transport Delay:输入信号延时一可变时间再输出。

2)Discrete(离散模块库)

Discrete(离散模块库)如图 3-10 所示,其中常用的模块函数如下。

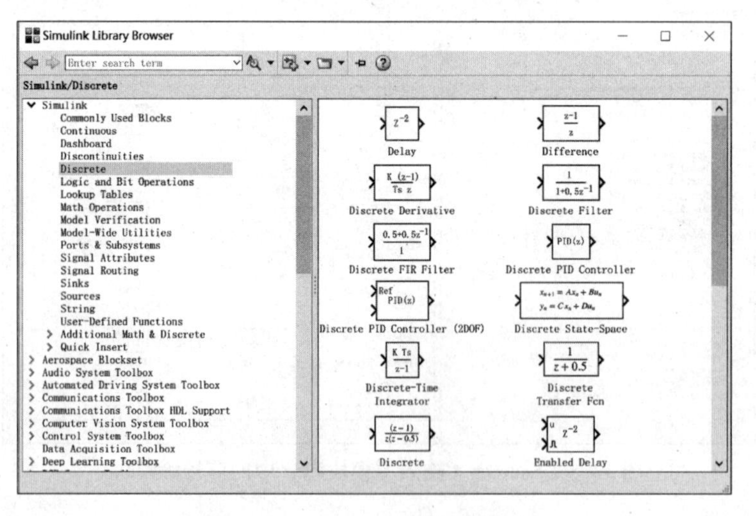

图 3-10 Discrete(离散模块库)

Discrete-Time Integrator:离散时间积分器;Discrete Filter:IIR 与 FIR 滤波器;Discrete State-Space:离散状态空间模型;Unit Delay:1 个采样周期的延时;First-Order Hold:一阶采样和保持器;Zero-Order Hold:零阶采样和保持器;Discrete Transfer-Fcn:离散传递函数模型;Discrete Zero-Pole:以零极点表示的离散传递函数模型;Memory:存储上一时刻的状态值。

3）Math Operations（数学运算模块库）

Math Operations（数学运算模块库）如图3－11所示，其中常用的数学模块如下。

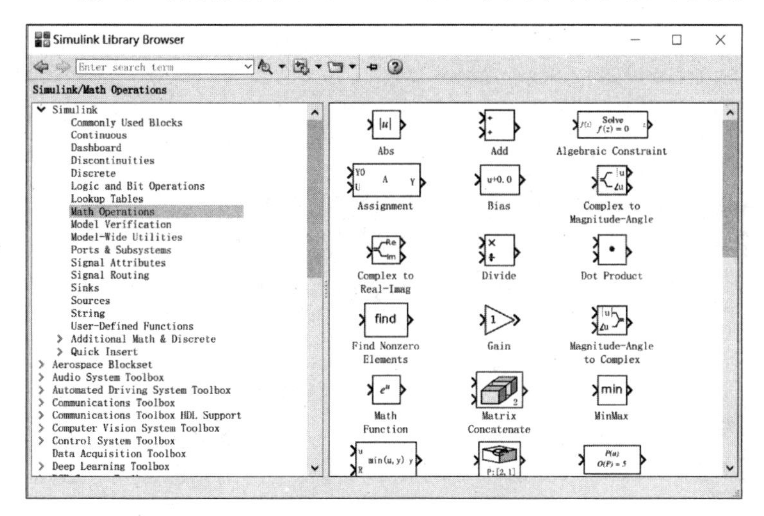

图3－11　Math Operations（数学运算模块库）

Math Function：包括指数函数、对数函数、平方、开方等常用数学函数；Sum：加减运算；Product：乘运算；Dot Product：点乘运算；Gain：比例运算；Trigonometric Function：三角函数；MinMax：最值运算；Abs：取绝对值；Sign：符号函数；Logical Operator：逻辑运算；Relational Operator：关系运算；Complex to Magnitude－Angle：由复数输入转为幅值和相角输出；Magnitude－Angle to Complex：由幅值和相角输入合成复数输出；Complex to Real－Imag：复数输入转为实部和虚部输出；Real－Imag to Complex：实部和虚部输入合成复数输出。

4）Nonlinear（非线性模块库）

Nonlinear（非线性模块库）如图3－12所示，其中常用的非线性模块如下。

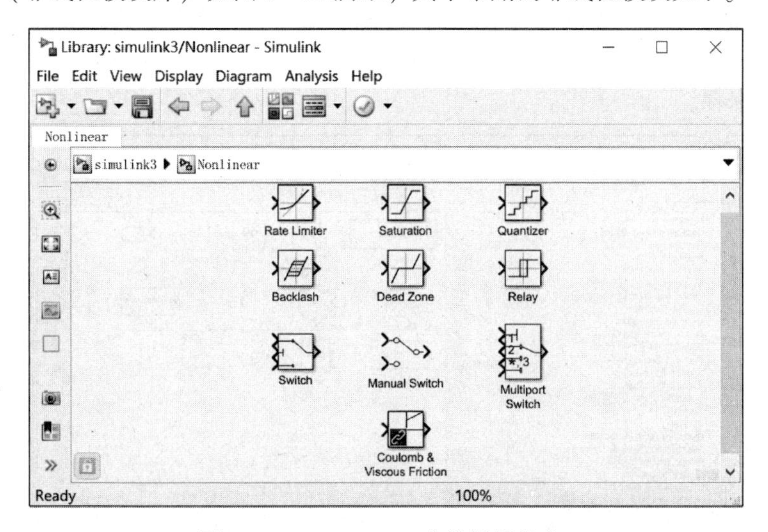

图3－12　Nonlinear（非线性模块库）

Saturation：饱和输出，让输出超过某一值时能够达到饱和；Relay：滞环比较器，限制输出值在某一范围内变化；Switch：开关选择，当第二个输入端大于临界值时，输出由第一个输入端而来，否则输出由第三个输入端而来；Manual Switch：手动选择开关。

5）Signal & Systems（信号与系统模块库）

Signal & Systems（信号和系统模块）如图 3－13 所示，其中常用的模块如下。

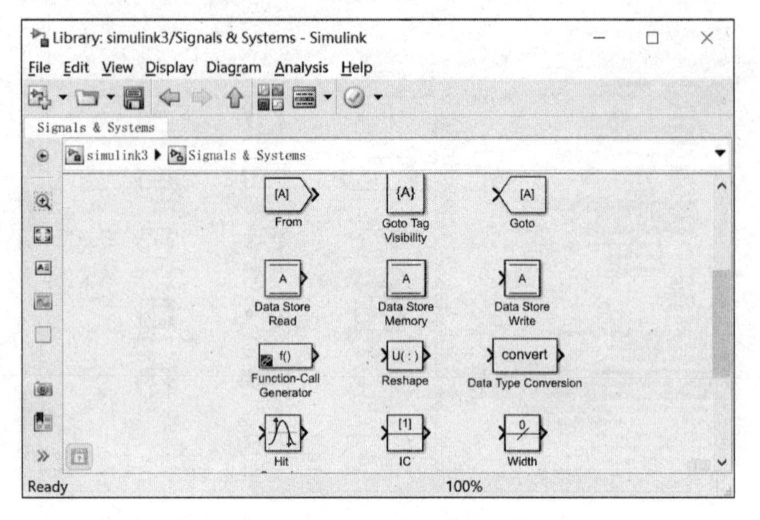

图 3－13　Signal & Systems（信号与系统模块库）

Convert（Data Type Conversion）：转化器（数据类型转换模块）；Bus Setector：总线插接器；Mux：将多个单一输入转化为一个复合输出；Demux：将一个复合输入转化为多个单一输出；Ground：连接到没有连接到的输入端（接地端）；Terminator：连接到没有连接到的输出端（终端）；SubSystem：建立新的封装（Mask）功能模块。

3. 输出显示部分模块库

在控制系统 Simulink 仿真中，常用的输出显示部分模块库为 Sinks（接收器模块库），如图 3－14 所示，其中常用的输出显示部分接收器模块如下。

Scope：示波器；Out1：输出口模块；XY Graph：显示二维图形；Floating Scope：浮动示波器；Display：数字显示器；To Workspace：将输出写入 MATLAB 的工作空间；To File：将输出数据写入数据文件保存。

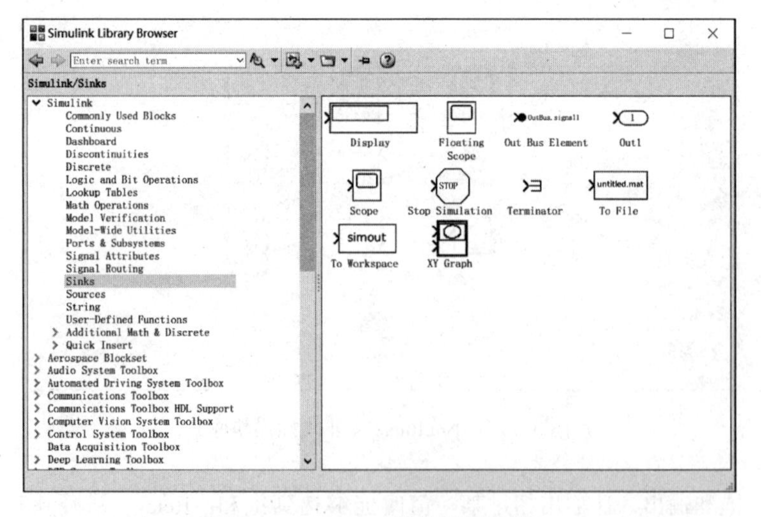

图 3－14　Sinks（接收器模块库）

4. Function & Tables（函数与表模块库）

Function & Tables（函数与表模块库）如图 3 – 15 所示，其中常用的函数模块如下。

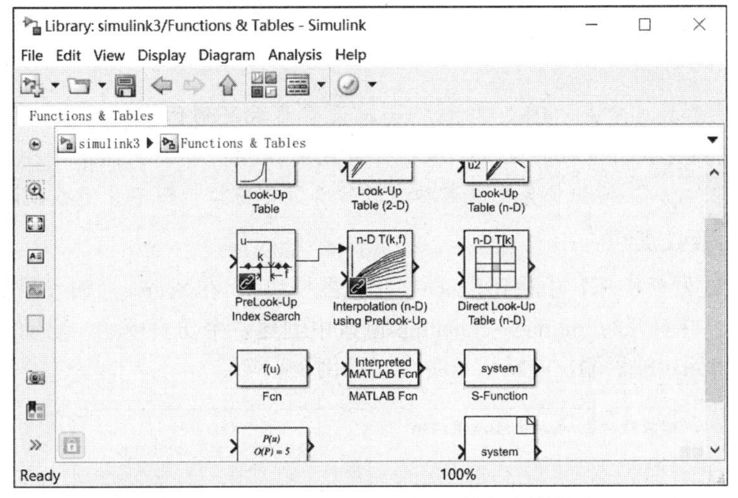

图 3 – 15　Function & Tables（函数与表模块库）

Fcn：用户自定义的函数（表达式）进行运算；MATLAB Fcn：利用 MATLAB 的现有函数进行运算；S – Function：调用自编的 S 函数的程序进行运算；Look – Up Table：建立输入信号的查询表（线性峰值匹配）；Look – Up Table（2 – D）：建立两个输入信号的查询表（线性峰值匹配）。

5. 控制系统仿真中常用的模块集

Simulink 工具箱中含有大量的仿真模块集（Blockset），这些模块集是针对各个工程领域的专用工具模块，其中常用的模块集如下。

Powertrain Blockset：汽车动力总成系统模块集；Power System Blockset（PSB）：电力系统模块集；DSP Blockset：数字信号处理模块集；Communication Blockset：通讯模块集；Vehicle Dynamics Blockset：车辆动力学模块集；Aerospace Blockset：航天航空模块集等。

控制系统仿真中常用的模块集如下。

System ID Blockset：系统辨识模块集；Nonlinear Control Design Blockset：非线性控制设计模块集；Neural Network Blockset：神经网络模块集；Fuzzy Logic Toolbox：模糊逻辑模块集等。

3.3　Simulink 功能模块的处理

Simulink 功能模块的处理包括 Simulink 功能模块参数设置、Simulink 模块的基本操作和 Simulink 模块间的连线处理。

3.3.1　Simulink 功能模块参数设置

Simulink 只有在设置功能模块参数后，才能进行仿真操作。不同功能模块的参数是不同的，双击该功能模块会自动弹出相应的参数对话框，从而进行参数设置。

1. 功能模块参数设置

在 Simulink 模块库浏览窗口单击“Continuous”（连续模块库）选项，找到 Transfer Fcn（传递函数模块)，将其调入新建的构建系统仿真模型窗口中，并双击该模块弹出参数对话框，进行参数设置，如图3-16所示。其中，“Numerator coefficients”（分子系数）是向量或矩阵表达式；“Denominator coefficients”（分母系数）必须是向量。输出宽度等于分子系数中的行数，且用s的幂的降序来指定系数。

说明：

设置功能模块参数后单击“OK”按钮将会把设置参数送到仿真操作窗口，并关闭对话框；单击“Cancel”按钮将取消输入的设置参数，并关闭对话框；单击“Help”按钮，将弹出Web求助画面；单击“Apply”按钮将会把设置参数送仿真操作窗口，但不关闭参数设置对话框。

2. 示波器参数设置

在Sinks（接收器模块库）中找到Scope（示波器模块），在Source（输入源模块库）中找到Step（阶跃模块），在打开的untitled-Simulink窗口中创建一个仿真模型。启动仿真模型后，单击“RUN”按钮得到示波器输出阶跃信号曲线（见例3-1）。

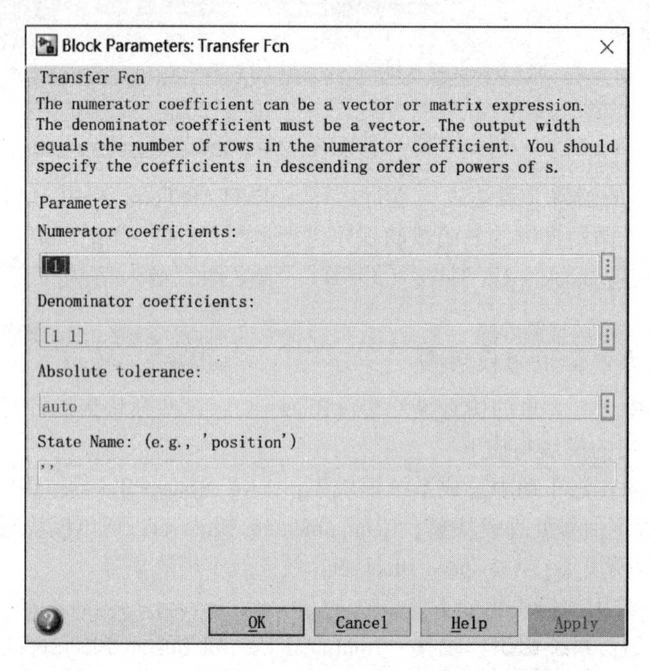

图3-16 “Block Parameters：Transfer Fcn”对话框

单击Scope窗口工具栏中的按钮，弹出“Configuration Properties：Scope”对话框，该对话框由Main（主选项）、Time（时间选项）、Display（显示选项）和Logging（记录）四部分组成，如图3-17所示。

下面分别介绍“Configuration Properties：Scope”对话框的4个选项卡。

1）Main：主选项设置

Number of input ports（输入端口数）栏：缺省值为“1”；当设置为“2”时，相应模型结构图中示波器图标的输入端口变为两个。

Sample time（采样时间间隔）栏：缺省值为“-1”，表示显示方式由输入信号决定。

Input processing（输入处理）栏：包含如下2个通道。

（1）Elements as channels（sample based）：元素作为通道（基于样本）；（2）Columns as channels（frame based）：列作为通道（基于框架）两个下拉菜单项。

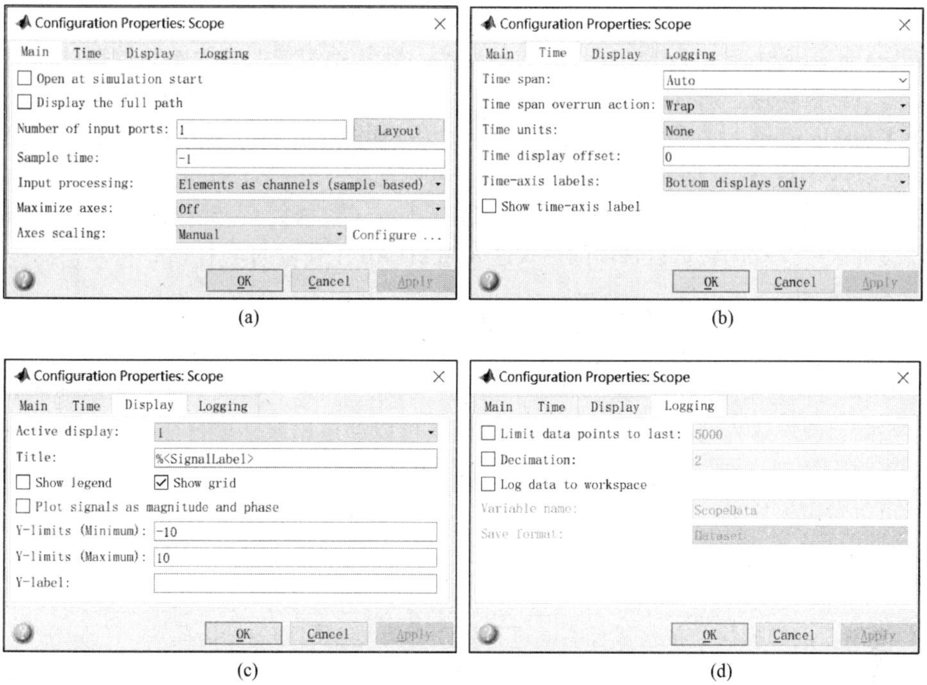

Configuration Properties: Scope

Main Time Display Logging

☐ Open at simulation start

☐ Display the full path

Number of input ports: 1 Layout

Sample time: -1

Input processing: Elements as channels (sample based)

Maximize axes: Off

Axes scaling: Manual Configure ...

OK Cancel Apply

(a)

Configuration Properties: Scope

Main Time Display Logging

Time span: Auto

Time span overrun action: Wrap

Time units: None

Time display offset: 0

Time-axis labels: Bottom displays only

☐ Show time-axis label

OK Cancel Apply

(b)

Configuration Properties: Scope

Main Time Display Logging

Active display: 1

Title: %<SignalLabel>

☐ Show legend ☑ Show grid

☐ Plot signals as magnitude and phase

Y-limits (Minimum): -10

Y-limits (Maximum): 10

Y-label:

OK Cancel Apply

(c)

Configuration Properties: Scope

Main Time Display Logging

☐ Limit data points to last: 5000

☐ Decimation: 2

☐ Log data to workspace

Variable name: ScopeData

Save format: Dataset

OK Cancel Apply

(d)

图 3－17 “Configuration Properties：Scope”对话框

（a） Main 选项卡；（b） Time 选项卡；（c） Display 选项卡；（d） Logging 选项卡

Maximize axes（最大化坐标轴）栏：选项有 On（开）、Off（关）和 Auto（自动）。

Axes scaling（坐标轴缩放比例）栏：选项有 Manual（手动）、Auto（自动）和 N 后更新。

2） Time：时间选项设置

Time span（时间范围）栏：是信号显示从 0 开始的时间区间，若设置为“n”，则显示［0，n］区间的信号；默认设置为“Auto”（自动），还有“User－defined”（用户定义）选项。

Time span overrun action（时间范围动作）栏：选项有 wrap（隐藏）和 scroll（屏幕滚动）。

Time units（时间限制）：默认设置为“None”（无），还有“metric（base on time span）”（公制的（基于时间范围））和“Seconds”（秒）选项。

Time display offset（时间显示设置）栏：缺省值为“0”。

Time－axis labels（时间轴的标签）栏：包含如下标记。

（1） all（全部）为坐标轴标注标记为“Time display offset 0”；（2） none（无）为坐标轴不标注标记为“Time display offset 0”；（3） Bottom displays only（只在底部显示）为坐标轴底部标注标记为“Time display offset 0”，实际上与 all（全部）选项相同。

3） Display：显示选项设置

Active display（动态显示）栏：缺省值为“1”。

Title（标题）栏：缺省值为“% <SignalLabel>”（信号标记）。

Y－limits（Minimum）栏：缺省值为“－10”。

Y－limits（Maximum）栏：缺省值为“10”。

Y－label 栏：通过输入“% <SignalUnits>”在 Y 标签中包含信号单元。

4） Logging：记录参数设置

Limit data points to l…（设定数据点数的长度）栏：默认为勾选状态，且缺省值为“5000”。若输入的数据过多，则会自动清除原有的数据。

Decimation（数据显示额度）栏：缺省值为“2”，表示每点都显示。

Log data to workspace（工作空间日志数据）栏：默认不勾选，意为不送数据到 MATLAB 工作空间；若该栏被勾选，则有如下两栏出现。

（1）Variable name 栏：是存储数据的变量名，用户可自行设置，也可用默认变量名 Scopedata（数据范围）；（2）Save format 栏：为 4 种保存数据选项，分别为 Structure With Time（具有时间的构架）、Structure（构架）、Array（数组）和 Dataset（数据集），默认设置为“Dataset”，即把示波器缓冲区中保存的数据以选项的形式送入 MATLAB 工作空间。

3.3.2 Simulink 模块的基本操作

功能模块的基本操作包括模块的移动、复制、删除、转向、改变大小、模块命名、颜色设定、属性设定、模块输入/输出等。模块库中的模块可以通过用鼠标进行拖动（选中模块，按住鼠标左键不放）放到模型窗口中。在模型窗口中，若选中模块，则该模块的 4 个角会出现黑色标记，此时可以对该模块进行如下操作。

（1）移动：选中模块，按住鼠标左键将其拖动到目标位置。若要脱离线进行移动，可按住〈Shift〉键再进行拖动。

（2）复制：选中模块，按住鼠标右键进行拖动即可复制同样的功能模块。

（3）删除：选中模块，按〈Delete〉键。若要删除多个模块，可以在按住〈Shift〉键的同时，再用鼠标选中多个模块，最后再按〈Delete〉键即可；用鼠标选取某区域，再按〈Delete〉键也可以把该区域中的所有模块和线全部删除。

（4）转向：为了能够顺序连接功能模块的输入和输出端，有时需要将功能模块转向。选择“Format”菜单中的“Flip Block”选项可将功能模块旋转 180°，选择“Rotate Block”选项可将功能模块顺时针旋转 90°，或者直接按〈Ctrl + F〉组合键旋转 180°，按〈Ctrl + R〉组合键旋转 90°。

（5）改变大小：选中模块，对模块出现的 4 个黑色标记进行拖动。

（6）模块命名：单击需要更改的名称，然后输入新的名称。名称在功能模块上的位置也可以旋转 180°，可以用“Format”菜单中的“Flip Name”选项来实现，也可以直接通过鼠标进行拖动。“Hide Name”选项可以隐藏模块名称。

（7）颜色设定：“Format”菜单中的“Foreground Color”选项可以改变模块的前景颜色；“Background Color”选项可以改变模块的背景颜色；“Screen Color”选项改变模型窗口的颜色。

（8）参数设定：双击模块即可进入模块的参数设定对话框，从而对模块进行参数设定。参数设定对话框包含了该模块的基本功能操作帮助，为获得更详尽的帮助，可以单击“Help”按钮。对模块的参数设定，可以获得需要的功能模块。

（9）属性设定：选中模块，选择“Edit”菜单的“Block Properties”选项进行属性设定，主要包括 Description、Priority、Tag、Open function、Attributes format string 等属性。其中，Open function 属性比较关键，通过它指定一函数名，当模块被双击之后，Simulink 就会调用该函数并执行，这种函数在 MATLAB 中称为回调函数。

（10）模块的输入/输出信号：模块处理的信号包括标量信号和向量信号。标量信号是单一信号，而向量信号为复合信号，是多个信号的集合，它对应着系统中几条连线的合成。默认情况下，大多数模块的输出都为标量信号，对于输入信号，模块都具有“智能”的识别功能，能自动进行匹配。某些模块通过对参数的设定，可以使模块输出向量信号。

Simulink 模块的基本操作如表 3 - 1 所示。

表 3-1 Simulink 模块的基本操作

操作内容	操作目的	操作方法
选取模块	从模块库浏览器中选取需要的模块放入 Simulink 仿真平台窗口中	方法 1：在目标模块上按住鼠标左键，拖动目标模块进入 Simulink 仿真平台窗口中，松开左键 方法 2：右击目标模块，弹出快捷菜单，选择“Add to Untitled”选项
选中多个模块	可对多个模块同时进行共同的操作，如移动、复制等	方法 1：按住〈Shift〉键，同时单击所有目标模块 方法 2：使用“范围框”，即按住鼠标左键，拖动鼠标，使范围框覆盖所有目标模块
删除模块	删除窗口中不需要的模块	方法 1：选中模块，按〈Delete〉键 方法 2：选中模块，按〈Ctrl + X〉组合键，可删除模块并保存到剪贴板中的调整模块
移动模块	将模块移动到合适位置，调整整个模型的布置	在目标模块上按住鼠标右键，拖动目标模块到合适的位置，松开鼠标左键
旋转模块	适应实际系统的方向，调整整个模型的布置	方法 1：选中模块，选择“Format”菜单中的“Rotate Block”选项，模块顺时针旋转 90°；选择“Format”菜单中的“Flip Block”选项，模块顺时针旋转 180° 方法 2：右击目标模块，在弹出的快捷菜单中进行与方法 1 同样的命令项选择
复制内部模块	复制已经设置好的模块，而不用重新到模块库浏览器中选取	方法 1：按住〈Ctrl〉键，单击目标模块，拖动到合适的位置后，松开鼠标左键 方法 2：选中目标模块，先选择“Edit”菜单中的“Copy”选项，再选择“Edit”菜单中的“Paste”选项
改变标签内容	按照用户自己意愿命名模块，增强模型的可读性	双击标签的任何位置即可进入模块标签的编辑状态，输入新的标签后，单击标签编辑框外的窗口中任何地方即可保存修改内容并退出编辑状态
改变标签位置	按照用户自己意愿布置标签位置，改善模型的外观	方法 1：选中模块，选择“Format”菜单中的“Flip name”选项，翻转标签和模块的位置，选择“Format”菜单中的“Hide name”选项，隐藏标签 方法 2：右击目标模块，在弹出的快捷菜单中进行与方法 1 同样的命令项选择
调整模块大小	改善模型的外观，调整整个模型的布置	选中模块，模块四角将出现黑色标记，单击一个角上的黑色标记并按住鼠标左键，进行拖动

3.3.3 Simulink 模块间的连线处理

Simulink 模块间的连线处理一般包括以下四种。

（1）改变粗细：线所以有粗细是因为线引出的信号可以是标量信号或向量信号，当勾选“Format”菜单中的“Wide Vector Lines”选项时，线的粗细会根据线所引出的信号是标量还是向量而改变。若信号为标量则为细线，若信号为向量则为粗线。勾选“Vector Line Widths”选项可以显示向量引出线的宽度，即向量信号由多少个单一信号合成。

（2）设定标签：双击连线即可输入该连线的说明标签。也可以通过选中连线，再选择“Edit”菜单中的“Signal Properties”选项进行设定，其中“Signal name”选项的作用是标明信号的名称，设置这个名称反映在模型上的直接效果就是与该信号有关的端口相连的所有直线附近都会出现写有信号名称的标签。

（3）线的折弯：按住〈Shift〉键，并在连线需要折弯的位置单击，就会出现圆圈，表示折点，利用折点即可改变线的形状。

（4）线的分支：按住鼠标右键，在连线需要分支的位置拉出，或者按住〈Ctrl〉键，并在要建立分支的位置用鼠标拉出。

3.4 Simulink 仿真设置

Simulink 仿真运行是构建系统的模型后要做的事，即运行模型，得出仿真结果。当用户在对模型进行仿真时，如果没有设置参数，Simulink 总以默认的参数仿真。如果用户不采用系统默认仿真，就必须对各种仿真参数进行配置，即运行一 Simulink 仿真的完整过程分成 3 个步骤：（1）设置仿真参数；（2）启动仿真；（3）仿真结果分析。

在 Simulink 模型窗口下，选择“Simulation”菜单的下拉子菜单，单击参数配置“Model Configuration Parameters”选项或直接按〈Ctrl + E〉组合键便会弹出仿真参数配置窗口，如图 3－18 所示。

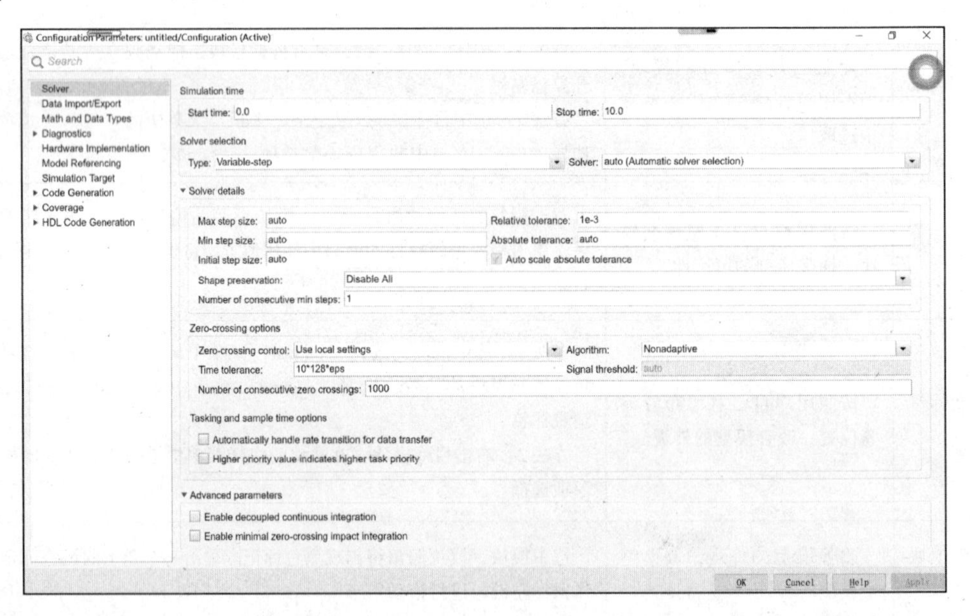

图 3－18 “Configuration Parameters：untitled/Configuration（Active）”窗口

在“Configuration Parameters：untitled/Configuration（Active）”窗口中，包括 Solver（解算器）、Data Inport/Export（数据输入/输出）、Math and Data Types（数学和数据类型）、Hardware Implementation（硬件实现）和 Model Referencing（模型参考）等。在这些选项中，最基本、最重要的就是 Solver 和 Data Inport/Export 两个选项。下面详细介绍这两个选项的参数配置。

3.4.1 Solver 参数设置

Solver 参数设置，包括 Simulation time（仿真时间）设置、Solver selection（仿真器模式

选择）设置、Solver 解法器设置、Variable - step 模式下的 Solver details（仿真器细节）、Fixed - step 模式下的 Solver details 参数设置等。对于一般的设置，使用默认设置即可。

1. Simulation time 设置

Simulation time 设置是计算机仿真中对时间的一种表示，其时间概念不同于现实生活中的时间。例如，10 s 的仿真时间，若采样步长定为 0.1，则需要执行 100 步；若把步长减小，则采样点数增加，那么实际的执行仿真的时间就会增加。对于一般仿真，start time（开始时间）通常设为 0，而 stop time（结束时间）通常根据不同的因素而选择。总的说来，执行一次仿真要耗费的时间依赖很多因素，包括模型的复杂程度、解法器及其步长的选择、计算机时钟的速度等。Simulation time 参数设置栏如图 3 - 19 所示。

Simulation time
Start time: 0.0 Stop time: 10.0

图 3 - 19 Simulation time 参数设置栏

2. Solver selection 设置

Solver selection 设置栏如图 3 - 20 所示，用户在 Type 后面的下拉选项框中可以指定仿真的步长选取方式，有 Variable - step（变步长）模式和 Fixed - step（固定步长）模式。Variable - step 模式可以在仿真的过程中改变步长，提供误差控制和过零检测；Fixed - step 模式在仿真过程中提供固定的步长，不提供误差控制和过零检测。用户还可以在第二个下拉选项框中选择对应模式下仿真所采用的算法。

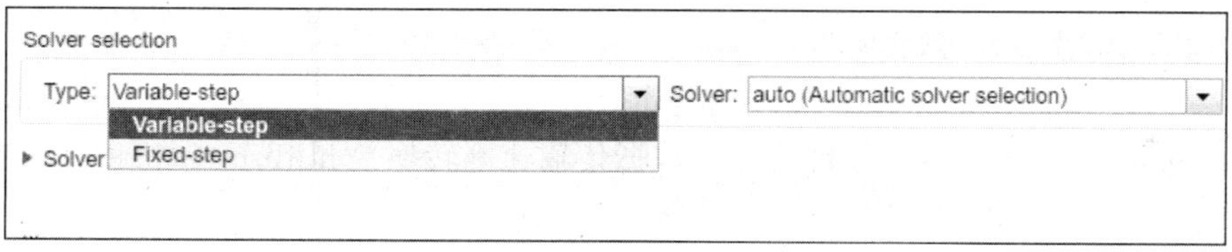

Solver selection
Type: Variable-step Solver: auto (Automatic solver selection)
Variable-step
Fixed-step
▸ Solver

图 3 - 20 Solver selection 设置栏

3. 变步长 Solver details 参数设置

若用户在 Type 栏选择 Variable - step 模式，则 Solver 缺省设置为“ode45（Dormand - Prince）”。变步长 Solver details 参数选项设置如图 3 - 21 所示。

用户可在此设置 Max step size（最大仿真步长）、Min step size（最小仿真步长）、Initial step size（初始仿真步长）、Relative tolerance（相对误差容许限）、Absolute tolerance（绝对误差容许限）、shape preservation（保形性）和 Number of consecutive min steps（连续最小步数）等。其各选项功能如下。

Maximum step size：它决定了解法器能够使用的最大时间步长，缺省值为“auto”。

Min step size：用来规定变步长仿真时使用的最小步长，缺省值为“auto”。

Initial step size：用来规定仿真时使用的初始步长，缺省值为“auto”。

Relative tolerance：它是指误差相对于状态的值，是一百分比，缺省值为“1e - 3”，表示状态的计算值要精确到 0.1%。

Absolute tolerance：表示误差值的门限，或者是说在状态值为零的情况下，可以接受的误差。如果它被设成了“auto”，那么 Simulink 为每个状态设置初始绝对误差为 10^{-6}。

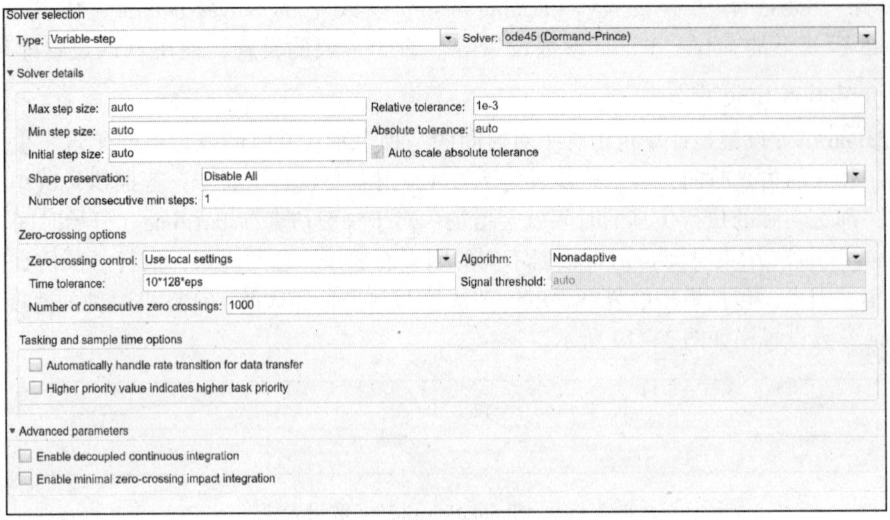

图 3－21　变步长 Solver details 参数选项设置

Shape preservation：缺省设置为“Disable All”。

Number of consecutive min steps：缺省值为“1”。

Zero crossing options（零交叉选项）包括如下选项。

Zero crossing control（过零点控制）：用来检查仿真系统的非连续，默认为局部设置；Algorithm（算法）：默认为非自适应的，也可选择为自适应的；Time tolerance（时间容差）：缺省值为“10 * 128 * eps”；Signal threshold（信号门限）：缺省值为“auto”；Number of consecutive zero crossing（连续过零次数）：缺省值为“1000”。

Tasking and sample time options（任务和样本时间的选择）的选项有 2 个，即 Automatically handle rate transtition for data transfer（自动处理数据传输速率转换）和 Higher priority value indicates higher task priority（优先级越高表示任务优先级越高）选项。

4. 固定步长 Solver details 参数设置

若用户在 Type 栏选择 Fixed－step，则 Solver 缺省设置是“auto”。固定步长 Solver details 参数设置如图 2－22 所示。

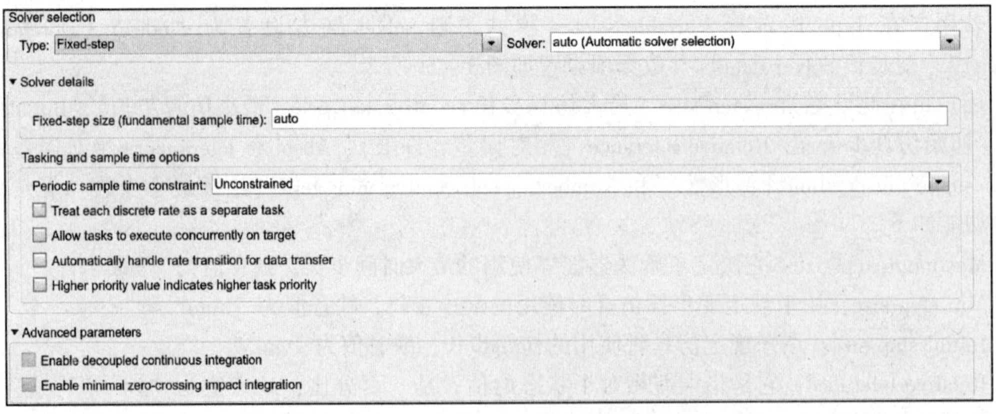

图 3－22　固定步长 Solver details 参数设置

对于参数设置介绍如下。

Fixed－step size（固定步长）fundamental sample time（基本的采样时间），参数设置：选择这种模式时，Simulink会根据模型中模块的采样速率是否一致，自行决定切换模式。缺省值为“auto”。

Tasking and sample time options（任务和样本时间选项），参数设置：Periodic sample time constraint（周期样本时间约束）的缺省值为非约束。此时有4个可选项，即①Treat each discrete rate as a separate task（将每个离散的速率看作单独的任务）；②Allow tasks to execute concurrently on target（允许任务在目标上并发执行）；③Automatically handle rate transition for data transfer（自动处理数据传输的速率转换）；④Higher priority value indicates higher task priority（较高的优先级值表示较高的任务优先级）。

另外，advanced parameters（先进的参数）参数设置：①enable decoupled continuous integration（启用解耦的持续集成）；②enable minimal zero－crossing impact integration（启用最小的零交叉影响集成）选项。

以上选项可根据仿真需要勾选。

5. 变步长Solver算法参数设置

若用户在Type栏选择“Variable－step”选项，则Simulink为变步长Solver提供了算法选项窗口，如图3－23所示。

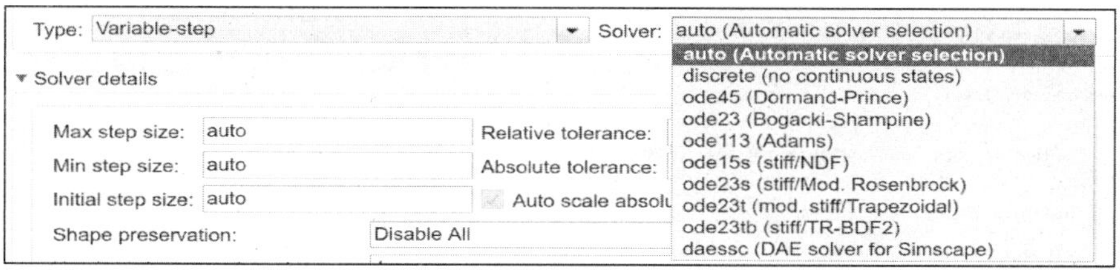

图3－23 变步长Solver算法选项窗口

对其解算器的算法含义进行解释如下。

auto（Automatic solver selection）：使用自动解算器选择的可变步长计算模型的状态。当编译模型时，“auto”将更改为由auto解算器基于模型的动态特性选择的可变步长求解器。

discrete（no continuous states）：通过加上步长大小来计算下一时间步的时间，该步长大小取决于模型状态的变化速度。此解算器用于无状态或仅具有离散状态的模型，采用可变步长大小。

ode45（Dormand－Prince）：使用显式Runge－Kutta（4，5）公式进行数值积分来计算模型在下一时间步的状态。ode45是一步解算器，只需要前一时间点处的解。对于大多数的仿真而言，首先尝试使用ode45。

ode23（Bogacki－Shampine）：使用显式Runge－Kutta（2，3）公式进行数值积分来计算模型在下一时间步的状态。ode23也是一步解算器，只需要前一时间点处的解。在容差较宽松且刚度适中的情况下，ode23比ode45更高效。

ode113（Adams）：使用变阶Adams－Bashforth－Moulton PECE数值积分方法计算模型在下一时间步的状态。ode113是多步解算器，通常需要前面几个时间点处的解才能计算当前解。在严格容差条件下，ode113比ode45更高效。

ode15s（stiff/NDF）：使用变阶数值微分公式（NDF）计算模型在下一时间步的状态。这些公式与后向差分公式（BDF，也称为Gear方法）有关，但比后者更高效。ode15s是多步解算器，因此通常需要前面几个时间点处的解才能计算当前解。ode15s对刚性问题更高效。若ode45失败或效率低下，则尝试此解算器。

ode23s（stiff/Mod. Rosenbrock）：使用二阶 Rosenbrock 修正公式计算模型在下一时间步的状态。ode23s 是一步解算器，只需要前一时间点处的解。在容差较宽松的条件下，ode23s 比 ode15s 更高效，并可求解难以使用 ode15s 有效处理的刚性问题。

ode23t（Mod. stiff/Trapezoidal）：使用采用“自由”插值的梯形法则实现来计算模型在下一时间步的状态。ode23t 是一步解算器，只需要前一时间点处的解。对于仅仅是刚度适中的问题，且没有数值阻尼的解，一般使用 ode23t。

ode23tb（stiff/TR - BDF2）：使用 TR - BDF2 的多步实现来计算模型在下一时间步的状态，该实现是隐式 Runge - Kutta 公式，在第一阶段采用梯形法则，在第二阶段包含二阶后向差分公式。从构造上看，二级计算使用相同的迭代矩阵。在容差较宽松的条件下，ode23tb 比 ode15s 更高效，并可求解难以使用 ode15s 有效处理的刚性问题。

daessc（DAE Solver for Simscape）：通过求解由 Simscape 模型得到的微分代数方程组，计算下一时间步的模型状态。daessc 提供专门用于仿真物理系统建模产生的微分代数方程的稳健算法。daessc 仅适用于 Simscape 产品。

6. 固定步长解算器算法

若用户在 Type 栏选择“Fixed - step”选项，则 Simulink 为固定步长 Solver 提供了算法选项，如图 3 - 24 所示。

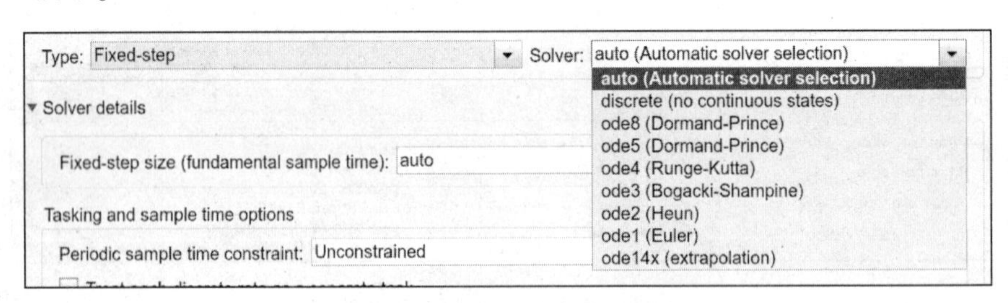

图 3 - 24　固定步长 Solver 算法选项

固定步长模式解算器算法如下。

auto（Automatic solver selection）：使用自动解算器选择的固定步长计算模型的状态。在编译模型时，“auto”将更改为由 auto 解算器基于模型的动态特性选择的固定步长解算器。

discrete（no continuous states）：实现积分的固定步长解算器，它适合离散无连续状态的系统。

ode8（Dormand - Prince）：使用八阶 Dormand - Prince 公式，采用当前状态值和中间点的逼近状态导数的显函数来计算模型在下一时间步的状态。

ode5（Dormand - Prince）：使用五阶 Dormand - Prince 公式，采用当前状态值和中间点的逼近状态导数的显函数来计算模型在下一时间步的状态。

ode4（Runge - Kutta）：使用四阶 Runge - Kutta（RK4）公式，通过当前状态值和状态导数的显函数来计算下一时间步的模型状态。

ode3（Bogacki - Shampine）：通过使用 Bogacki - Shampine 公式计算状态导数，通过使用 Bogacki - Shampine 公式计算状态导数，通过采用当前状态值和状态导数的显函数来计算模型在下一时间步的状态。

ode2（Heun）：使用 Heun 公式，通过当前状态值和状态导数的显函数来计算下一时间步的模型状态。

ode1（Euler）：使用 Euler 公式，通过当前状态值和状态导数的显函数来计算下一时间步的模型状态。此求解器需要的计算比更高阶求解器少。但是，它提供的准确性相对较低。

ode14x（extrapolation）：结合使用牛顿迭代法和基于当前值的外插方法，采用下一时间步的状态和状态导数的隐函数来计算模型在下一时间步的状态。此解算器在每步中需要的计算多于显式解算器，但对于给定步长大小来说更加准确。

3.4.2 Data Inport/Export 设置

在 Simulink 配置参数（Configuration Parameters）窗口，单击数据导入/导出（Data Inport/Export）项，即可得到数据导入/导出设置的界面，如图 3－25 所示。

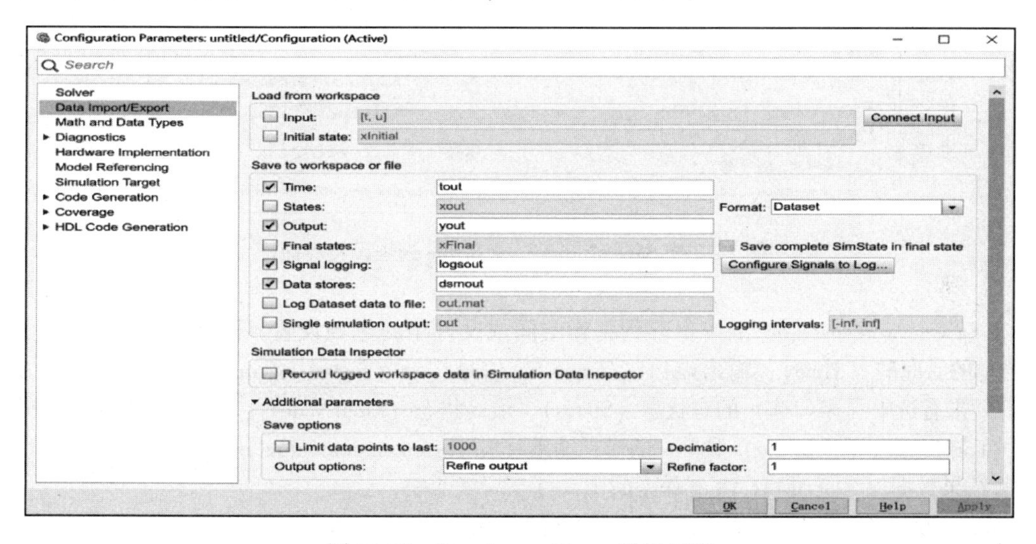

图 3－25　Data Inport/Export 设置界面

用户通过数据导入/导出设置界面的设置，可以从工作空间输入数据、初始化状态模块，也可以把仿真结果、状态变量、时间函数保存到当前工作空间；它包括 Load from workspace（从工作空间中导入数据）、Save to workspace or file（保存到工作空间或文件中）、Simulation Data inspector（仿真数据检查）和 Save options（保存选项）选择项。

1. Load from workspace 选项

当勾选 Load from workspace（从工作空间中导入数据）选项组中 Input 和 Initial state 的复选框后，设置界面如图 3－26 所示。

Load from workspace
Input: [t, u] Connect Input
Initial state: xInitial

图 3－26　Load from workspace 选项设置界面

Input：选中 Input 复选框即可从 MATLAB 工作空间获取时间 t 和输入变量 u，即将数据导入 Simulink 模型的“输入模块（In）”中。数据类型有数组、时间表达式和结构体等。若 Simulink 模型中使用了“输入模块（In）”，则必须选中该选项并填写所导入数据的变量名。缺省变量名为“［t，u］”，t 为时间变量，u 为该时间对应的数值。如果模型中有 n 个“输入模块”，则 u 的第 1，2，…，n 列分别送至输入模块 In1，In2，…，Inn 中。

Initial state：用于设置由 Input 选项导入 Simulink 模型输入模块（In）变量的初始值，与 Input 选项配合使用。当选中此选项时，无论建立该模型的积分模块（Integator）设置过什么样的初始值，都可将 MATLAB 工作空间已存在的变量强制作为 Simulink 模型"输入模块"变量的初始值（缺省名为"xInitial"）。

2. Save to workspace or file 选项

用户从图 3－25 数据导入/导出设置界面中，可以看到 Save to workspace or file（保存到工作区或文件中）选项设置界面如图 3－27 所示。

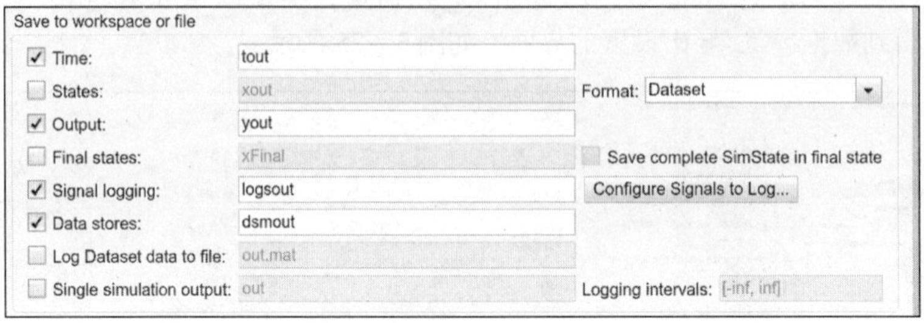

Save to workspace or file
☑ Time: tout
☐ States: xout　Format: Dataset
☑ Output: yout
☐ Final states: xFinal　☐ Save complete SimState in final state
☑ Signal logging: logsout　Configure Signals to Log...
☑ Data stores: dsmout
☐ Log Dataset data to file: out.mat
☐ Single simulation output: out　Logging intervals: [-inf, inf]

图 3－27　Save to workspace or file 选项设置界面

在 Save to workspace or file（保存到工作空间或文件中）选项设置界面下，复选框保存选中（勾选）的有时间（Time）、输出端口（Output）、信号记录（Signal logging ）和数据存储（Data stores）。未有选中（未勾选）的有状态（States）、最终状态（Final states）、将数据集数据记录到文件中（Log Dataset data to file）和单一的模拟输出（Single simulation output）等。该选项组的作用是将仿真结果数据保存至 MATLAB 工作空间中。

Time；用来设置保存于 MATLAB 工作空间中的仿真运行时间变量名。选中此选项，可将仿真运行时间变量以指定的变量名（缺省名为"tout"）保存于 MATLAB 工作空间。

States：用来设置保存于 MATLAB 工作空间中的状态间变量名。选中此选项，可将仿真过程中 Simulink 模型中的状态变量以指定的变量名（缺省名为"xout"）保存于 MATLAB 工作空间。

Output：用来设置保存于 MATLAB 工作空间中的输出数据变量名。如果 Simulink 模型中使用了"输出模块（out）"，就必须选中该选项并填写保存于 MATLAB 工作空间中的输出数据变量名（缺省名为"yout"）。数据保存方式与数据导入情况类似。

Final state：用来定义将系统稳态值存往 MATLAB 工作空间中状态变量名。选中此选项，可将 Simulink 模型中的最终状态变量值以指定的变量名（缺省名为"xFinal"）保存于工作空间。

Signal logging：用来检查已记录在模型中指定的信号。选中此选项，可将 Simulink 模型中的信号记录以指定的变量名（缺省名为"logsout"）保存于工作空间。

Data stores：用来检查日志数据是否存储在模型中指定的内存变量。选中此选项，可将 Simulink 模型中日志数据以指定的变量名（缺省名为"dsmout"）保存于工作空间。

Log Dataset data to file：将在 Simulink 仿真中的日志信号、存储数据、输出和状态存储到文件。选中此选项，可将 Simulink 模型中记录的数据集数据以指定的文件名（缺省名为"out. mat"）记录到文件中。

Single simulation output：用于将所有模拟输出作为单个模拟输出对象返回。选中此选项，可将 Simulink 模型中模拟输出定义为指定的单一的输出（缺省名为"out"）保存于工作空间。

3. Simulation Data Inspector 选项

用户从图 3－25 数据导入/导出设置界面中，可以看到 Simulation Data Inspector（模拟数据检查器）选项，如图 3－28 所示。

Simulation Data Inspector

Record logged workspace data in Simulation Data Inspector

图 3－28　Simulation Data Inspector 选项

勾选 Record logged workspace data in Simulation Data Inspector（在模拟数据检查器中记录已记录的工作空间数据）项，能检查已记录的工作空间数据。

4. Save options 选项

用户从图 3－25 数据导入/导出设置界面中，由 Additional parameters（额外的参数）可以看到 Save options（保存）选项组，如图 3－29 所示。

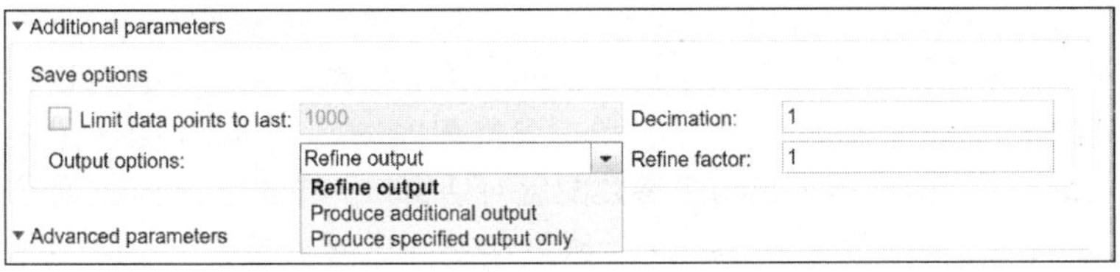

Additional parameters

Save options

Limit data points to last: 1000　Decimation: 1

Output options: Refine output　Refine factor: 1

Refine output

Produce additional output

Produce specified output only

Advanced parameters

图 3－29　Save options 选项组

Limitdata points to last（限制数据点到最后）：用于限制记录时间、模型状态和模型输出工作区变量的数据点数量。勾选此项后，可设定保存变量接收数据的长度，缺省值为“1000”。如果输入数据长度超过设定值，那么最早的“历史数据”被清除。

Decimation（采样）：用于记录时间、模型状态和输出的抽取因子。若缺省值为“1”，则对每个仿真时间点产生值都保存；若缺省值为“2”，则是每隔 1 个仿真周期才保存 1 个值。

Output options（输出选项）：用来生成额外的时间步长输出数据。它包括 3 个选项。①Refine output（细化输出）：就像插值处理一样，使输出平滑。②produce additional output（产生格外的输出）：它允许用户直接指定产生额外的输出点。它既可以是时间向量，也可以是表达式。③Produce specified output only（只产生指定的输出）：其意思是让 Simulink 只在指定的时间点上产生输出，为此解算器要调整仿真步长以使之和指定的时间点重合。这个选项在比较不同的仿真时可以确保它们在相同的时间输出。

Refine factor（细化因子）：用来指定仿真步长之间产生数据的点数。缺省值为“1”。

另外，由 Advanced parameters（先进的参数）可以看到 Dataset signal format（数据集信号格式）列表框，如图 3－30 所示。

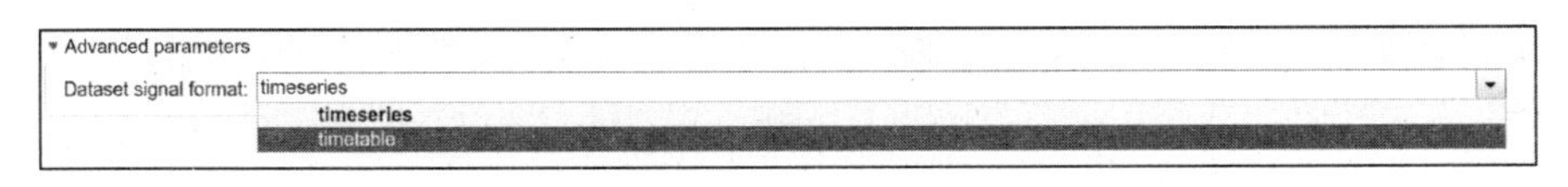

图 3－30　Dataset signal format 列表框

其列表框有 2 个缺省值选项，一个为“timeseries”（时间序列），另一个为“timetable”（时间表）。用于格式化数据集元素的记录页值。

3.4.3　启动仿真与实例

设置仿真参数和选择解算器之后，就可以启动仿真运行了。

选择 Simulink 菜单栏中的 ▶ 按钮（或 run）选项来启动仿真，如果模型中有些参数没有定义，则会出现错误信息提示框。仿真结束时系统会发出一鸣叫声。

【例 3－2】 从 MATLAB 工作空间导入数据应用实例。给定含有输入模块 In1 和 In2 的 Simulink 仿真模型如图 3－31 所示。要求进行初始状态（“Initial state”）选项和未选项两种情况设置。

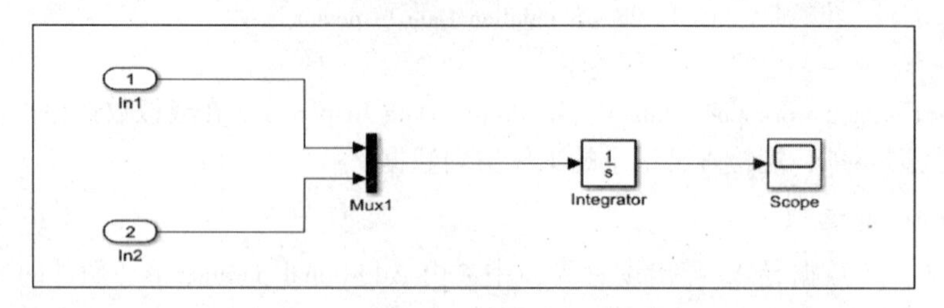

图 3－31　例 3－2 的 Simuink 仿真模型

解：（1）依题意创建如图 3－31 所示的 Simulink 仿真模型，文件名为“l3_2. slx”。然后在 Simulink 模型窗口下，选择 Simulation 菜单，单击参数配置选项“Model Configuration Parameters”选项或直接按〈Ctrl＋E〉组合键弹出仿真参数配置对话窗口，单击左侧内数据导入/导出（Data Inport/Export）选项，在 Load from workspace（从工作空间中导入数据）选项组中勾选“Input”和“Initial state”复选框进行选项设置，如图 3－32 所示。

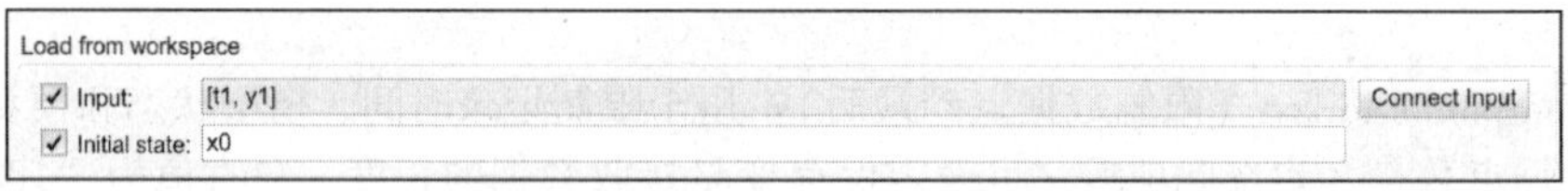

Load from workspace
☑ Input:　[t1, y1]　Connect Input
☑ Initial state:　x0

图 3－32　Load from workspace（从工作空间中导入数据）选项设置

在 MATLAB 命令行窗口中输入的语句如下：

```
>>t1 =[0;0.01:10]';
>>u1 =[sin(t1),cos(2*t1)];
>>x0 =[2,2];
```

运行文件名为“l3_2. slx”的 Simulink 仿真模型得到仿真结果如图 3－33 所示。

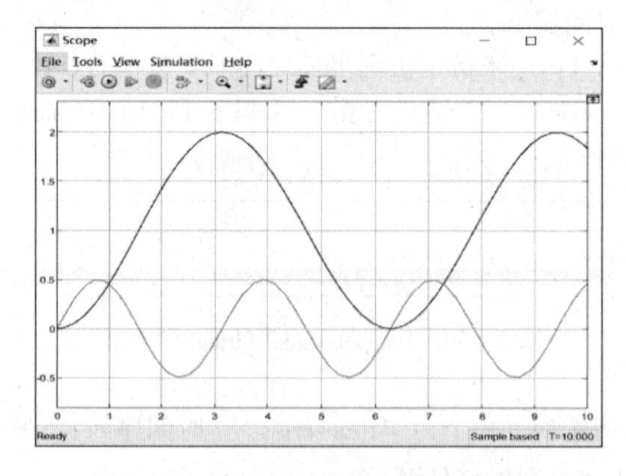

图 3－33　例 3－2（1）的仿真曲线图

（2）在 Load from workspace（从工作空间中导入数据）选项组中不勾选“Initial state”的复选框。运行文件名为“l3_2. slx”的 Simulink 仿真模型得到的仿真结果如图 3－34 所示。

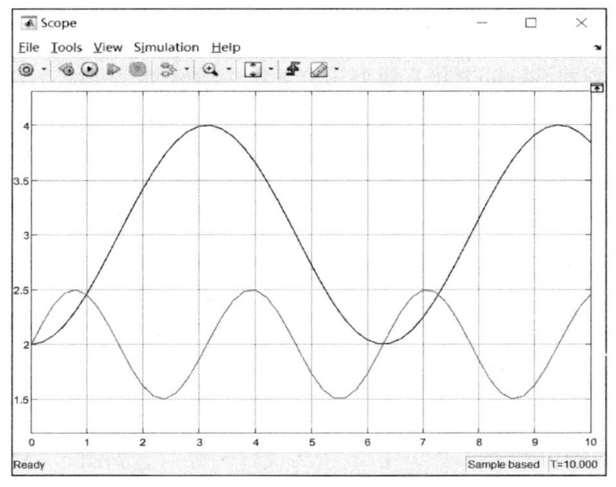

图 3－34　例 3－2（2）的仿真曲线图

3.5　Simulink 仿真示例

通过前面内容的学习，读者应该了解并初步掌握了 Simulink 的使用。下面通过几个实例，具体讲述如何使用 Simulink 进行仿真。

【例 3－3】 建立一个求解正弦信号的积分动态系统，要求在零初始值条件下其功能满足：（1）系统的输入为一单位幅值、单位频率的正弦信号；（2）系统的输出信号为输入信号的积分。使用 Simulink 观察正弦信号 sin 经过积分环节作用的输出波形。

解： 根据题意，本例需要正弦信号模块、积分模块和观察结果的示波器模块，分别将 Simulink Library Browser 中的与本例相关的模块依次拖动到新建仿真模型编辑窗口中，构建文件名为"l3_2. slx"的仿真模型，如图 3－35 所示。其中，Sine Wave 是正弦信号；Integrator 是积分模块；Mux1 是将多个单一输入转化为一复合输出模块；Scope 是示波器模块，它能将输出结果显示出来。

按照本题要求连接好模块后，在默认参数下运行仿真，输出结果如图 3－36 所示，其中粗线是正弦信号经过积分后的输出，细线是输入正弦信号。

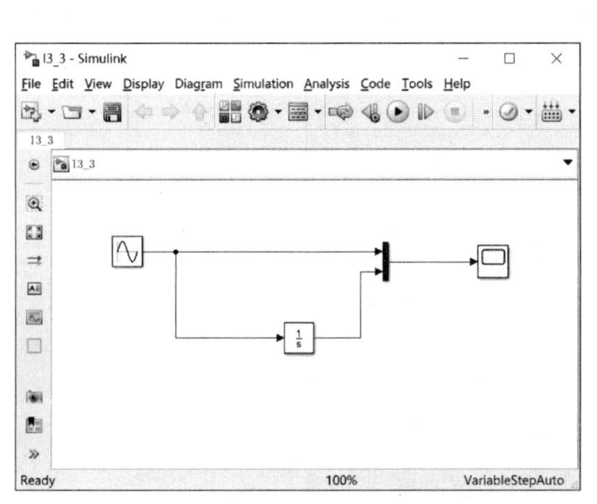

图 3－35　例 3－3 求解积分方程的 Simulink 模型

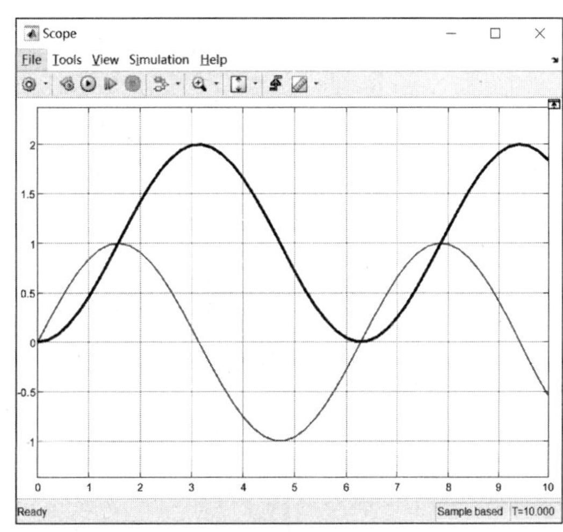

图 3－36　积分求解输出曲线

【例3-4】已知比例系数 $k=5$ 的单位负反馈控制系统，其开环传递函数为 $G(s)=\dfrac{s+2}{s^3+3s^2+s}$，试：（1）创建Simulink仿真模型求取其单位阶跃响应曲线；（2）将响应曲线与单位阶跃输入曲线放在同一示波器中进行比较。

解：本题的基本求解操作过程如下。

（1）新建Simulink仿真模型编辑窗口。

（2）分别从Sourse、Sinks、Math Oporations、Continuous库中，分别将Step、Scope、Transfer Fcn、Gain、Mux1和Sum模块拖动至模型窗口。

（3）按要求先将前向通道连接好，然后把Sum的另一个端口与Transfer Fcn和Scope间的线段相连，形成闭环反馈。Step和Transfer Fcn输出端同时与Mux1连接输出给Scope，由此查看系统阶跃输入和输出曲线并进行比较。

（4）绘制仿真模型成功后，以“l3_4. slx”为文件名存盘，如图3-37所示。

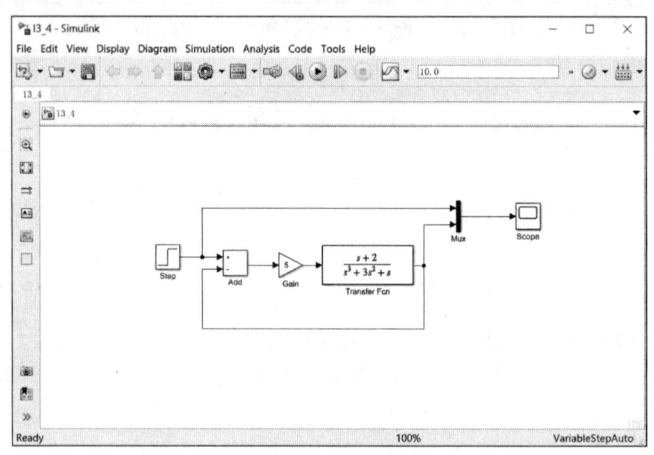

图3-37　例3-4求传递函数单位阶跃响应的Simulink模型

（5）双击Transfer Fcn，将其中的Numerator coefficients设置为“[1 2]”，Denominator coefficients设置为“[1 3 1 0]”，如图3-38所示。同理，Gain中的相关参数设置为“[5]”，Sum中的相关参数设置为“+ -”。

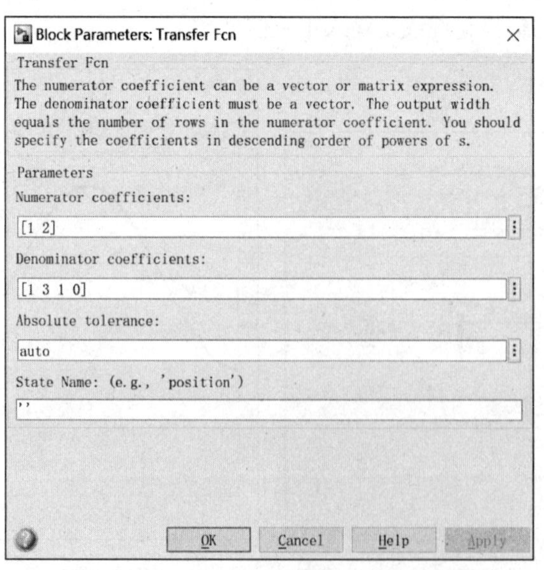

图3-38　例3-4 Transfer Fcn参数设置

（6）双击 Step，将 Step time 设置为“1”，如图 3－39 所示。然后单击 Simulink 菜单下的“run”选项，仿真运行后双击 Scope，得到系统阶跃时间 1 s 输入和响应曲线如图 3－40 所示。

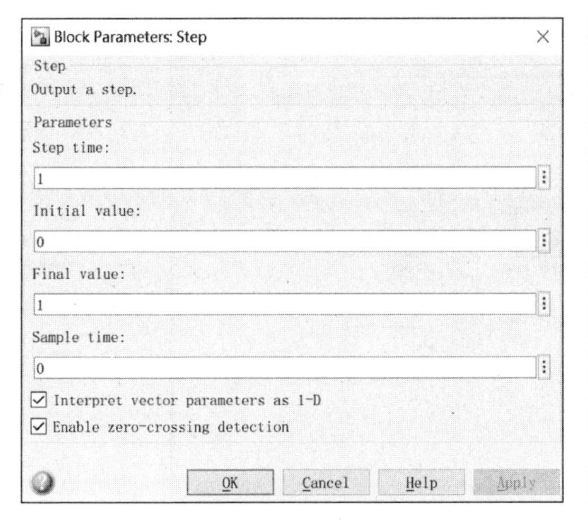

图 3－39　例 3－4 Step 参数设置－1

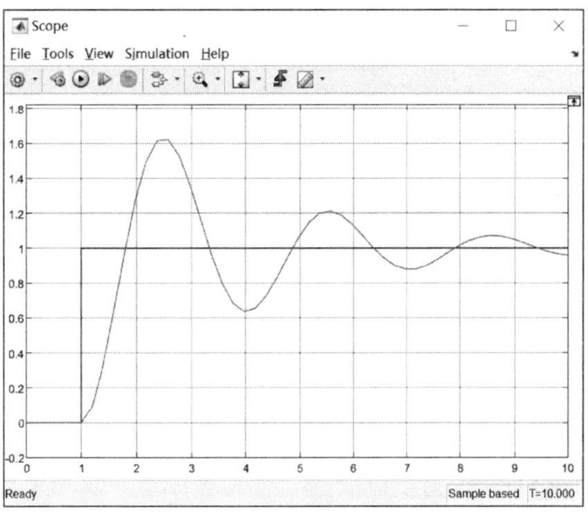

图 3－40　例 3－4 阶跃时间 1 s 输入和响应曲线

（7）再次双击 Step，将 Step time 设置为“0”，如图 3－41 所示。然后单击 Simulink 菜单下的“run”选项，仿真运行后双击 Scope，得到系统阶跃时间 0 s 输入和响应曲线如图 3－42 所示。

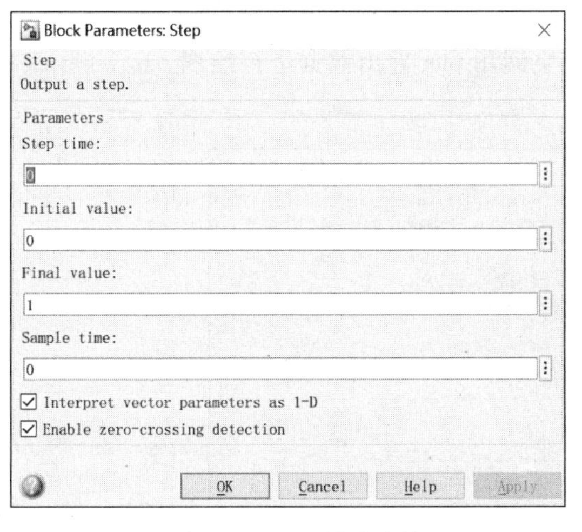

图 3－41　例 3－4 Step 模块参数设置－2

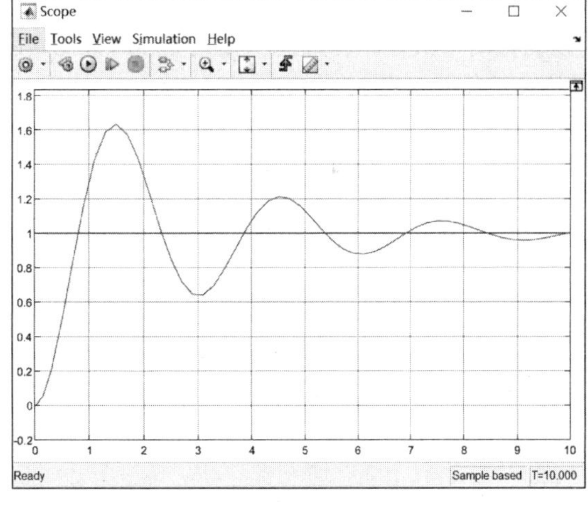

图 3－42　例 3－4 阶跃时间 0 s 时输入和响应曲线

【例 3－5】 某控制系统的开环传递函数为 $G(s)=\dfrac{s+50}{2s^2+3s}$，试用 Simulink 仿真求它的闭环阶跃响应，并将响应曲线数据导入 MATLAB 的工作空间中，利用导出到工作空间中的数据再次绘制响应曲线。

解： 本例需要 Step、Transfer Fcn、ADD、Scope 和 To Workspace（数据导出到工作空间）等模块。

（1）分别将 Simulink Library Browser 中与本题要求相关的模块依次拖动到新建 Simulink 仿真模型编辑窗口中，连接后得到整个控制系统的模型，并以“l3_5. slx”为文件名存盘，如图 3－43 所示。

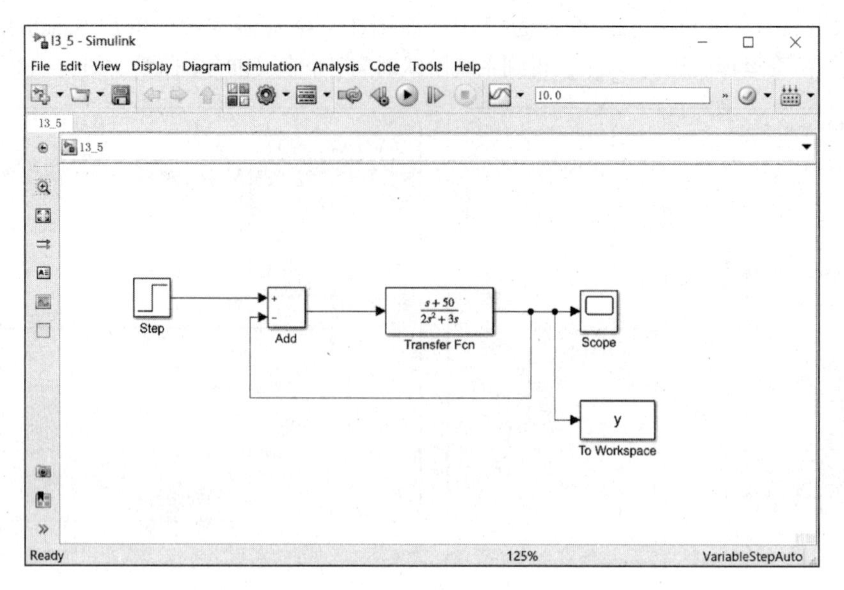

图 3－43　例 3－5 的控制系统 Simulink 模型

（2）模块介绍：Add 默认是 2 个输入相加，双击该模块，将 List of Signs（符号列表）框中的“++”改为“+ －”构成负反馈连接。To Workspace 是将 Simulink 中的数据导出到 MATLAB 工作空间中。双击 To Workspace 对其进行设置，将 Variable name（变量名）设置为“y”，将 Save format 设置为“array”，即将导出的数据命名为“y”，这样仿真结果在 MATLAB 工作空间中 y 以变量的形式存在，且运行后可在 MATLAB 工作空间用 plot 导出数据进行绘图。to workspace 模块参数设置如图 3－44 所示。

Block Parameters: To Workspace

To Workspace

Write input to specified timeseries, array, or structure in a workspace. For menu-based simulation, data is written in the MATLAB base workspace. Data is not available until the simulation is stopped or paused.

To log a bus signal, use "Timeseries" save format.

Parameters

Variable name:

y

Limit data points to last:

inf

Decimation:

1

Save format: Array

Save 2-D signals as: 3-D array (concatenate along third dimension)

☑ Log fixed-point data as a fi object

Sample time (-1 for inherited):

-1

OK　Cancel　Help　Apply

图 3－44　例 3－5 to workspace 模块参数设置

（3）单击 Simulink 菜单下的“run”选项，开始仿真，运行结束后，双击 Scope，即可得到系统仿真输出，如图 3－45 所示。从输出曲线可知，系统的瞬态很不理想，稳定时间长，超调量大。

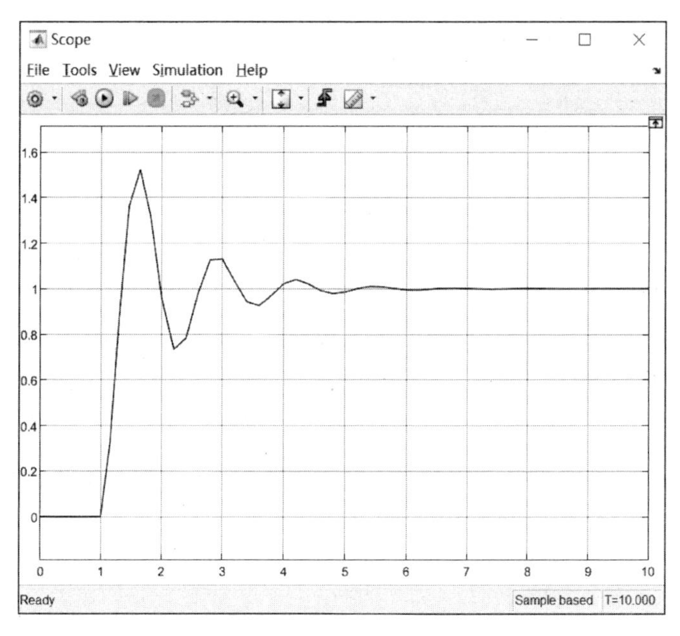

图 3－45 例 3－5 的控制系统仿真输出

(4) 在 MATLAB 工作空间中，可看到 y，如图 3－46 所示。

(5) 双击 MATLAB 工作空间的 y，将出现关于 y 的数据，如图 3－47 所示。

图 3－46 例 3－5 MATLAB 工作空间中的 y

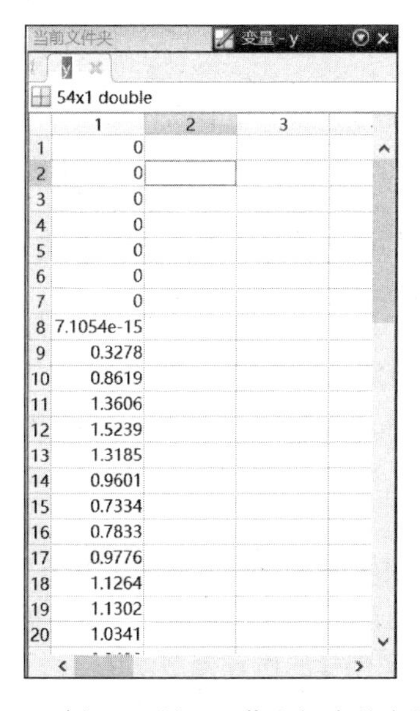
当前文件夹 变量 - y

y

54x1 double

	1	2	3
1	0		
2	0		
3	0		
4	0		
5	0		
6	0		
7	0		
8	7.1054e-15		
9	0.3278		
10	0.8619		
11	1.3606		
12	1.5239		
13	1.3185		
14	0.9601		
15	0.7334		
16	0.7833		
17	0.9776		
18	1.1264		
19	1.1302		
20	1.0341		

图 3－47 例 3－5 导入工作空间中的变量数据

(6) 在 MATLAB 命令行中，输入“plot (y)”或“grid”命令，按〈Enter〉键，即可得到 To Workspace 中的输出曲线，如图 3－48 所示。

由本例可知，采用 Simulink 进行仿真，不仅系统模型的搭建简单方便，还能直接获得系统输出或状态变量的变化曲线，具有简单明了、直观形象的特点。

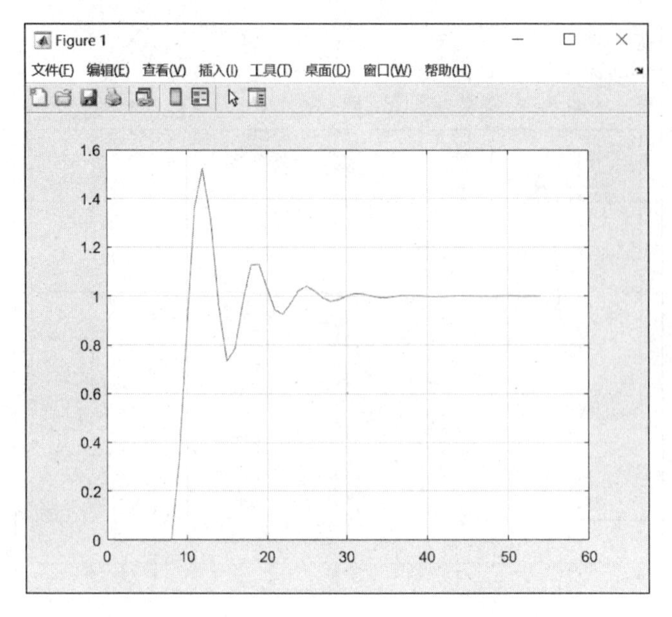

图3－48　例3－5 To Workspace中的输出曲线

3.6　Simulink自定义功能模块

前面介绍了使用Simulink中现有的模块进行仿真，但在实际仿真过程中，有时会用到Simulink中没有的模块，因此需要对Sinulink的模块进行扩展，以适应特殊的仿真需要。

3.6.1　自定义功能模块的创建

Simulink提供了自定义功能模块，用户只要按照规定定义一些模块，便可以在Simulink仿真中调用和使用。自定义功能模块的创建有以下方法。

（1）采用Signal & Systems模块库中的Subsystem，设计新的功能模块，其具体步骤如下：

①将Signal & Systems模块库中的Subsystem复制到打开的Simulink仿真模型窗口中（先建立子系统模块）；

②在子系统模块中添加功能模块，其方法是双击Subsystem，进入自定义功能模块窗口，从而在此窗口中利用该基本功能模块设计出新的功能模块。

（2）利用已经创建的仿真模型模块，再创建子系统模块，其具体步骤如下：

①在已有的Simulink仿真模型窗口中先选择要建立子系统的功能模块，注意不包括输入端口和输出端口模块，因为Subsystem模块本身有输入和输出；

②选中这些需要组合的功能子系统模块，单击"diagram"→"Subsystem & Model Reference"→"Creat Sunsystem from selection"选项，或者按〈Ctrl＋G〉组合键，即可完成子系统模块的建立。

【例3－6】 创建子系统模块示例（续例3－4）。

解： 选用第二种方法（利用已经创建的仿真模型模块，再创建子系统模块）

（1）打开例3－4中文件"l3_4. slx"（见图3－37），以"l3_6zxt. slx"为文件名存盘。打开文件"l3_6zxt. slx"，在其模型窗口中，选中比较器、比例环节、传递函数闭环仿真模型。

（2）单击“diagram”→“Subsystem & Model Reference”→“Creat Sunsystem from selection”选项，即可完成子系统的创建，如图 3-49 所示。

（3）单击[⇦]按钮，会出现创建子系统前的模型窗口，如图 3-50 所示；若单击[⇨]按钮会返回到图 3-49 创建子系统后的模型窗口。

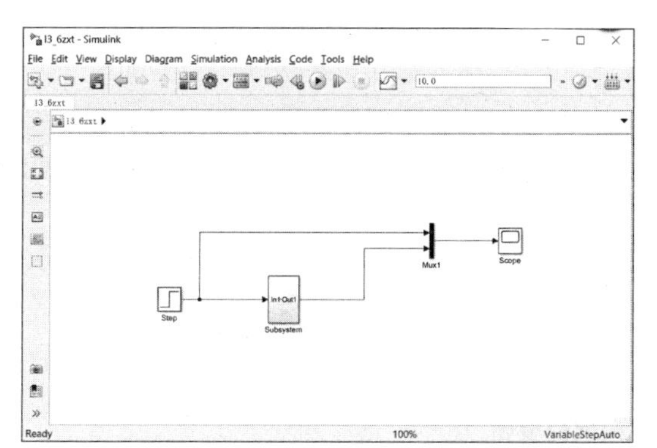

图 3-49　创建子系统后的模型窗口

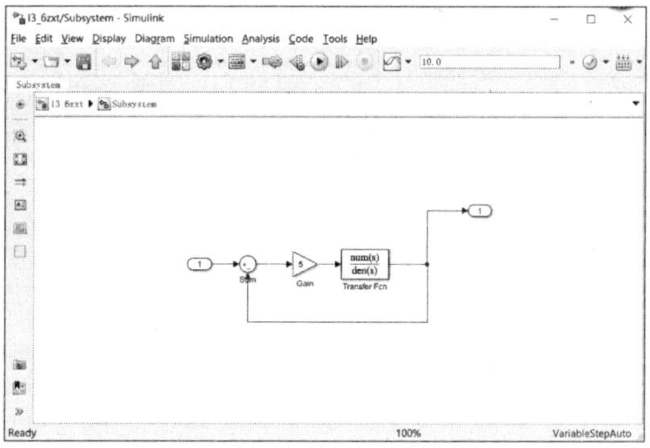

图 3-50　创建子系统前的模型窗口

对于很大的 Simulink 模型，用此方法可以简化图形，减少功能模块的个数，有利于模型的分层构建。

3.6.2　自定义功能模块的封装

自定义功能模块的封装（Masking）是将子系统封装成模块，从而能够像使用 Simulink 内部模块一样使用它。采用封装技术为子系统定制对话框和图标，使子系统本身有独立的操作界面，把子系统中的各模块的参数对话框合成 1 个参数设置对话框，在使用时只需要在这个参数对话框进行参数设置和参数输入即可。实际上，在 Simulink 模块库也存在封装技术，如 SimPower Systems 模块库中的 DC Machine（直流电动机）模块等。

1. Masking Subsystems（封装子系统）的过程

子系统的封装过程很简单，一般需要如下 3 个步骤。

（1）创建子系统（有 2 种方法）；（2）选中模型窗口中要封装的子系统模块，选择窗口菜单“Diagram | mask | Great Mask”或按〈Ctrl + M〉组合键，即可打开如图 3-51 所示的封装编辑器（Mask Editor）设置窗口；（3）根据需要，在封装编辑器对话框中编辑封装子系统，包括设置标签、对话框和封装文档说明等。然后单击“OK”“Apply”按钮即可。

2. Mask Editor（封装编辑器）

Mask Editor 参数设置包括 Icon & Ports（图标和端口）、Parameters & Dialog（参数和对话）、Initialization（初始化）和 Documentation（文档）4 个选项卡，子系统的封装主要就是对这些选项中的参数进行设置。

1）Icon & Ports 选项卡

如图 3-51 所示，Icon & Ports 选项卡主要用于设定子系统模块外观，包括创建描述文本、数学模型、图像及图形在内的子系统模块标签和端口等。最重要的是 Icon Drawing Commands（标签绘制命令），在该区域内可以用 disp( ) 函数设定功能模块的文字名称，用 plot( ) 函数画线，用 dpoly( ) 函数画传递函数。表 3-2 给出了 Icon Drawing Commands 编辑框能接受的所有指令及其功能。

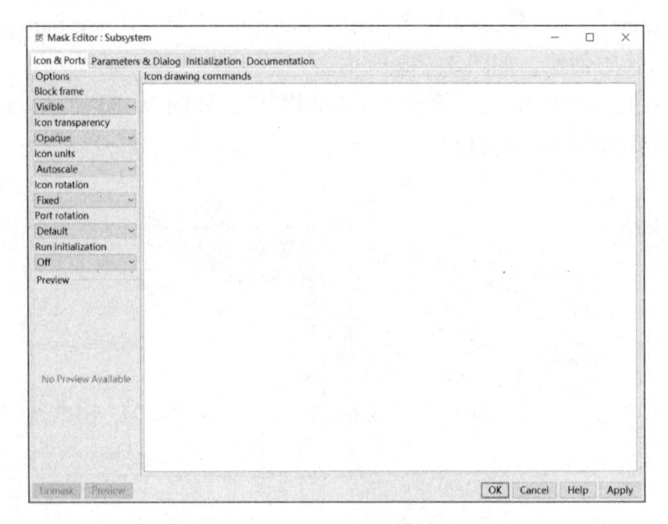

图 3－51　封装编辑器设置窗口

表 3－2　Icon Drawing Commands 选项中的指令及其功能

类型	函　数	功　能
文字型标注	port_label( )	在封装模块的输入/输出端口旁绘制标签
	disp( )	在封装模块中央显示文字和变量
	text( ); rintf( )	在封装模块表面指定位置处显示 text 文本；在封装模块表面显示可变的 text 文本
	fprintf( )	打印封装模块表面显示的 text 文本
曲线型标注	plot( )	在封装模块表面绘制曲线图标
	color( )	改变封装模块表面（曲线）色彩
	patch( )	绘制曲线并填充颜色
图像型标注	image( )	在封装模块表面显示图像
曲线加文字型标注	plot( ); disp( )	在曲线上叠印出文字
传递函数型标注	dpoly( )	在封装模块表面显示连续的传递函数（s 域或 z 域）标注，默认为字符串形式
	droots( )	在封装模块表面显示零、极点标注

用户还可以通过设置一些参数来控制图标的属性，这些属性在 Icon & Ports 选项卡左下端的下拉列表中选择，其中，Options（选项）中的设置如下。

Block frame（模块边框）：用于显示或隐藏封装子系统模块的边框，如选择 Visible（可见），则显示模块的边框线；若选择 Invisible（不可见），则隐藏模块的边框线。Icon Transparency（标签透明）：如果选择 Opaque（不透明的，缺省），则输入/输出端口上标签的图形被覆盖；若选择 Transparent（透明的），则显示输入/输出端口的标签名称。Icon units（标签单位）：控制绘制命令坐标系统的单位，仅用于曲线型标注与文字型标注绘制命令，若选择 Autoscale（自动调整，缺省），则图标充满整个模块；若选择 Pixels（像素），则图标大小不随模块大小变化；若选择 Normalized（归一化），会把绘图比例设置在 0 和 1 之间。Icon Rotation（标签旋转）：若选择 Fixed（固定的，缺省），则当旋转封装子系统模块时，创建的图标不随模块一起旋转或翻转；若选择 Rotates，则图标随模块一起旋转或翻转。Port rotation（端口旋转）：若选择 Default 则为默认端口；若选择 Physical 则为物理端口。Run initialization（运行初始化）：有 Off、On 和 Analyze 选项。

下面举例说明子系统模块的封装。

【例 3－7】封装已有子系统模块示例（续例 3－6）

解：首先打开文件“l3_6zxt. slx”，并以“l3_7zxtf. slx”为文件名存盘。选中模型中的 Subsystem，单击“Diagram”→“Mask”→“Greate Mask”选项或按〈Ctrl + M〉组合键，在弹出的 Icon Drawing Commands 窗口中输入指令“disp(‘P \n 控制器’)”，如图 3－52 所示，单击“OK”按钮形成封装子系统模块标注形式，如图 3－53 所示。绘制命令中的“\ n”表示换行。

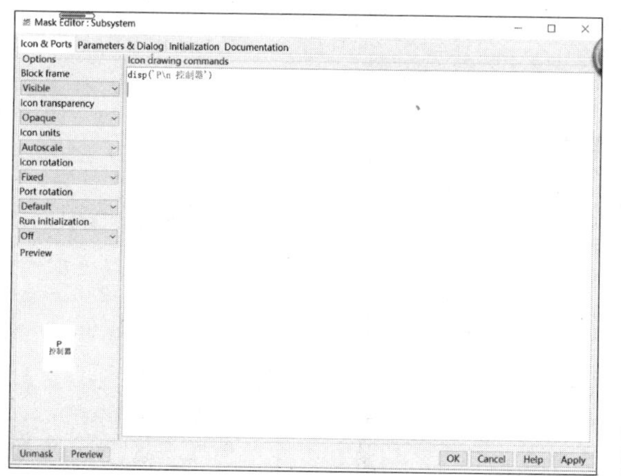

图 3－52　在 Icon Drawing Commands 窗口输入指令

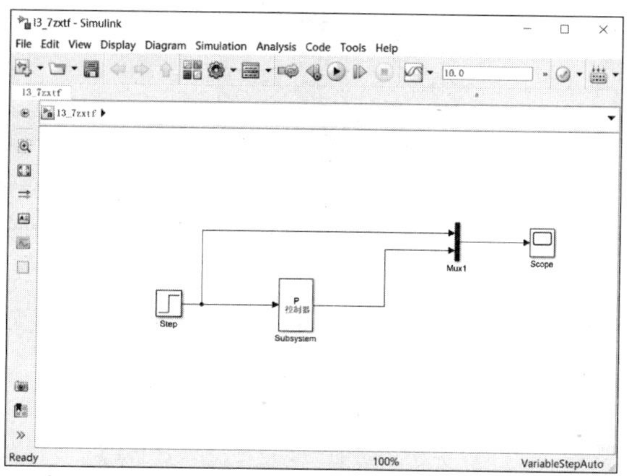

图 3－53　封装子系统模块标注形式

2）Parameters & Dialog 选项卡

Parameters & Dialog 选项卡如图 3－54 所示，用于创立和修改决定封装子系统行为的参数，以便为封装子系统模块参数设置对话框设计提示（Prompt）及对应的变量（variable）。

在图 3－54 中，有 Controls（控制）区、Dialog box（对话框）和 Property editor（属性编辑器）。其中，Controls 区中 Parameter（参数）从上到下包括 Edit（编辑）、Check box（复选框）、Popup（弹出）、Combo box（组合框）和 Radio button（单选按钮）等设置变量的快捷选项；Dialog box 中的 Type（类型）用于设置变量的类型，Prompt（提示）用于输入封装子系统设置变量的含义，Name（名称）用于输入变量名；在 Property editor 中用户可以输入变量 Name（名称）、Prompt（提示）信息和选择变量 Type（类型）等。

3）Initialization 选项卡

Initialization 选项卡如图 3－55 所示，由 Dialog variables（对话框变量）和 Initialization commands（初始化命令）组成。Dialog variables 框中显示输入参数变量的含义，initialization commands 框内可以用于输入合法的程序指令，用于设置子系统模块的初始化信息，包括变量的初值设定、参数的相关运算含义等。如果在 initialization commands 框内编辑程序，可以发挥其功能模块的功能来执行特定的操作。

4）Documentation 选项卡

Documentation 选项卡如图 3－56 所示，用于设置子系统 Mask Type（封装类型）、Mask Description（封装描述）及对应的在线 Help 文档。

Type：此区域的内容文字作为封装模块的标注性说明，即设置子系统封装的类型；Description：此区域的内容包括用于描述模块功能的简短语句和其他关于此模块的注意事项等，这些内容将出现在封装子系统模块对话框的上部；Help：此区域的内容包括使用此模块的详细文字说明等。当单击对话框中的 Help 按钮时，Help 信息显示在加载的 Help 区域中。

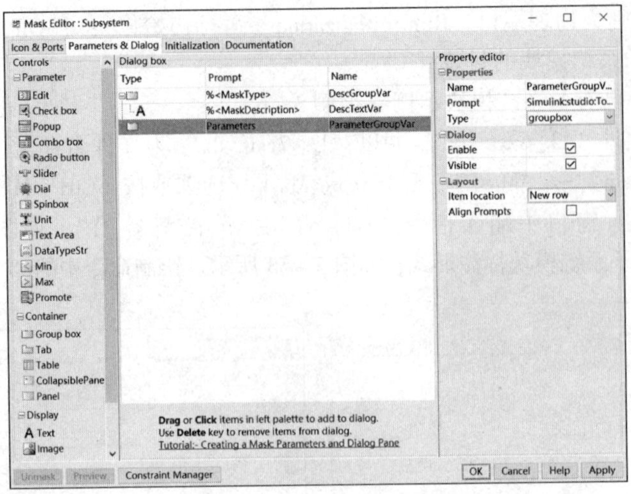

Mask Editor : Subsystem

Icon & Ports　Parameters & Dialog　Initialization　Documentation

Controls

Parameter: Edit, Check box, Popup, Combo box, Radio button, Slider, Dial, Spinbox, Unit, Text Area, DataTypeStr, Min, Max, Promote

Container: Group box, Tab, Table, CollapsiblePanel, Panel

Display: Text, Image

Dialog box

Type	Prompt	Name
	%<MaskType>	DescGroupVar
A	%<MaskDescription>	DescTextVar
	Parameters	ParameterGroupVar

Drag or Click items in left palette to add to dialog.
Use Delete key to remove items from dialog.
Tutorial:- Creating a Mask: Parameters and Dialog Pane

Property editor

Properties: Name ParameterGroupV...; Prompt Simulink:studio:To...; Type groupbox

Dialog: Enable; Visible

Layout: Item location New row; Align Prompts

Unmask　Preview　Constraint Manager　OK　Cancel　Help　Apply

图 3－54　Parameters & Dialog 选项卡

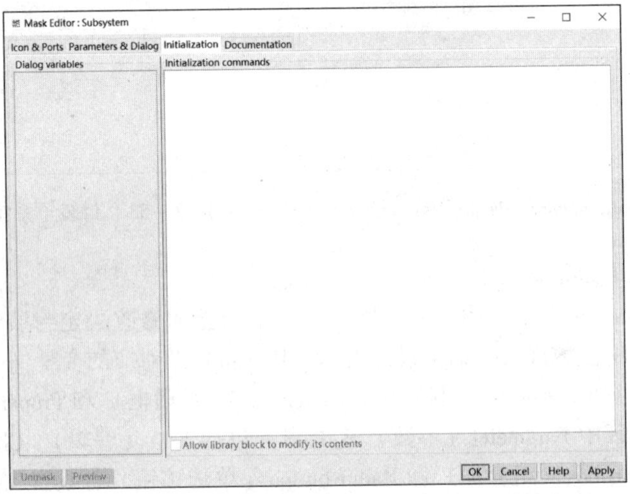

Mask Editor : Subsystem

Icon & Ports　Parameters & Dialog　Initialization　Documentation

Dialog variables　Initialization commands

Allow library block to modify its contents

Unmask　Preview　OK　Cancel　Help　Apply

图 3－55　Initialization 选项卡

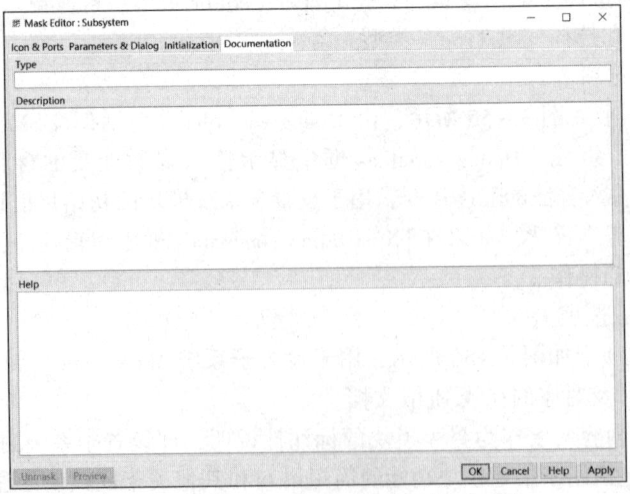

Mask Editor : Subsystem

Icon & Ports　Parameters & Dialog　Initialization　Documentation

Type

Description

Help

Unmask　Preview　OK　Cancel　Help　Apply

图 3－56　Documentation 选项卡

3.7 S - Function 的设计与应用

Simulink 为用户提供了许多内置的基本模块库，通过模块库中的模块进行连接即可构成系统模型。对经常使用的模块进行组合并封装可以构建出能够重复使用的新模块，但它依然是基于 Simulink 原来提供的内置模块。而 S - Function 是强大的对模块库进行扩展的新工具。

3.7.1 S - Function 的概念

S - Function 是动态系统的计算机语言描述，在 MATLAB 里，用户可以选择用 M 文件编写，也可以用 C 或 MEX 文件编写。S - Function 提供了扩展 Simulink 模块库的有力工具，它采用一种特定的调用语法，使函数和 Simulink 解法器进行交互。

S - Function 是 System Function 的简称，其形式通用，能够支持连续系统、离散系统和混合系统，最广泛的用途是定制用户自己的 Simulink 模块。用 S - Function 可以利用 MATLAB 的丰富资源，而不仅仅局限于 Simulink 提供的模块，而用 C 或 C ++ 等语言写的 S - Function 可以实现对硬件端口的操作，还可以操作 Windows API 等。

S - Function 利用代码进行仿真，从而实现对 Simulink 功能的扩展，和子系统的概念类似。S - Function 的特点：（1） 扩展接口，可以移植其他代码，如 C、C ++ 等；（2） 是 Simulink 的系统函数；（3） 可以开发新的 Simlink 模块，扩展 Simulink 功能。

本节主要介绍常用 MATLAB 语言编写 S - function。

S - Function 模块位于 Simulink 模块库浏览器中的 User - Defined Functions 模块库中，如图 3 - 57 所示。S - Function 模块提供了调用 Simulink 模型中 S - Function 的途径，注意这里的模块是用图形的方式完成调用 S - Function 的接口，实际的功能需要由 S - Function 的源文件完成。

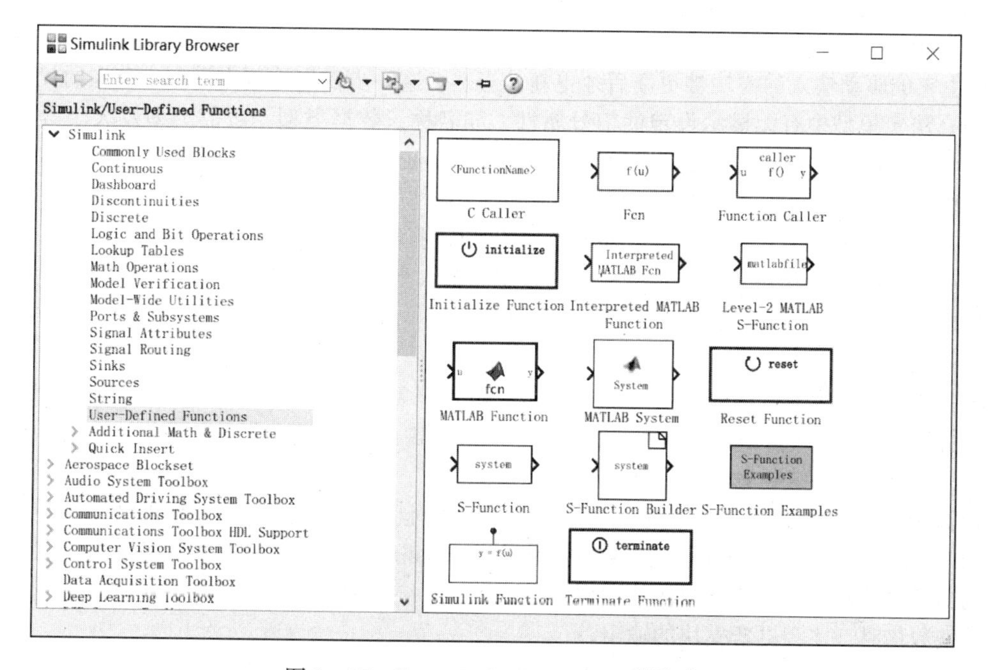

图 3 - 57 User - Defined Functions 模块库

3.7.2 Simulink 的仿真运行原理

要创建 S－Function，就必须了解 Simulink 的仿真运行原理。本节介绍 Simulink 模块的数学描述和 Simulink 的仿真运行原理。

1. Simulink 模块的数学描述

Simulink 模块包含一组输入向量、状态向量和输出向量，并且在 Simulink 模块中输出向量是采样时间、输入向量和状态向量的函数，规定这三组向量分别用 ***u***、***x*** 和 ***y*** 表示，其基本模型如图 3－58 所示。

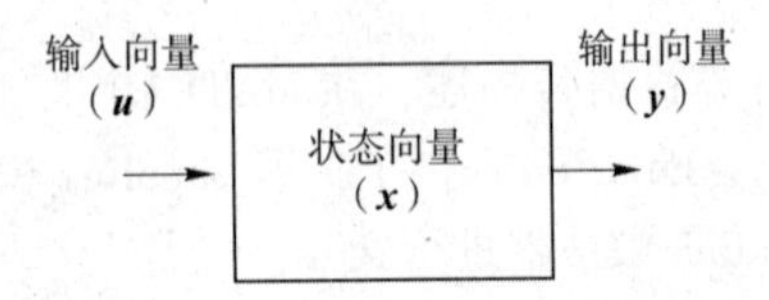

图 3－58　Simulink 模块的基本模型

三组向量之间的数学关系可用方程描述为

$$\boldsymbol{x}' = \boldsymbol{A}\boldsymbol{x} + \boldsymbol{B}\boldsymbol{u} \text{（状态方程）}$$

$$\boldsymbol{y} = \boldsymbol{C}\boldsymbol{x} + \boldsymbol{D}\boldsymbol{u} \text{（输出方程）}$$

式中：***u*** 为输入向量；***x*** 为状态向量；***y*** 为输出向量。

2. Simulink 的仿真运行原理

Simulink 模型的运行过程包括模块初始化和仿真执行两个阶段。

1）模块初始化

模块在初始化阶段主要完成以下工作。

（1）模型参数传给 MATLAB 进行估值，得到的数值结果是模型的实际参数。

（2）展开模型的各个层次，每一个非条件执行的子系统被它所包含的模块所代替。

（3）模型中的模块按更新的次序进行排序。排序算法产生一个列表以确保具有代数环的模块在产生它的驱动输入的模块被更新后才更新。当然，这一步要先检测出模型中存在的代数环。

（4）决定模型中有无显示设定的信号属性，如名称、数据类型、数值类型及大小等，并且检查每个模块是否能够接收连接到它输入端的信号。Simulink 使用属性传递的过程来确定未被设定的属性，这个过程将源信号的属性传递到它所驱动的模块的输入信号。

（5）决定所有无显示设定采样时间的模块的采样时间。

（6）分配和初始化用于存储每个模块的状态和输入当前值的存储空间。

完成以上工作后就可以进行仿真了。

2）仿真执行

模型初始化结束后，就进入仿真执行阶段。仿真开始时模型设定仿真系统的初始状态和输出；在仿真过程中，Simulink 计算系统的输入、状态和输出，并更新模型来反映计算值；当仿真结束时，模型得出系统的输入、状态和输出。

仿真执行阶段要完成的主要任务，即在每个采样时间步中，Simulink 所采取的动作顺序如下。

（1）按排列好的次序更新模型中模块的输出。Simulink 只把当前值、模块的输入及状态量传给所调用模块的输出函数计算模块的输出。对于离散系统，Simulink 只有在当前时间是模块采样时间的整数倍时，才会更新模块的输出。

（2）按排列好的次序更新模型中模块的状态，Simulink 计算模块的离散状态的方法是调用模块的离散状态更新函数。而对于连续状态，则通过对连续状态的微分（在模块可调用的函数里，

有用于计算连续微分的函数）来获得。

（3）Simulink 使用过零检测来检测连续状态的不连续点。

（4）通过调用模块获得下一采样时间函数来计算下一个仿真采样时间步的时间。

可见，Simulink 仿真实质上是基于时间流的仿真，即在每一次的仿真循环中，Simulink 对模型中的每一个模块调用底层 S – Function，计算各个模块在当前仿真时刻的输出值和状态值。换言之，仿真时间每向前一步，各个模块的输出和状态也都前进了一步，所有模块在该时间步上同时完成了仿真计算。

3.7.3 S – Function 的基本结构

S – Function 有其固定格式，用 C 语言、MATLAB 和 Fortran 语言编写的 S – Function 的格式是不同的。本节介绍用 MATLAB 语言编写的 S – Function 的基本结构。

1. S – Function 引导语句

M 文件 S – Function 的引导语句如下：

```
Function[sys,x0,str,ts]=sfun(t,x,u,flag,p1,p2,…)
```

其中：sfun 为 S – Function 的函数名，用户可以对其重新命名；S – Function 默认的 4 个输出函数 sys、x0、str 和 ts 分别为通用的返回变量、初始状态、空矩阵及采样时间和偏差的矩阵；而 S – Function 默认的 4 个输入参数 t、x、u 和 flag 分别为仿真时间、状态向量、输入向量和标志位，表示当前的运行过程；p1，p2 等为 S – Function 允许使用的任意数量的附加参数。

下面具体介绍引导语句各个参数的含义。

sys：通用的返回变量，返回的数值决定 flag 值，在 mdlUpdates 里为列向量。

sys 的引用格式如下：

```
sys(1,1)
```

在 mdlOutputs 里为行向量，引用格式如下：

```
sys =x
```

x0：初始的状态值，列向量，引用格式如下：

```
x0 =[ 0;0;0 ]
```

str：空矩阵，无具体含义。

ts：包含模块采样时间和偏差的矩阵。当 ts 为 –1 时，表示与输入信号同采样周期。

t：代表当前的仿真时间，该输入决定了下一个采样时间。

x：表示状态向量，行向量。

x 的引用格式如下：

```
x(1),x(2)
```

u：表示输入向量。

flag：控制每一个仿真阶段调用哪一个子函数的参数，由 Simulink 调用时自动取值。

flag 参数不同数值的功能、调用函数等 S – Function 工作方式如下。

当 flag =0 时，调用 mdlInitializeSizes 函数，定义 S – Function 的基本特性，包括采样时间，连续或者离散状态的初始条件和 Sizes 数组。

当 flag = 1 时，调用 mdlDerivatives 函数，计算连续状态变量的微分方程，求所给表达式的等号左边状态变量的积分值。

当 flag = 2 时，调用 mdlUpdate 函数，用于更新离散状态，采样时间和主时间步的要求。

当 flag = 3 时，调用 mdlOutputs 函数，计算 S – Function 的输出。

当 flag = 4 时，调用 mdlGetTimeOfNextVarHit 函数，计算下一采样点的绝对时间，这个方法仅仅是使用户在 mdlInitializeSize 里说明一个可变的离散采样时间。

当 flag = 9 时，调用 mdlTerminate 函数，实现仿真任务的结束。

注意：

仿真开始后，Simulink 首先会自动将 flag 设置成 0，进行初始化过程，然后将 flag 的值设置为“3”，计算该模块的输出。一个仿真周期后，Simulink 先将 flag 的值分别设置为“1”和“2”，计算连续状态和更新离散状态，再将 flag 的值设置为“3”，计算模块的输出。重复上述过程，直至仿真结束条件满足，Simulink 将 flag 的值设置为“9”，终止仿真。

2. 定义 S – Function 的初始信息

为了让 Simulink 识别出 M 文件 S – Function，用户必须在 S – Function 里提供相关的说明信息，包括采样时间、连续或者离散状态个数等初始条件。这一部分主要是在 mdlInitializeSizes( ) 子函数里完成。

Sizes 数组是 S – Function 函数信息的载体，它内部的字段意义如下。

NumContStates：连续状态的个数（状态向量连续部分的宽度）。

NumDiscStates：离散状态的个数（状态向量离散部分的宽度）。

NumOutputs：输出变量的个数（输出向量的宽度）。

NumInputs：输入变量的个数（输入向量的宽度）。

DirFeedthrough：有无直接馈入。

NumSampleTimes：采样时间的个数。

如果字段代表的向量宽度为动态可变，则可以将它们赋值为“ – 1”。

注意：

（1）DirFeedthrough 是布尔变量，它的取值只有 0 和 1，0 表示没有直接馈入，此时用户在编写 mdlOutputs 子函数时就要确保子函数的代码里不出现输入变量 u；1 表示有直接馈入。

（2）NumSampleTimes 表示采样时间个数，也就是 ts 变量的行数，与用户对 ts 的定义有关。

3. S – Function 模板

Simulink 中提供了 S – Function 模板文件“sfuntmpl. m”，该文件位于 MATLAB 根目录 toolbox/simulink/blocks 下。在 MATLAB 命令行窗口中输入“ ≫edit sfuntmpl”并按〈Enter〉键，即可查看 S – Function 源代码。以下为简略的 sfuntmpl. m 文件（进行了部分删减和中文注释），具体如下：

```
% sfuntmpl()函数
function [sys,x0,str,ts,simStateCompliance] = sfuntmpl(t,x,u,
flag)
switch flag,
    case 0,
     [sys,x0,str,ts,simStateCompliance]=mdlInitializeSizes;
                                          % 初始化
    case 1,
     sys =mdlDerivatives(t,x,u);   % 计算连续状态导数
```

```
    case 2,
     sys =mdlUpdate(t,x,u);         % 更新离散状态
    case 3,
     sys =mdlOutputs(t,x,u);        % 计算输出
    case 4,
     sys =mdlGetTimeOfNextVarHit(t,x,u);          % 计算下一个采样时点
    case 9,
     sys =mdlTerminate(t,x,u);      % 结束仿真
   otherwise
     DAStudio.error('Simulink:blocks:unhandledFlag', num2str(flag));
                                    % 出错处理
end
% end sfuntmpl
% mdlInitializeSizes() 子系统
function [sys,x0,str,ts,simStateCompliance] =mdlInitializeSizes
                                    % 初始化子系统
 sizes = simsizes;                  % 取默认变量,返回 sizes 结构体变量
% 下述均为缺省值,应根据所述的模块修改
sizes.NumContStates =0;             % 设置模块连续状态变量的个数
sizes.NumDiscStates =0;             % 设置模块离散状态变量的个数
sizes.NumOutputs = 0;               % 设置模块输出变量的个数
sizes.NumInputs = 0;                % 设置模块输入变量的个数
sizes.DirFeedthrough =1;            % 设置模块中直通数目
sizes.NumSampleTimes = 1;           % 模块中采样周期的个数
 sys = simsizes(sizes);             % 为 sys 赋初始化参数值,切勿修改
 x0 = [];                           % 模块状态初始化
 str = [];                          % 保留字符串,总为空矩阵
ts = [0 0];                         % 采样周期矩阵初始化
% end mdlInitializeSizes
 % mdlDerivatives() 子函数
function sys =mdlDerivatives(t,x,u)
                                    % 计算连续状态导数子函数
 sys = [];                          % 根据连续状态方程修改此处
 % end mdlDerivatives
 % mdlUpdate()子函数
function sys =mdlUpdate(t,x,u)      % 更新离散状态子函数
 sys = [];                          % 根据输出方程修改此处
 % end mdlUpdate
%  mdlOutputs 子函数
function sys =mdlOutputs(t,x,u)     % 计算输出子函数
```

```
sys = [];                    % 根据输出方程修改此处
% end mdlOutputs
% mdlGetTimeOfNextVarHit()子函数
function sys =mdlGetTimeOfNextVarHit(t,x,u) % 计算下一个采样点子函数
sampleTime = 1;  % 表示在当前采样周期1s后再调用该模块
sys = t + sampleTime;  % 根据需要修改
% end mdlGetTimeOfNextVarHit
% mdlTerminate()  子函数
function sys =mdlTerminate(t,x,u) % 终止仿真过程子函数
sys = [];
% end mdlTerminate
```

模板文件里 S－Function 的结构十分简单，只为不同的 flag 值指定相应调用的 M 文件子函数。例如，当 flag = 3 时，模块处于计算输出仿真阶段，相应调用的子函数为 sys = mdloutputs（t，x，u）。

模板文件使用 switch 语句完成这种指定，结构不唯一，用户也可以使用 if 语句来完成同样功能。在实际运用中，可根据实际需要去掉某些值，因为并不是每个模块都需要经过所有的子函数调用。

模板文件只是 Simulink 为方便用户而提供的参考格式，并不是编写 S－Function 的语法要求，用户完全可以改变子函数的名称，或直接把代码写在主函数里，但使用模板文件比较方便且条理清晰。

当使用模板编写 S－Function 时，用户只需把函数名换成期望的函数名称，如果需要额外的输入参数，还需在输入参数列表的后面增加这些参数。对于输出参数，最好不做修改。接下来根据所编 S－Function 要完成的任务，用相应的代码去替代模板里各个子函数的代码。

Simulink 在每个仿真阶段都会对 S－Function 进行调用，Simulink 会根据所处的仿真阶段为 flag 传入不同的值，而且还会为 sys 这个返回参数指定不同的角色，也就是说尽管是相同的 sys 变量，但在不同的仿真阶段其意义却不相同，这种变化由 Simulink 自动完成。

M 文件 S－Function 可用的子函数说明如下。

mdlInitializeSizes：定义 S－Function 模块的基本特性，包括采样时间、连续或者离散状态的初始条件和 sizes 数组。

mdlDerivatives：计算连续状态变量的微分方程。

mdlUpdate：更新离散状态、采样时间和主时间步的要求。

mdlOutputs：计算 S－Function 的输出。

mdlGetTimeOfNextVarHit：计算下一采样点的绝对时间，这个方法仅仅是用户在 mdlInitializeSizes 里说明了一可变的离散采样时间。

mdlTerminate：实现仿真任务必需的结束。

总的来说，可将 S－Function 的建立分成 2 个任务：

（1）初始化模块特性，包括输入、输出信号的宽度，离散连续状态的初始条件和采样时间；

（2）将算法放到合适的 S－Function 子函数中。

注意：

由于 S－Function 忽略端口，所以当存在多个输入变量或多个输出变量时，必须用 Mux 模块或 Demux 模块将多个单一输入合成复合输入向量或将复合输出向量分解为多个输出。

3.7.4 S－Function 设计示例

本节通过具体实例来说明 S－Function 的设计。

【例3－8】 给定控制系统的输入信号为一阶跃信号，将信号加倍后输出到 Scope 中进行显示。试利用 MATLAB 中的 S－Function 模板，绘制控制系统的阶跃响应曲线。

解： 基本步骤如下。

（1）依题意获取状态空间表达式方程，由 $\frac{Y(s)}{X(s)}=2$，得

$$y(t)=2u(t)$$

（2）建立 S－Function 的 M 文件。

复制 MATLAB 根目录 toolbox \ simulink \ blocks 下的“sfuntmpl. m”文件，并将其 M 文件代码修改如下：

```
function [sys,x0,str,ts] =timestwo(t,x,u,flag)
 switch flag
    case 0                              % 初始化
         [sys,x0,str,ts] =mdlInitializeSizes;
   case 3                               % 输出变量计算
    sys =mdlOutputs(t,x,u);
    case {1,2,4,9}                      % 未定义标志
      sys =[];
    otherwise                           % 处理错误
    error (['Unhandled flag =',num2str(flag)]);
end
% 下面是 timestwo.m 要调用的子程序
function [sys,x0,str,ts] =mdlInitializeSizes
sizes = simsizes;
sizes.NumContStates = 0;               % 连续状态变量个数为 4
sizes.NumDiscStates = 0;               % 没有离散状态变量
sizes.NumOutputs = 1;                  % 输出变量的个数为 2
sizes.NumInputs = 1;                   % 输入变量的个数为 2
sizes.DirFeedthrough = 1;              % 模块不是直通的
sizes.NumSampleTimes = 1;                  % 必须设置为 1
sys = simsizes(sizes);                     % 固定格式
x0 = [];                                   % 设置为零初始状态
str = [];                                  % 固定格式
ts = [ -1 0];
% End of mdlInitializeSizes.
% 以下是就是输出结果程序
function sys = mdlOutputs(t,x,u)
```

```
sys =2 * u;
% End of mdlOutputs.
```

（3）为了在 Simulink 中测试该 S－Function，将阶跃信号发生器连接到 S－Function 模块的输入端，将 S－Function 模块的输出端连接到 Scope。双击 S－Function 模块，在 S－Function name 文本框中输入“timestwo”，如图 3－59 所示。单击“OK”按钮，S－Function 模块变为 timestwo 字样，构建成文件名为 untitled 的 S－Function 自定义仿真模块，如图 3－60 所示。

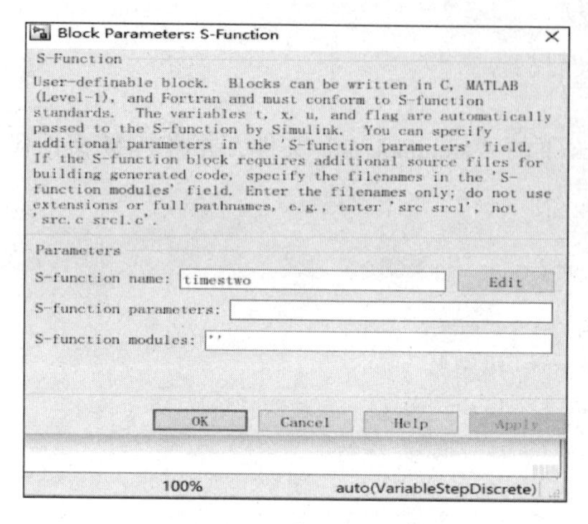

图 3－59　S－Function 模块参数设置

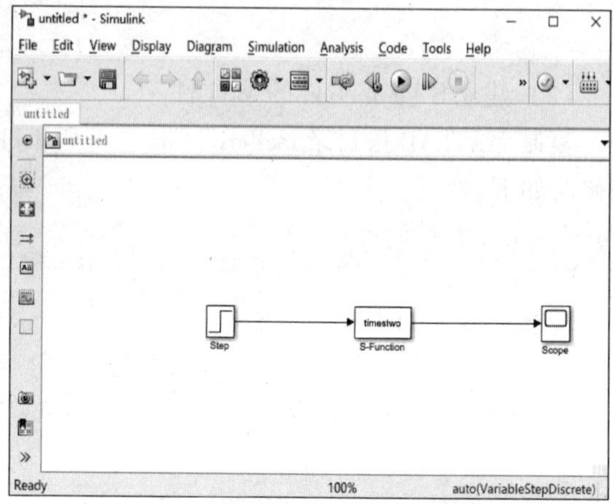

图 3－60　S－Function 自定义仿真模块

（4）单击菜单栏中的按钮（或 RDN 命令），运行 S－Function 自定义仿真模块，得到利用 S－Function 模块仿真曲线，如图 3－61 所示。

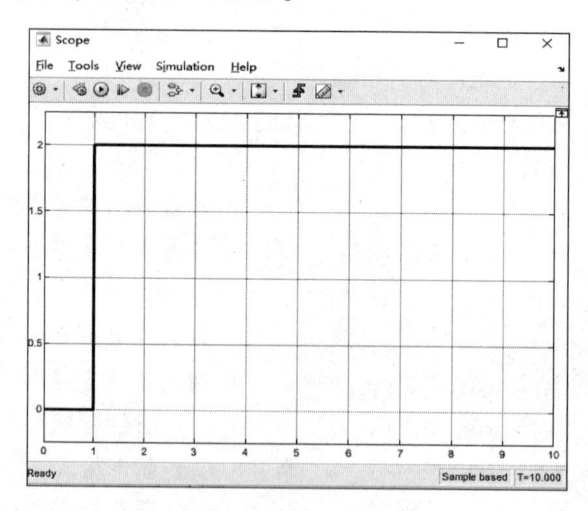

图 3－61　S－Function 仿真曲线

在 S－Function 模块参数设置对话框中，除了 S－function name 文本框中应输入函数名外，如果有附加参数要传递给输出模块，还应在 S－function parmertars 文本框中输入相应的参数名，以逗号分开。在本例中，没有附加参数。

为了验证 Simulink 利用 S－Function 绘制控制系统阶跃响应曲线的正确性，可以在 Simulink 中构建增益为 2 的验证模型，如图 3-62 所示，输出的仿真结果曲线与图 3-61 完全相同。

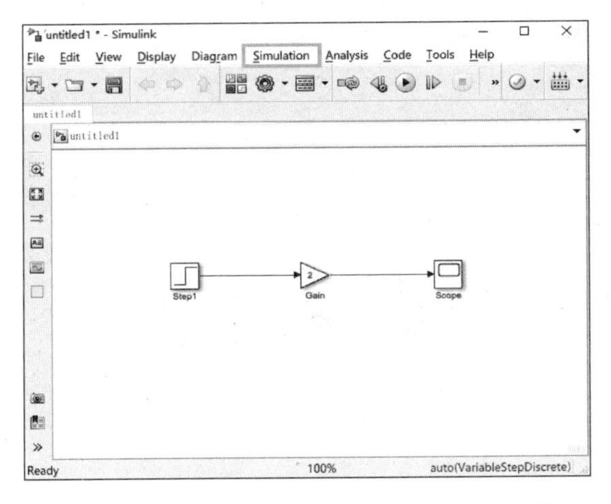

图 3-62　构建增益为 2 的验证 S-Function 的模型

练习题

3.1 Simulink 模型通常由哪几部分组成?

3.2 建立一个简单模型，用信号发生器产生一幅度为 2.5 V，频率为 0.5 Hz 的正弦波，叠加功率谱为 0.5 的受限白噪声信号显示在示波器上，并送给工作空间，在工作空间中用 plot( ) 命令绘制响应曲线。

3.3 控制系统结构图如下图所示。

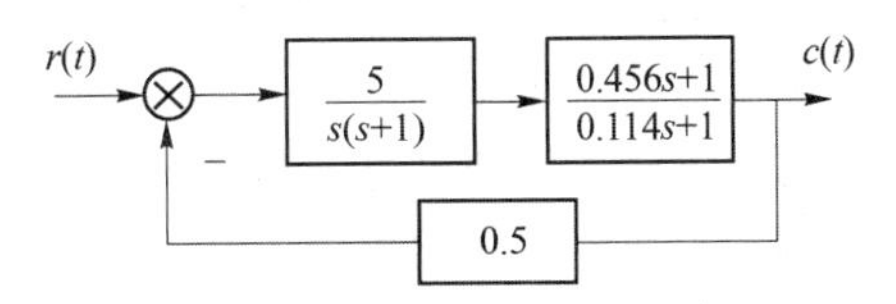

试建立该系统的 Simulink 仿真模型并运行。按照构建模型的基本步骤：(1) 构建 Simulink 模型；(2) 模块参数的配置；(3) 仿真运行，即可完成模型的构建。

3.4 某控制系统的开环传递函数为 $G(s)=\dfrac{s+80}{2s^2+3s}$，试用 Simulink 求它的闭环阶跃输出响应，并将响应曲线导入 MATLAB 的工作空间，在 MATLAB 的工作空间中再次绘制响应曲线。

3.5 给定控制系统的输入为阶跃信号，放大 3 倍后输出到 Scope 中进行显示。试利用 MATLAB 中的 S-Function 模板，绘制控制系统的阶跃响应曲线（为了验证 Simulink 利用S-Function 绘制控制系统阶跃响应曲线的正确性，可在 Simulink 中构建增益为 3 的仿真验证模型）。

第4章 控制系统数学模型

本章首先介绍建立控制系统的数学模型的分类和模型之间的转换，以及如何利用 MATLAB/Simulink 建模并对模型进行转换。控制系统的数学模型是系统分析和设计的基础，在控制系统的研究中有着相当重要的地位。通过本章内容的学习，读者能了解控制系统数学模型的基本知识，并学会利用 MATLAB/Simulink 进行建模和仿真，为控制系统的分析打下基础。从而在控制系统模型的基础上设计合适的控制器，使得系统响应达到预期的效果，从而符合工程实际的需要。

4.1 动态过程微分方程描述和建立

微分方程是控制系统模型的基础，利用机械学、电学、力学等物理知识便可以得到控制系统的动态方程。获得系统模型有两种方法：一种是从已知的物理规律出发，用数学推导的方法建立数学模型；另一种是由实验数据拟合系统的数学模型。在实际应用中，两种方法各有其优势，本章只研究线性定常（LTI）系统的微分方程。

建立控制系统动态微分方程的条件如下：

（1）在给定量产生变化或扰动出现之前，被控量的各阶导数均为0，即系统处于平衡状态；

（2）动态微分方程是以微小增量为基础的增量方程，不是绝对值的方程。

动态微分方程描述的是被控量（或输出量）与给定量或扰动量（看成输入量）之间的函数关系。建立微分方程时，一般从系统的环节着手，先确定各环节的输入量和输出量，以确定其工作状态，并建立各环节的微分方程，而后消去中间变量，最后得到系统的动态微分方程。

【例4-1】 建立如图4-1所示的 *RLC* 电路的微分方程式。

解： 本题的基本解题步骤如下。

（1）确定输入和输出量。设 $u(t)$ 为输入，$u_c(t)$ 为输出。

（2）根据基尔霍夫电压、电流定律，列写微分方程为

$$i = C\frac{\mathrm{d}u_c(t)}{\mathrm{d}t} \tag{4-1}$$

$$L\frac{\mathrm{d}i(t)}{\mathrm{d}t} + Ri(t) + \frac{1}{C}\int i(t)\mathrm{d}t = u(t) \tag{4-2}$$

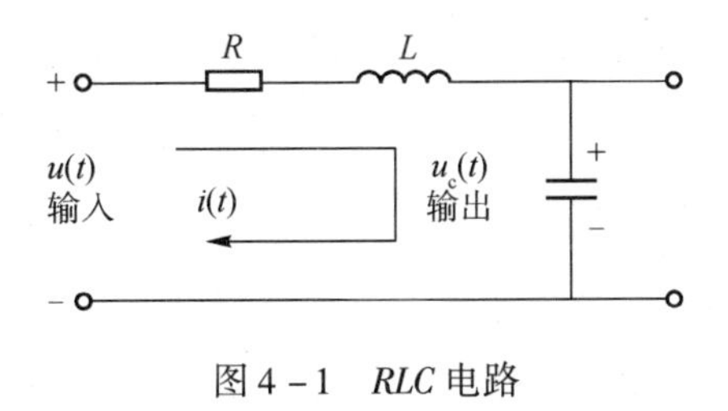

图 4－1 *RLC* 电路

（3）消去中间变量。

把式（4－2）代入式（4－1），整理得电路微分方程为

$$LC\frac{\mathrm{d}^2u_c(t)}{\mathrm{d}t^2}+RC\frac{\mathrm{d}u_c(t)}{\mathrm{d}t}+u_c(t)=u(t) \tag{4-3}$$

式（4－3）是线性定常二阶微分方程。

对于比较复杂的系统，建立系统微分方程一般可采用以下步骤：

（1）将系统划分为多个环节，确定各环节的输入、输出信号及方程式；

（2）根据物理定律或通过实验等方法列出各环节的原始方程式，并进行适当简化、线性化；

（3）将各环节方程式联立，消去中间变量，最后得出只含有输入变量、输出变量及参量的系统方程式。

微分方程是描述线性系统的基本数学模型，在确定的初始条件和输入信号作用下，对微分方程的求解，可得到系统的输出响应，从而分析评价系统的性能，研究系统参数的变化对性能的影响。

单输入单输出系统高阶微分方程表示的输入模型一般形式为

$$\begin{aligned}&a_1\frac{\mathrm{d}^ny(t)}{\mathrm{d}t^n}+a_2\frac{\mathrm{d}^{n-1}y(t)}{\mathrm{d}t^{n-1}}+a_3\frac{\mathrm{d}^{n-2}y(t)}{\mathrm{d}t^{n-2}}+\cdots+a_n\frac{\mathrm{d}y(t)}{\mathrm{d}t}+a_{n+1}y(t)\\&=b_1\frac{\mathrm{d}^mu(t)}{\mathrm{d}t^m}+b_2\frac{\mathrm{d}^{m-1}u(t)}{\mathrm{d}t^{m-1}}+\cdots+b_m\frac{\mathrm{d}u(t)}{\mathrm{d}t}+b_{m+1}u(t)\end{aligned} \tag{4-4}$$

若给出输入量及变量的初始条件，则可得到系统输出量的表达式，并可对系统进行性能分析。但是高阶微分方程的求解是比较困难的，而且分析系统的结构参数对性能的影响也十分不便，所以在对系统进行分析和设计时，通常采用另外的数学模型——传递函数。MATLAB 提供了 ode23、ode45 等微分方程的数值解法函数，不仅适用于线性定常系统，也适用于非线性和时变系统。

4.2 拉普拉斯变换与控制系统模型

通过求解描述系统模型的微分方程，可以得到系统随时间变化的规律，虽然这种方法比较直观，但是当线性微分方程阶次较高时求解会比较困难，不易实现。

4.2.1 拉普拉斯变换求解微分方程

采用拉普拉斯变换将时域问题转换为复频域问题，将微分方程转换为代数方程，一般代数方程的求解通常是比较简单的，求解代数方程后，再通过拉普拉斯反变换得到微分方程的解，两者的关系及运算过程如图 4－2 所示。

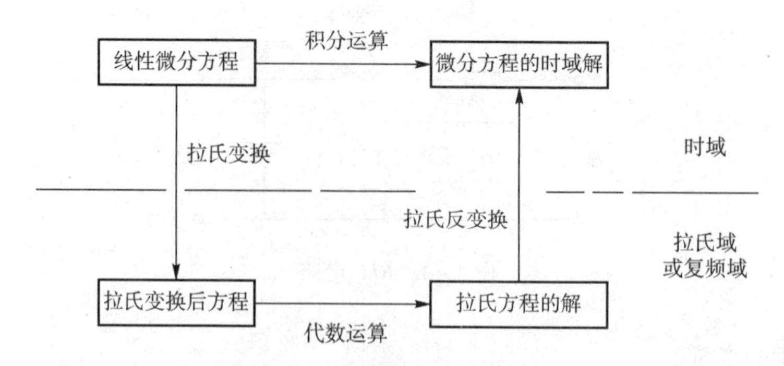

图 4-2 拉普拉斯变换和拉普拉斯反变换的关系及运算过程

4.2.2 拉普拉斯变换示例

通过举例说明用 MATLAB 进行时域函数的拉普拉斯变换，可以减轻烦琐的手工计算。

【例 4-2】 求 $e^{at}\sin(bt)$、t^2e^{-t}、$1-e^{-2t}+e^{t}$的拉普拉斯变换。

解：编写的 MATLAB 程序如下：

```
syms t s;                              % 定义符号变量
syms a b positive;                     % 定义符号变量
D1 =exp( -a*t)*sin(b*t);               % 创建函数表达式
D2 =t^2*exp( -t);
D3 =1 -exp( -2*t) +exp( -t);
MS1 =laplace(D1,t,s)                   % 对 D1 进行拉斯变换
MS2 =laplace(D2,t,s)                   % 对 D2 进行拉斯变换
MS3 =laplace(D3,t,s)                   % 对 D3 进行拉斯变换
```

以“l4_2. m”为文件名存盘，并运行程序，输出结果如下：

```
MS1 =  b/((a + s)^2 + b^2)
MS2 =  2/(s + 1)^3
MS3 =  1/(s + 1) - 1/(s + 2) + 1/s
```

由输出结果可知，本题原函数的拉普拉斯变换为

$$\text{MS1}=\frac{b}{(s+a)^2+b^2},\ \text{MS2}=\frac{2}{(s+1)^3},\ \text{MS3}=\frac{1}{s}-\frac{1}{s+2}+\frac{1}{s+1}$$

4.3 数学模型描述

在线性系统理论中，为了对系统的性能进行分析，首先要建立其数学模型，常用的数学模型形式有传递函数模型（系统的外部模型）、零极点增益模型、状态空间模型（系统的内部模型）和部分分式模型等。

4.3.1 传递函数模型

传递函数是在拉普拉斯变换的基础上，以系统本身的参数所描述的线性定常系统输出量和

输入量的关系式，它表达了系统内在的固有特性，而与输入量或驱动函数无关。

线性定常系统传递函数的定义：在零初始值条件下，将输出量与输入量的拉普拉斯变换之比称为传递函数。在实际的控制领域中，大部分都是满足零初始值条件的，所以传递函数就直接定义在零初始条件下。因此，对于式（4－4）给出的线性定常微分方程其典型系统的传递函数为

$$G(s)=\frac{Y(s)}{U(s)}=\frac{b_1s^m+b_2s^{m-1}+\cdots+b_ms+b_{m+1}}{a_1s^n+a_2s^{n-1}+\cdots+a_ns+a_{n+1}} \tag{4-5}$$

对于线性定常系统，式（4－5）中 s 的系数均为常数，且 $a_1\neq0$，这时系统在 MATLAB 中可以方便地由分子和分母多项式系数构成的 2 个向量唯一地确定出来，这 2 个向量分别用 ***num*** 和 ***den*** 表示，即

$$\boldsymbol{num}=[b_1,\ b_2,\ \cdots,\ b_{m+1}],\quad \boldsymbol{den}=[a_1,\ a_2,\ \cdots,\ a_{n+1}]$$

则传递函数为

$$G(s)=\frac{\boldsymbol{num}(s)}{\boldsymbol{den}(s)} \tag{4-6}$$

式中：分子、分母多项式的系数均按 s 的降幂进行排列。

4.3.2　零、极点增益模型

零、极点增益模型实际上是传递函数模型的另一种表现形式，其原理是分别对原系统传递函数的分子、分母进行分解因式处理，以获得系统零点和极点的表示形式，也可表示为

$$G((s)=K\frac{(s-z_1)(s-z_2)\cdots(s-z_m)}{(s-p_1)(s-p_2)\cdots(s-p_n)} \tag{4-7}$$

式中：K 为增益系数；z_i（$i=1,\ \cdots,\ m$）是分子多项式的根，称为系统的零点；p_j（$j=1,\ \cdots,\ n$）是分母多项式的根，称为系统的极点。

传递函数的分母多项式就是它的特征多项式，该多项式等于 0 即是传递函数的特征方程，特征方程的根也就是传递函数的极点。而 [z]、[p]、[k] 分别为系统的零点向量、极点向量和增益向量。

4.3.3　状态空间模型

随着计算机技术的发展，以状态空间理论为基础的现代控制理论的数学模型采用状态空间模型，以时域分析为主，着眼于系统的内部状态及其内部联系。

状态是系统动态信息的集合，在表征系统信息的所有变量中，能够全部描述系统运行的最小数目的一组独立变量称为系统的状态变量，其选取不是唯一的。状态方程是由系统状态变量构成的一阶微分方程组，即

$$\boldsymbol{x}'=\boldsymbol{A}\boldsymbol{x}+\boldsymbol{B}\boldsymbol{u}\ \text{（状态方程）}$$

$$\boldsymbol{y}=\boldsymbol{C}\boldsymbol{x}+\boldsymbol{D}\boldsymbol{u}\ \text{（输出方程）}$$

式中：$\boldsymbol{x}$ 是 n 维的状态向量；$\boldsymbol{u}$ 是 r 维的输入向量；$\boldsymbol{y}$ 是 m 维的输出向量；$\boldsymbol{A}$ 是 $n\times n$ 维的状态矩阵；$\boldsymbol{B}$ 是 $n\times r$ 维的输入矩阵；$\boldsymbol{C}$ 是 $m\times n$ 维的输出矩阵；$\boldsymbol{D}$ 是 $m\times r$ 维的前馈（或直接传输）矩阵。

对于线性时不变系统，$\boldsymbol{A}$、$\boldsymbol{B}$、$\boldsymbol{C}$、$\boldsymbol{D}$ 都是常数矩阵。

4.4　MATLAB/Simulink 在模型中的应用

由于传递函数表示为系统中输出与输入多项式之比的形式，因此先介绍 MATLAB 中与多项

式处理相关的函数。

4.4.1 多项式处理相关的函数

MATLAB 中的多项式用行向量表示，行向量元素依次为按降幂排列的多项式的系数。

1. 多项式乘法函数 conv( )

MATLAB 中提供的卷积分函数 conv( )可以用来进行多项式乘法处理。调用格式如下：

```
C = conv(A,B)
```

其中：A 和 B 分别表示一个多项式的系数（通常是降幂排列）；C 为多项式 A 和 B 的乘积多项式。

【例 4 -3】 求多项式 $A = s + 1$，$B = (s^2 + 2s + 6)^2$ 相乘后多项式的系数（令 $C = AB$）。

解：在 MATLAB 命令行窗口输入的语句如下：

```
>>A = [1,1];% 多项式 A 的系数。
>>B = conv([1,2,6],[1,2,6]);% 多项式(s² +2s +6)的乘方。
>>C = conv(A,B)   % A 和 B 多项式的乘积。
```

运行程序，输出结果如下：

```
C =1     5    20    40    60    36
```

在编写代码的过程中，如将“C = Conv(A,B)”改为“C = conv([1,1],conv([1,2,6],[1,2,6]))”，运行结果不变。

2. 多项式求根函数 roots( )

分别对传递函数 $G(s)$ 的分子多项式和分母多项式进行因式分解，可求出系统的零、极点。在 MATLAB 中，提供了多项式求根函数 roots( )。调用格式如下：

```
r = roots(p)
```

其中：p 为多项式的系数向量；r 为所求的根。

注意：

在 MATLAB 中，多项式和根都表示为向量，其中多项式是行向量，根为列向量。

【例 4 -4】 已知多项式 $p = (s+1)(s^2 + 2s + 6)^2$，求多项式 p 的根。

解：在 MATLAB 命令行窗口输入的语句如下：

```
>>p = conv([1,1],conv([1,2,6],[1,2,6]));
>>r = roots(p)
```

运行程序，输出结果如下：

```
r = -1.0000  + 2.2361i
    -1.0000  - 2.2361i
    -1.0000  + 2.2361i
    -1.0000  - 2.2361i
    -1.0000
```

由结果可知，多项式 p 有 5 个根：1 个实根和 2 对共轭复根。

【例4-5】求传递函数 $G(s)=\dfrac{(s+1)(s^2+2s+6)^2}{s^2(s+3)(s^3+2s^2+3s+4)}$ 的分子多项式和分母多项式，并求传递函数的特征根。

解：在MATLAB命令行窗口输入的语句如下：

```
>>num=conv([1,1],conv([1,2,6],[1,2,6]));% num为分子多项式,conv()函数采用嵌套形式
>>den=conv([1,0,0],conv([1,3],[1,2,3,4]));% den为分母多项式,conv()函数如上
>>r=roots(den)    % r为求分母多项式的根(即传递函数的特征根)
```

运行程序，输出结果如下：

```
num = 1    5    20    40    60    36
den = 1    5     9    13    12     0     0
r = 0
     0
    -3.000 0
    -1.650 6
    -0.174 7 + 1.546 9i
    -0.174 7 - 1.546 9i
```

由输出结果可知，分子多项式系数为1、5、20、40、60和36，分母多项式系数为1、5、9、13、12、0和0，$G(s)$ 的特征根为0、0、-3.000 0、-1.650 6、-0.174 7+1.546 9i、-0.174 7-1.546 9i。

3. 由根创建多项式函数poly()

如果已知多项式的因式分解式或特征根，可用MATLAB函数poly()直接求出特征多项式系数矢量。调用格式如下：

```
p=poly(r)
```

其中：p是特征多项式系数矢量；r是多项式的因式分解式或特征根。

【例4-6】已知多项式特征根 $\boldsymbol{r}=\begin{pmatrix}-1.0000+2.2361\mathrm{i}\\-1.0000-2.2361\mathrm{i}\\-1.0000+2.2361\mathrm{i}\\-1.0000-2.2361\mathrm{i}\\-1.0000\end{pmatrix}$

试用MATLAB函数poly()求特征多项式系数矢量 $\boldsymbol{p}$。

解：在MATLAB命令行窗口输入的语句如下：

```
>>r=[-1.0000 + 2.2361i,  -1.0000 - 2.2361i, -1.0000 + 2.2361i, -1.0000 - 2.2361i, -1.0000];
>>p=poly(r)
```

运行程序，输出结果如下：

```
p =Columns 1 through 4
   1.0000    5.0000   20.0003   40.0009
   Columns 5 through 6
   60.0023   36.0017
```

由此可知，在 MATLAB 中函数 roots( )与函数 poly( )互为逆运算。

4. 求多项式在给定点值的函数 polyval( )

如果已知多项式 p，求其变量取 a 时的值 v，可用 MALAB 中的函数 polyval( )来求解。调用格式如下：

```
v =polyval(p,a)
```

【例 4 -7】 已知多项式 $p=[1.000\,0\quad 5.000\,0\quad 20.000\,3\quad 40.000\,9\quad 60.002\,3\quad 36.001\,7]$，求多项式 p 在 $a=1$ 时的值。

解：在 MATLAB 命令行窗口输入的语句如下：

```
>>p =[1, 5,20,40,60,36];
>>a =1;
>>v =polyval(p,a)
```

程序运行，输出结果如下：

```
v =162
```

4.4.2 建立传递函数相关的函数

假设系统是单输入单输出，其输入、输出分别用 $u(t)$、$y(t)$ 来表示，则得到线性系统的传递函数模型为

$$G(s)=\frac{Y(s)}{U(s)}=\frac{b_m s^m+b_{m-1}s^{m-1}+\cdots+b_1 s+b_0}{s^n+a_{n-1}s^{n-1}+\cdots+a_1 s+a_0} \tag{4-8}$$

在 MATLAB 中，传递函数分子多项式和分母多项式的系数向量描述为

$$\mathrm{num}=[\mathrm{b_m},\ \mathrm{b_{m-1}},\ \cdots,\ \mathrm{b_0}],\ \mathrm{den}=[1,\ \mathrm{a_{n-1}},\ \cdots,\ \mathrm{a_0}]$$

这里分子多项式和分母多项式的系数按 s 的降幂排列。

1. 建立传递函数模型的函数 tf( )

MATLAB 中提供了建立传递函数模型的函数 tf( )，建立常规系统的传递函数 sys 的调用格式如下：

```
sys =tf(num, den)
```

【例 4 -8】 已知系统的传递函数为

$$G(s)=\frac{7(2s+3)}{s^2(3s+1)(s+2)^2(5s^3+3s+8)}$$

试用 MATLAB 建立系统的传递函数模型。

解：在 MATLAB 命令行窗口输入的语句如下：

```
>>num =7 *[2 3];                    % 分子多项式系数向量
>>den =conv(conv(conv([1 0 0],[3 1]), conv([1 2],[1 2])), [5 3 8]);
                                    % 分母多项式系数向量
>>sys =tf(num,den)                  % 构建系统传递函数
```

运行程序，输出结果如下：

```
sys =                     14 s + 21
    ------------------------------------------------------
    15 s^7 + 74 s^6 + 143 s^5 + 172 s^4 + 140 s^3 + 32 s^2
```

建立有时间延迟的系统 $G_d(s) = G(s)\mathrm{e}^{-\tau s}$ 的传递函数 sys 的调用格式如下：

```
sys =tf(num,den,'InputDelay',tao)
```

其中：num 是分子多项式系数行向量；den 是分母多项式系数行向量；sys 是建立的传递函数；InputDelay 为关键词；tao 为 τ 的数值。

2. 提取模型中分子、分母的多项式系数的函数 tfdata( )

对于已经建立的传递函数模型，MATLAB 提供了函数 tfdata( )，可以从传递函数模型中提取模型中分子、分母的多项式系数。调用格式如下：

```
[num,den] =tfdata(sys,'v')
```

其中：v 为关键词，其功能是返回列向量形式的分子分母多项式系数。

【例 4 –9】 求传递函数 $G(s) = \dfrac{(s+1)(s^2+2s+6)^2}{s^2(s+3)(s^3+2s^2+3s+4)}$ 的 s 降幂排序传递函数和分子、分母的多项式系数。

解：在 MATLAB 命令行窗口输入的语句如下：

```
>>num1 =conv([1,1],conv([1,2,6],[1,2,6]));% 传递函数分子多项式行向量系数
>>den1 =conv([1,0,0],conv([1,3],[1,2,3,4]));% 传递函数分母多项式行向量系数
>>sys =tf(num1,den1)                    % s 降幂排序的传递函数
>>[num,den] =tfdata(sys,'v')            % 分子分母多项式系数
```

运行程序，输出结果如下：

```
sys = s^5 + 5 s^4 + 20 s^3 + 40 s^2 + 60 s + 36
      ----------------------------------------
        s^6 + 5 s^5 + 9 s^4 + 13 s^3 + 12 s^2
num =   Columns 1 through 7
     0    1    5    20    40    60    36
den =   Columns 1 through 7
     1    5    9    13    12    0    0
```

4.4.3 建立零、极点增益模型相关函数

假设系统是单输入单输出，其零极点模型为式（4－7）。

1. 建立零极点增益模型的函数 zpk( )

MATLAB 中提供了建立零极点增益模型的函数 zpk( )。建立常规系统的零极点增益模型的调用格式如下：

```
sys = zpk([z],[p],[k])
```

【例 4－10】 已知系统的零、极点和增益为 $z=$［1，2，3］；$p=$［5，2i，7］；$k=5$；求零极点形式的数学模型。

解：在 MATLAB 命令行窗口输入的语句如下：

```
>> z =[1,2,3];               % 零点
>> p =[5,2i,7];              % 极点
>> k =5;                     % 增益
>> sys = zpk(z,p,k)          % 零极点形式的数学模型
```

运行程序，输出结果为如下：

```
Zero/pole/gain:
5 (s -1) (s -2) (s -3)
 ------------------------
(s -5) (s -7) (s +(0 -2i))
```

建立有时间延迟系统传递函数 $G_d(s)=G(s)e^{-\tau s}$ 的零极点增益模型调用格式如下：

```
sys = zpk(z,p,k, 'InputDelay',tao)
```

其中：InputDelay 是关键词；tao 为 τ 的数值；z、p、k 分别为系统的零点极点和增益向量；sys 是建立的零极点增益模型。

2. 提取模型中零、极点和增益向量的函数 zpkdata( )

对于已经建立的零、极点增益模型，MATLAB 提供了函数 zpkdata ( )，可以提取出模型的零、极点和增益向量。调用格式如下：

```
[z, p, k] = zpkdata(sys, 'v')
```

其中：v 为关键词，其功能是返回列向量形式的零、极点和增益向量。

【例 4－11】 已知系统的数学模型为

$$G(s)=\frac{(s+1)(s^2+2s+6)^2}{s^2(s+3)(s^3+2s^2+3s+4)}$$

求模型的零、极点和增益向量。

解：在 MATLAB 命令行窗口输入的语句如下：

```
>> num = conv([1,1],conv([1,2,6],[1,2,6]));% num 为分子多项式,conv()
函数用嵌套形式
```

```
>>den = conv([1,0,0],conv([1,3],[1,2,3,4]));% den 为分母多项式,conv()函数如上
>>sys = tf(num,den);
>>[z,p,k] = zpkdata(sys,'v')          % 求零点、极点和增益
```

运行程序，输出结果如下：

```
z = -1.0000 + 2.2361i
    -1.0000 - 2.2361i
    -1.0000 + 2.2361i
    -1.0000 - 2.2361i
    -1.0000
p = 0
    0
   -3.0000
   -1.6506
   -0.1747 + 1.5469i
   -0.1747 - 1.5469i
k = 1
```

3. 传递函数模型部分分式展开的函数 residue()

传递函数多项式可以展开为部分分式的形式，且该部分分式展开式和多项式系数之间可以相互转换，具体为

$$\frac{b(s)}{a(s)}=\frac{b_m s^m+b_{m-1}s^{m-1}+\cdots+b_1 s+b_0}{a_n s^n+a_{n-1}s^{n-1}+\cdots+a_1 s+a_0}=\frac{r_n}{s-p_n}+\cdots+\frac{r_2}{s-p_2}+\frac{r_1}{s-p_1}+k(s) \quad (4-9)$$

MATLAB 提供了函数 residue()，它的功能是对两个多项式的比进行部分分式展开，即完成把传递函数分解为部分分式单元的形式。调用格式为

```
[r, p, k] = residue(b, a)
```

其中：输入多项式向量 $b=[b_m \cdots b_1\ b_0]$ 和 $a=[a_n \cdots a_1\ a_0]$ 是按 s 的降幂排列的多项式系数，传递函数部分分式展开后，输出留数（残差）返回到向量 $r=[r_n \cdots r_2\ r_1]$，极点返回到列向量 $p=[p_n \cdots p_2\ p_1]$，常数项或 0 返回到 k。

【例 4-12】使用 MATLAB 中的 residue()函数求 $F(s)=\frac{b(s)}{a(s)}=\frac{-4s+8}{s^2+6s+8}$ 多项式之比，并确定 $F(s)$ 的部分分式展开式。

解：在 MATLAB 命令行窗口输入的语句如下：

```
>>b = [-4 8];                 % b 传递函数分子多项式系数
>>a = [1 6 8];                % a 传递函数分母多项式系数
>>[r,p,k] = residue(b,a)      % 求部分分式留数和极点
```

运行程序，输出结果如下：

```
r = -12
      8
p = -4
    -2
k = []
```

此结果代表的部分分式展开式为

$$\frac{-4s+8}{s^2+6s+8}=\frac{-12}{s+4}+\frac{8}{s+2}$$

另外，将部分分式转化为多项式比 $b(s)/a(s)$ 的系数 b 和 a 的调用格式如下：

```
[b, a] =residue(r, p, k)
```

4.4.4 建立状态空间模型相关的函数

状态方程是研究系统最有效的系统数学描述，在引进相应的状态变量后，可将一组一阶微分方程表示成状态方程的形式。在 MATLAB 中，系统状态空间用（A，B，C，D）矩阵组表示。

1. 建立状态空间模型的函数 ss( )

MATLAB 提供了建立状态空间模型的函数 ss( )，调用格式如下：

```
sys =ss(A,B,C,D)
```

其中：（A，B，C，D）为系统状态空间的矩阵组表示；sys 是建立的系统状态空间模型。

【例 4 –13】 已知状态方程为

$$X' = [1\ 2;\ 3\ 4]\ X + [5\ 6;\ 7\ 8]\ U$$
$$Y = [1\ 4]\ X + [6\ 9]\ U$$

试用 MATLAB 程序代码编程建立系统的状态空间模型。

解：在 MATLAB 命令行窗口输入的语句如下：

```
>>A =[1 2;3 4];              % 状态矩阵
>>B =[5 6;7 8];              % 输入矩阵
>>C =[1 4];                  % 输出矩阵
>>D =[6 9];                  % 前馈(或直接传输)矩阵
>>sys =ss(A,B,C,D)           % 求系统状态空间模型
```

运行程序，输出结果如下：

```
a =     x1  x2
    x1   1   2
    x2   3   4
b =     u1  u2
    x1   5   6
    x2   7   8
c =     x1  x2
    y1   1   4
```

```
d =    u1  u2
   y1   6   9
```

或用语句“ >> sys = ss([1 2;3 4],[5 6;7 8],[1 4],[6 9])”来替代上述程序中的语句“ >> sys = ss(A,B,C,D)”，输出结果不变。

2. 提取模型中状态空间矩阵的函数 ssdata()

对于已经建立的状态空间模型，MATLAB 提供了函数 ssdata()，可以提取出模型的状态空间矩阵。调用格式如下：

```
[A,B,C,D ] =ssdata(sys)
```

其中：sys 是建立的状态空间模型；[A, B, C, D] 为系统状态空间的矩阵。

4.4.5 Simulink 中的控制系统模型表示

单击 Simulink 基本模块库中的 Continuous，其中具体的模块如表 4－1 所示。

表 4－1 Continuous 模块库中的模块介绍

图　标	模 块 名	功　能
du/dt	Derivative	输入信号微分
$\frac{1}{s}$	Integrator	输入信号积分
x′=Ax+Bu y=Cx+Du	State_ space	状态空间系统模型
$\frac{1}{s+1}$	Transfer Fcn	传递函数模型
	TransportDelay	固定时间传输延迟
	Variable Transport Delay	可变时间传输延迟
$\frac{(s-1)}{s(s+1)}$	Zero－Pole	零、极点模型

使用这些模块进行仿真时，将图标拖到 Simulink 的仿真模型窗口中，双击图标即可进入其参数设置对话框，从而设置具体的模型系数。

【例 4－14】 在 Simulink 仿真模型窗口建立传递函数 $G(s)=\dfrac{10}{s^2+3s}$ 的模型。

解：建立传递函数 $G(s)$ 的模型过程如下：

(1) 新建 Simulink 仿真模型窗口，选择 Continuous 模块库；

(2) 将 Transfer Fcn 图标拖到模型窗口，并双击打开其属性对话框；

(3) 将其中的 Numerator（分子）设置为“[10]”，将 Denominator（分母）设置为

“[1 3 0]”。

单击“OK”按钮便建立了传递函数的模型，Transfer Fcn 模块参数设置如图 4-3 所示。

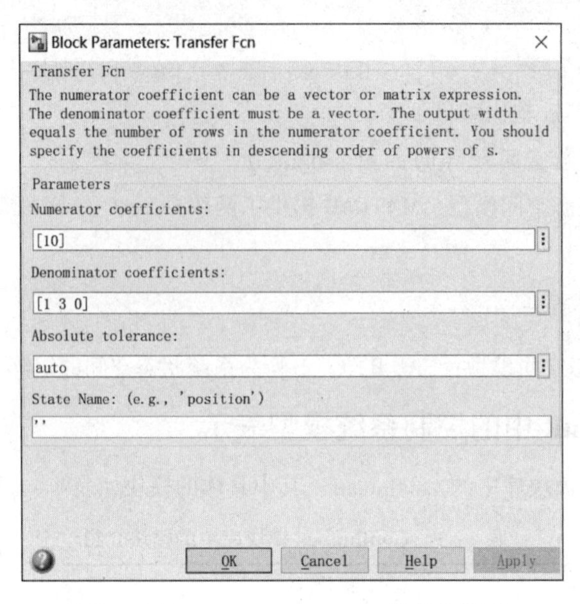

图 4-3　例 4-14　Transfer Fcn 模块参数设置

4.4.6　Simulink 模型与状态空间模型的转化

Simulink 提供了以状态空间形式线性化模型的函数命令 linmod( )（连续系统）和 dlinmod( )（离散系统），这两个函数命令需要提供模型线性化时的操作点，它们返回的是围绕操作点处系统线性化的状态空间模型。

linmod( ) 命令返回的是由 Simulink 模型建立的常微分方程系统的线性模型。调用格式如下：

```
[A,B,C,D] = linmod('sys',x,u)
```

其中：sys 是需要进行线性化的 Simulink 模型的名称；linmod( )命令返回的就是 sys 系统在操作点处的线性模型；x 是操作点处的状态向量；u 是操作点处输入向量；如果删除 x 和 u，缺省值为 0。

注意：

linmod( )函数如果要线性化包含 Derivative（微分）或 TransportDelay（传输滞后）模块的模型，在线性化之前，需要用一些专用模块替换这两个模块。另外，linmod2( )命令也是获取线性模型，它采用更高级的方法。

【例 4-15】 已知单位负反馈系统的开环传递函数为 $G(s) = \dfrac{2s+10}{s^2+3s}$，试分别利用 Simulink 中的传递函数表示模型和零、极点表示模型建立整个系统的模型，并将 Simulink 中的模型转换为状态空间模型。

解： 建立 Simulink 中的传递函数表示模型的基本步骤如下。

（1）新建 Simulink 仿真模型窗口，文件名命名为“l4_15.slx”；

（2）建立传递函数表示的模型。分别从 Math 和 Continuous 模块库中，把 Transfer Fcn、ADD 模块拖动到模型窗口；在 Ports & Subsystems 模块库中，把 In 模块、Out 模块拖动到模型窗口，并按要求连线，形成闭环负反馈系统回路，如图 4-4 所示。

l4_15 * - Simulink
File Edit View Display Diagram Simulation Analysis Code Tools Help
14_15
In1
Add
Transfer Fcn
Out1
Ready
80%
VariableStepAuto

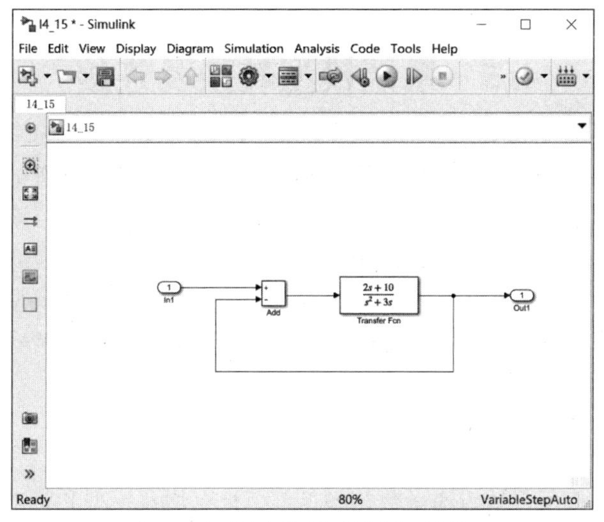

图 4 – 4　建立传递函数表示模型

(3) 双击 Transfer Fcn 模块打开其属性设置对话框，将 Numerator 设置为“[2 10]”，Denominator 设置为“[1 3 0]”，例 4 – 15 Transfer Fcn 模块参数设置如图 4 – 5 所示。

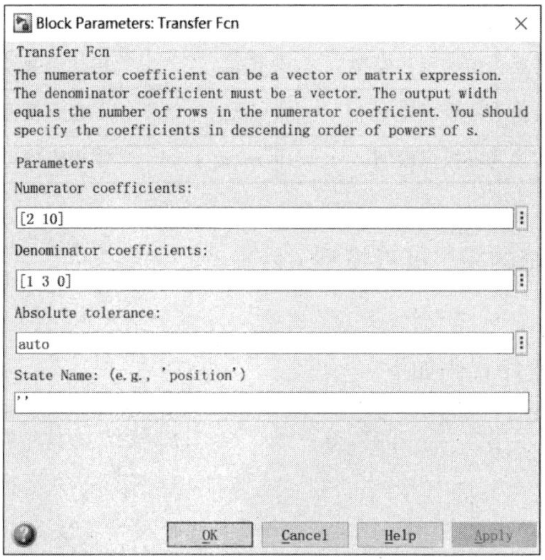

Block Parameters: Transfer Fcn
Transfer Fcn
The numerator coefficient can be a vector or matrix expression. The denominator coefficient must be a vector. The output width equals the number of rows in the numerator coefficient. You should specify the coefficients in descending order of powers of s.
Parameters
Numerator coefficients:
[2 10]
Denominator coefficients:
[1 3 0]
Absolute tolerance:
auto
State Name: (e.g., 'position')
''
OK
Cancel
Help
Apply

图 4 – 5　例 4 – 15 Transfer Fcn 模块参数设置

(4) 在 MATLAB 命令行窗口输入的语句如下：

```
>>[A,B,C,D]=linmod('l4_15')
```

运行程序，输出结果如下：

```
A = -5   -10
     1     0
B = 1
     0
C = 2     10
D = 0
```

4.5　系统模型转换及连接

在实际工程中，要解决自动控制问题所需要的数学模型与该问题所给定的已知数学模型往往不一致；或者解决问题最简单而又最方便的方法所用到的数学模型与该问题所给定的已知数学模型不同，此时，就要对自动控制系统的数学模型进行转换。

传递函数、零极点增益和状态空间模型在不同的场合下需要进行模型转换，通过模型连接的串联、并联和闭环连接得到满足现场系统精确仿真的要求，可通过 MATLAB 编程验证模型连接的效果。

4.5.1　模型转换

线性时不变系统的模型包括传递函数模型，零、极点增益模型和状态空间模型，这些模型之间有着内在的联系，且在不同场合需要用到不同的模型，因此需要进行模型的转换。MATLAB 提供的模型转换函数如表 4－2 所示。

表 4－2　MATLAB 提供的模型转换函数

函　数	功　能	函　数	功　能
ss2tf( )	状态空间模型转换为传递函数模型	tf2ss( )	传递函数模型转换为状态空间模型
ss2zp( )	状态空间模型转换为零极点模型	zp2ss( )	零极点模型转换为状态空间模型
tf2zp( )	传递函数模型转换为零极点模型	zp2tf( )	零极点模型转换为传递函数

【**例 4－16**】已知某系统的零、极点模型 $G(s) = \dfrac{6(s+2)}{(s+1)(s+3)(s+5)}$，试求其传递函数模型和状态空间模型。

解：编写的 MATLAB 程序代码如下：

```
z=[-2];p=[-1,-3,-5];k=6;          % 系统的零、极点向量和增益
[num,den]=zp2tf(z,p,k)            % 将零、极点模型转换成传递函数
[A,B,C,D]=zp2ss(z,p,k);           % 将零、极点模型转换成状态空间模型
g_zpk=zpk(z,p,k)                  % 建立零、极点模型
g_tf=tf(num,den)                  % 建立传递函数模型
g_ss=ss(A,B,C,D)                  % 建立状态空间模型
```

以“l4_16.m”为文件名存盘，并运行程序，输出结果如下：

```
num =     0     0     6    12
den =     1     9    23    15
g_zpk =
   6 (s+2)
  -------------------
  (s+1) (s+3) (s+5)
Continuous-time zero/pole/gain model.
```

```
g_tf =
   6 s + 12
 ----------------------
s^3 + 9 s^2 + 23 s + 15
Continuous-time transfer function.
g_ss =
  A =
          x1      x2      x3
   x1     -1       0       0
   x2      1      -8  -3.873
   x3      0   3.873       0
  B =
       u1
   x1   1
   x2   1
   x3   0
  C =
          x1     x2     x3
   y1      0      0  1.549
  D =
       u1
   y1   0
Continuous-time state-space model.
```

4.5.2 系统的组合连接和 MATLAB 示例

系统的组合连接，就是将 2 个或多个子系统按一定方式连接形成新的系统。本节除介绍串联、并联、反馈等组合连接方式外，还利用 MATLAB 提供的组合连接函数来举例说明。

1. 串联连接

单输入单输出系统（或环节）$G_1(s)$ 和 $G_2(s)$ 串联后的系统传递函数为 $G(s)=G_1(s)G_2(s)$。传递函数的串联连接结构如图 4－6 所示。

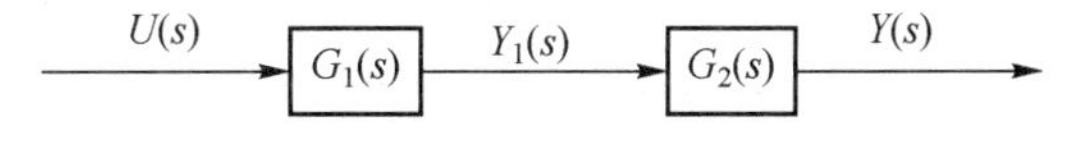

图 4－6 传递函数的串联连接结构

在 MATLAB 中，提供了进行模型串联的函数 series( )。调用格式如下：

```
[num, den] = series(num1, den1, num2, den2)
```

或

```
G = series(G1,G2)
```

其中：num1、den1 为系统 $G_1(s)$ 的传递函数分子、分母的多项式；num2、den2 为系统$G_2(s)$ 的传递函数分子、分母的多项式；num、den 为串联后的系统（或环节）$G(s)$ 的传递函数分子、分母的多项式。

2. 并联连接

单输入单输出系统（或环节）$G_1(s)$ 和 $G_2(s)$ 并联后的系统传递函数为 $G(s)=G_1(s)+G_2(s)$。传递函数的并联连接结构如图 4-7 所示。

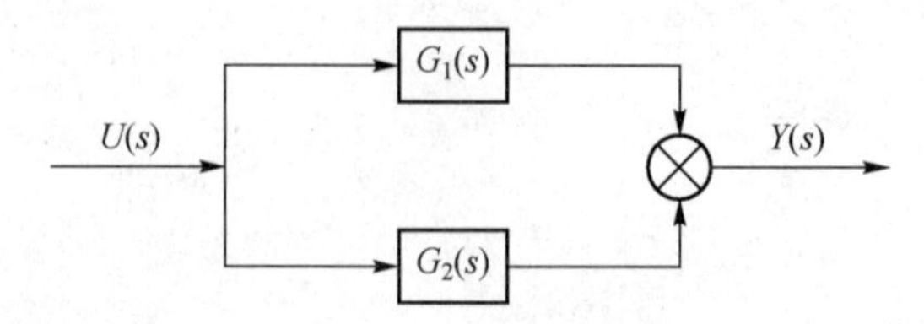

图 4-7　传递函数的并联连接结构

在 MATLAB 中，提供了进行模型并联的函数 parallel()。调用格式如下：

```
[num, den] = parallel(num1, den1, num2, den2)
```

或

```
G(s) = parallel(G1(s),G2(s))
```

其中：num1、den1 为系统 $G_1(s)$ 的传递函数分子、分母的多项式；num2、den2 为系统$G_2(s)$ 的传递函数分子、分母的多项式；num、den 为并联后的系统 $G(s)$ 的传递函数分子、分母的多项式。

3. 反馈连接

反馈系统是自动控制中应用最为广泛的系统。传递函数的反馈连接结构如图 4-8 所示。

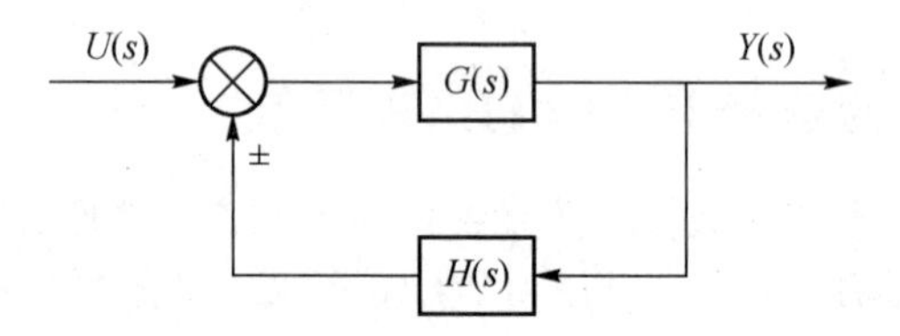

图 4-8　传递函数的反馈连接结构

在图 4-8 中，$G(s)$ 称为前向通道传递函数，$H(s)$ 称为反馈通道传递函数。其合成传递函数为

$$G_H(s)=\frac{G(s)}{1-G(s)H(s)}\text{（系统为正反馈）}$$

$$G_H(s)=\frac{G(s)}{1+G(s)H(s)}\text{（系统为负反馈）}$$

在 MATLAB 中，提供了进行模型反馈连接的函数 feedback()。调用格式如下：

```
[num, den] = feedback(num1, den1, num2, den2, sign)
```

或

```
GH(s) = feedback(G(s),H(s),sign)
```

其中：num1、den1 为系统 $G(s)$ 的传递函数分子、分母的多项式；num2、den2 为系统$H(s)$的传递函数分子、分母的多项式；sign 用来指示系统是正反馈还是负反馈：sign =1 表示正反馈，sign = -1（或默认）表示负反馈；num、den 为反馈连接后的系统 $G_H(s)$ 的传递函数分子、分母的多项式。

4. 闭环连接

这里的闭环连接指的是单位反馈连接，即图 4-8 中当 $H(s)=1$ 时的情况。在MATLAB 中，提供了进行闭环连接的函数 cloop( )。调用格式如下：

```
[numc, denc] =cloop(num, den, sign)
```

其中：num、den 为系统 $G(s)$ 的传递函数分子、分母的多项式；sign 用来指示系统是正反馈还是负反馈：sign =1 表示正反馈，sign = -1（或默认）表示负反馈；numc、denc 为闭环后的系统的传递函数分子、分母的多项式。

5. 系统组合连接和微分方程的 MATLAB 示例

【例 4-17】 已知两系统的传递函数 $G_1(s)=\dfrac{6(s+2)}{(s+1)(s+3)(s+5)}$，$G_2(s)=\dfrac{(s+2.5)}{(s+1)(s+4)}$。试分别求两系统串联、并联时的传递函数。

解：编写的 MATLAB 程序输入语句如下：

```
num1 =6 *[1,2];den1 =conv([1,1],conv([1,3],[1,5]));
                                        % G1 的分子、分母多项式系数行向量
num2 =[1,2.5];den2 =conv([1,1],[1,4]);% G2 的分子、分母多项式系数行向量
[nums,dens] =series(num1,den1,num2,den2);
                                        % 串联连接
[nump,denp] =parallel(num1,den1,num2,den2);
                                        % 并联连接
s_tf =tf(nums,dens)                     % 生成串联连接传递函数
p_tf =tf(nump,denp)                     % 生成并联连接传递函数
```

以“l4_17. m”为文件名存盘，并运行程序，输出结果如下：

```
series connection Transfer function:
             6 s^2 + 27 s + 30
 -----------------------------------------
s^5 + 14 s^4 + 72 s^3 + 166 s^2 + 167 s + 60
parallel connection Transfer function:
s^4 + 17.5 s^3 + 87.5 s^2 + 156.5 s + 85.5
 -----------------------------------------
s^5 + 14 s^4 + 72 s^3 + 166 s^2 + 167 s + 60
```

【例 4-18】 已知系统的前向传递函数 $G_1(s)=\dfrac{s+3}{s^2+5s+2}$，试分别求反馈传递函数$H(s)=1$，$H(s)=\dfrac{s+1}{s^2+3s+2}$ 时闭环（单位负反馈）连接传递函数和负反馈传递函数。

解：在 MATLAB 命令行窗口输入的语句如下：

```
>>num1 = [1,3];den1 = [1,5,2];% 前向传递函数的分子,分母多项式系数行向量
>>num2 = [1,1];den2 = [1,3,2];% 反馈传递函数的分子,分母多项式系数行向量
>>[numc,denc] = cloop(num1,den1);                % 闭环连接
>>[numf,denf] = feedback(num1,den1,num2,den2); % 反馈连接
>>c_tf = tf(numc,denc)            % 生成闭环(单位负反馈)传递函数
```

运行程序，输出结果如下：

```
Transfer function:
    s + 3
-------------
s^2 + 6 s + 5
```

继续输入的语句如下：

```
>>f_tf = tf(numf,denf)     % 生成反馈连接传递函数
```

运行程序，输出结果如下：

```
Transfer function:
    s^3 + 6 s^2 + 11 s + 6
---------------------------
s^4 + 8 s^3 + 20 s^2 + 20 s + 7
```

由输出结果可知，闭环（单位负反馈）连接的传递函数为 $\frac{s+3}{s^2+6s+5}$，负反馈传递函数为 $\frac{s^3+6s^2+11s+6}{s^4+8s^3+20s^2+20s+7}$。

【例 4－19】 给出描述系统传递函数的微分方程为

$$\frac{\mathrm{d}^3y(t)}{\mathrm{d}t^3}+13\frac{\mathrm{d}^2y(t)}{\mathrm{d}t^2}+13\frac{\mathrm{d}y(t)}{\mathrm{d}t}+9y(t)=\frac{\mathrm{d}^2r(t)}{\mathrm{d}t^2}+5\frac{\mathrm{d}r(t)}{\mathrm{d}t}+7r(t)$$

试用 MATLAB 建立系统传递函数模型。

解：在 MATLAB 命令行中输入的语句如下：

```
>>num = [1,5,7];            % 分子多项式系数行向量
>>den = [1,13,13,9];        % 分母多项式系数行向量
>>G = tf(num,den)           % 建立传递函数模型
```

运行程序，输出结果如下：

```
G =
     s^2 + 5 s + 7
---------------------
  s^3 + 13 s^2 + 13 s + 9

Continuous-time transfer function.
```

4.6 MATLAB/Simulink 应用实例

本节通过实例介绍 MATLAB/Simulink 的应用。

【例 4-20】 数控铣床光电跟踪伺服双闭环控制系统结构如图 4-9 所示。图中已给出系统放大器、调节器、伺服电动机和机械传动装置等传递函数的参数。试采用 Simulink 动态结构图求数控铣床光电跟踪伺服系统的状态空间模型和系统传递函数。

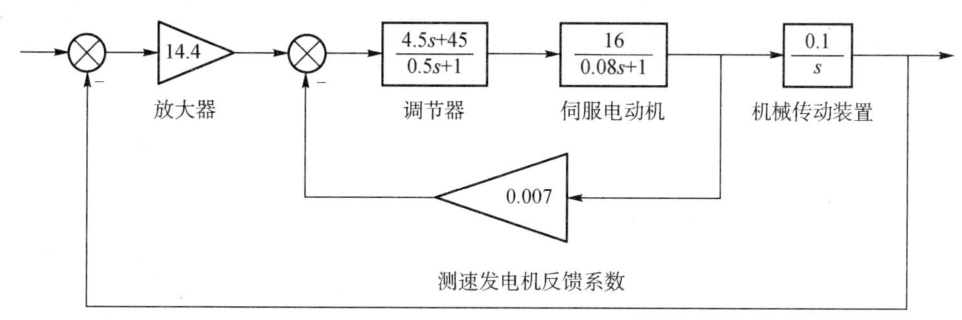

图 4-9　数控铣床光电跟踪伺服双闭环控制系统结构

解：(1) 首先由已知数控铣床光电跟踪伺服系统结构图，在 Simulink 模块库中选择相应的模块，构建成如图 4-10 所示的系统的动态模型，并以"l4_20. slx"为文件名存盘。

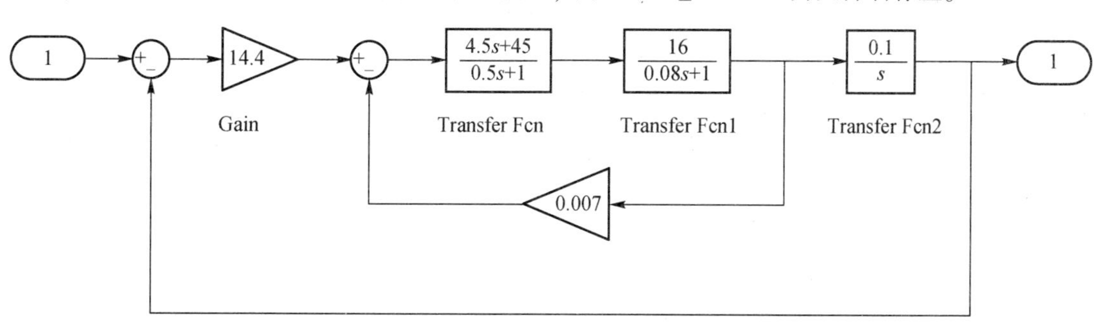

图 4-10　数控铣床光电跟踪伺服系统的动态模型

(2) 求取系统的线性状态空间模型。

在 MATLAB 命令行窗口输入的语句如下：

```
>>[A,B,C,D] = linmod('l4_20');    % 获得 Simulink 模型的线性状态空间模型
```

运行程序，输出结果如下：

```
A = 0  200.0000        0
  -12.9600  -25.1000  72.0000
  -1.4400   -1.4000   -2.0000
B = 0
 129.6000
 14.4000
C = 0.1000    0    0
D = 0
```

(3) 求系统的传递函数模型。

在 MATLAB 命令行窗口中输入的语句如下：

```
>>[num,den] = ss2tf(A,B,C,D);   % 将状态空间模型转换为传递函数模型
>>printsys(num,den,'s');        % 以传递函数形式显示
```

运行程序，输出结果如下：

```
num/den =
           2592 s  + 25920
 -----------------------------------
   s^3  + 27.1 s^2  + 2743 s  + 25920
```

注意：

无论多么复杂的控制系统，只要绘制出 Simulink 动态结构模型，即可将系统化简进而求其传递函数。科学研究与工程计算中，运用 Simulink 动态结构模型法求传递函数是简单方便且准确的科学方法。

【例 4-21】 已知 *RLC* 电路（见例 4-1），试用 MATLAB 求解该系统的传递函数模型，零、极点增益模型和状态空间模型，并绘制阶跃响应曲线（假设 $R=1\ \Omega$，$L=1\ \text{H}$，$C=1\ \text{F}$）。

解： (1) 从数学上求出系统的传递函数，重写式（4-3）为

$$LC\frac{\mathrm{d}^2u_c(t)}{\mathrm{d}t^2}+RC\frac{\mathrm{d}u_c(t)}{\mathrm{d}t}+u_c(t)=u(t)$$

根据微分方程，取拉普拉斯变换求传递函数为

$$G(s)=\frac{U_c(s)}{U(s)}=\frac{1}{LCs^2+RCs+1}$$

代入具体数值，结果为

$$G(s)=\frac{1}{s^2+s+1}$$

(2) 使用 MATLAB 程序建立系统模型，在 MATLAB 命令行窗口输入的语句如下：

```
>>clear all;                      % 清除工作空间的变量
>>num = [0,1];den = [1 1 1];      % 传递函数分子、分母多项式系数行向量
>>sys_tf = tf(num,den)            % 建立传递函数模型
>>[z,p,k] = tf2zp(num,den);       % 从传递函数模型获取系统的零极点增益
>>sys_zpk = zpk(z,p,k)            % 建立系统的零极点增益模型
>>[A,B,C,D] = zp2ss(z,p,k);       % 从零极点增益模型获取系统的状态空间模型
>>sys_ss = ss(A,B,C,D)            % 建立系统的状态空间模型
```

运行程序，输出结果如下：

```
sys_tf =
       1
 -----------
  s^2 + s + 1
```

```
Continuous - time transfer function.
sys_zpk =
              1
 -------------
  (s^2 + s + 1)
Continuous - time zero/pole/gain model.
sys_ss =
A =
     x1  x2
x1   -1   -1
x2   1   0
B =
       u1
  x1   1
  x2   0
C =
  x1  x2
  y1   0   1
D =
  u1
  y1   0
```

（3）绘制阶跃响应曲线。

继续在 MATLAB 命令行窗口输入的语句如下：

```
>> step(sys_tf),grid on
```

运行程序，单位阶跃响应曲线如图 4－11 所示。

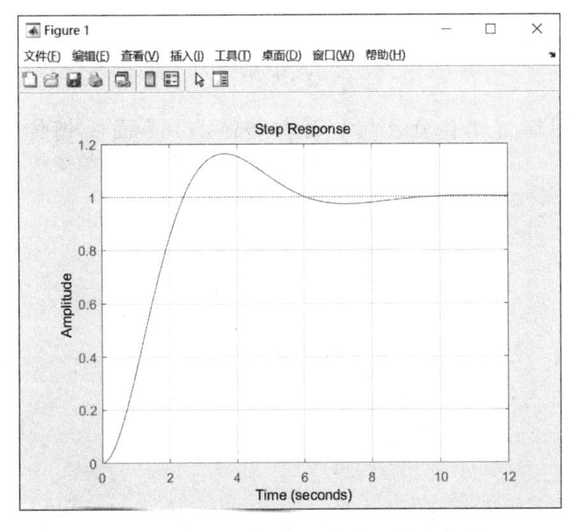

图 4－11　例 4－21 单位阶跃响应曲线

这是典型的二阶系统，后面章节会介绍利用 MATLAB 分析系统的性能指标，以及研究校正系统。

练习题

4.1 已知系统状态方程的系数矩阵分别如下：

$$\boldsymbol{A}=\begin{bmatrix}2 & 0 & 0\\ 0 & 3 & 1\\ 0 & 0 & 2\end{bmatrix},\ \boldsymbol{B}=\begin{bmatrix}1\\ 0\\ 1\end{bmatrix},\ \boldsymbol{C}=[1\ 1\ 0],\ \boldsymbol{D}=0$$

求该系统相应的传递函数模型和零、极点模型，并求出对应的零、极点和增益。

4.2 使用 residue( ) 函数求 $F(s)=\dfrac{b(s)}{a(s)}=\dfrac{-2s+4}{0.5s^2+3s+4}$ 多项式之比并确定 $F(s)$ 的部分分式展开式。

4.3 求 $G(s)=\dfrac{(s+1)(s^2+2s+6)^2}{s^2(s+3)(s^3+2s^2+3s+4)}$ 按 s 降幂排序的传递函数和分子、分母的多项式系数。

4.4 已知系统的传递函数模型为

$$G(s)=\frac{(s+1)(s^2+2s+6)^2}{s^2(s+3)(s^3+2s^2+3s+4)}$$

求模型的零、极点和增益向量。

4.5 给出微分方程描述的系统传递函数为

$$y^4(t)+11y^3(t)+11y^2(t)+10y(t)=r^3(t)+4r^2(t)+8r(t)$$

试用 MATLAB 建立系统传递函数模型。

4.6 已知系统的传递函数为

$$G_1(s)=\frac{6(s+2)}{(s+1)(s+3)(s+5)},\ G_2(s)=\frac{(s+2.5)}{(s+1)(s+4)}$$

试分别求系统串联、并联时的传递函数。

4.7 已知系统的前向传递函数 $G_1(s)=\dfrac{s+3}{s^2+5s+2}$，试分别求反馈传递函数 $H(s)=1$，$H(s)=\dfrac{s+1}{s^2+3s+2}$ 时闭环（单位负反馈）连接传递函数和负反馈传递函数。

第5章 控制系统时域分析法

本章介绍利用经典控制理论进行系统时域响应分析的基本内容和基本方法，包括典型输入信号和拉普拉斯变换、瞬态和稳态过程性能指标、一阶和二阶系统的时域分析、高阶系统的时域分析、稳态判据（劳斯和维尔茨）、稳态误差与系统类型和时域分析在MATLAB中的应用等。时域分析法是其他分析法（如根轨迹法和频率法）的基础。一般来说，用根轨迹法和频率法综合的系统最终也需要用时域分析法进行验证。通过本章内容的学习，读者能够熟悉和掌握时域分析法，且使用MATLAB对控制系统进行时域分析。由于时域分析是直接在时间域中对系统进行分析的方法，所以时域分析具有直观、准确的优点。

5.1 时域响应分析

时域响应指的是系统在外部输入作用下的输出过程，表现为系统瞬态性能和稳态性能两类。其中，瞬态性能不仅取决于系统本身特性，还与输入信号的形式有关。为方便分析，规定在 $t=0$ 时，被控变量及其各阶导数均为零状态。这表明，在外作用加入系统之前系统是相对静止的，被控制量及其各阶导数相对于平衡工作点的增量为0。

5.1.1 典型输入信号及其拉普拉斯变换

在进行控制理论分析和控制系统设计时，要预先规定一些具有特殊形式的测试信号作为系统的输入信号，其原则如下。

（1）选取的输入信号的典型形式应能反映系统工作时的大部分实际情况。

（2）选取外加输入信号的形式应尽可能简单，易于在实验室获得，以便于数学分析和实验研究。

（3）选取能使系统工作在最不利情况下的输入信号作为典型的测试信号。

通常作为典型输入信号：①脉冲函数信号；②阶跃函数信号；③斜坡函数信号；④加速度函数信号；⑤正弦函数信号。5种典型输入信号波形如图5－1所示。

下面分别对以上5种典型输入函数信号及其拉普拉斯变换作简单介绍。

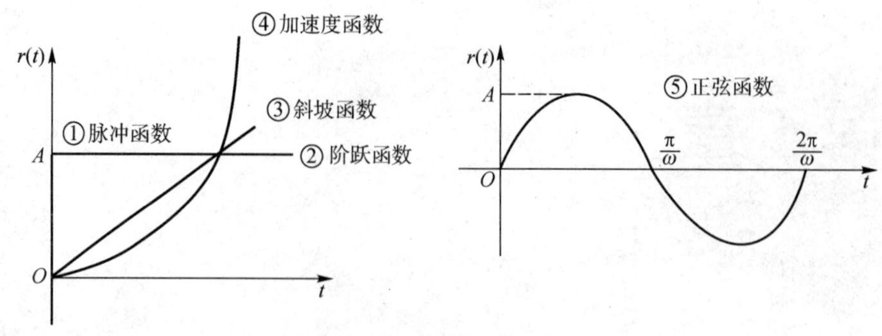

图 5-1　典型输入函数信号

1. 脉冲函数

脉冲输入通常用 $\delta(t)$ 表示，其定义为

$$\delta(t)=\begin{cases}0, & t<0 \text{ 或 } t>\varepsilon\\ \dfrac{A}{\varepsilon}, & 0\leqslant t\leqslant\varepsilon\end{cases}$$

式中：ε 为脉冲宽度；A 为脉冲面积。

$\delta(t)$ 的拉斯变换为

$$R(s)=L[\delta(t)]=A$$

若 $A=1$，对脉冲宽度 ε 取趋于 0 的极限，则有理想单位脉冲函数为

$$\delta(t)=\begin{cases}\infty, & t=0\\ 0, & t\neq 0\end{cases},\int_{-\infty}^{+\infty}\delta(t)\mathrm{d}t=1$$

即积分面积为 1 的脉冲函数称为理想单位脉冲函数，记作 $\delta(t)$。

理想单位脉冲函数$\delta(t)$的拉普拉斯变换为

$$R(s)=L[\delta(t)]=1$$

理想单位脉冲函数在现实中是不存在的，仅有数学上的定义，但却是重要而有效的数学工具。在实际中，当系统的脉冲输入量很大，而持续时间与系统的时间常数相比非常小时，可以用理想单位脉冲函数去近似表示这种脉冲输入，如脉冲电压信号、冲击力、阵风等。

2. 阶跃函数

有一定幅值的阶跃函数定义为

$$r(t)=\begin{cases}A, & t\geqslant 0\\ 0, & t<0\end{cases}$$

式中：A 为阶跃输入的幅值。

当 $A=1$ 时，该阶跃函数称为单位阶跃函数，单位阶跃函数的拉普拉斯变换为

$$R(s)=L[r(t)]=\frac{1}{s}$$

发生在 $t=0$ 时的阶跃作用，相当于在 $t=0$ 时，把一定常信号突然加到系统上。例如，指令的突然转换、电源的突然接通和负载的突变等都可视为阶跃作用。

3. 斜坡函数

有一定幅值的斜坡函数也称为速度函数，其定义为

$$r(t)=\begin{cases}At, & t\geqslant 0\\ 0, & t<0\end{cases}$$

式中：A 为斜坡输入的幅值。

$A=1$ 时的斜坡函数为单位斜坡函数，单位斜坡函数的拉普拉斯变换为

$$R(s)=L[r(t)]=\frac{1}{s^2}$$

单位斜坡函数的一阶导数为1，这种函数表示由0开始随时间 t 作线性增长（恒速增长）的信号，故单位斜坡函数又称为等速度函数。在防空系统中，跟踪的目标以恒定速率飞行时的位置信号为基准。

4. 加速度函数

加速度函数也称为抛物线函数，其定义为

$$r(t)=\begin{cases}0, & t<0\\ \frac{1}{2}At^2, & t\geqslant 0\end{cases}$$

式中：A 为加速度输入的加速度值。

当 $A=1$ 时的加速度函数称为单位加速度函数。单位加速度函数 $r(t)$ 的拉普拉斯变换为

$$R(s)=L\left[\frac{1}{2}t^2\right]=\frac{1}{s^3}$$

5. 正弦函数

正弦函数的定义为

$$r(t)=A\sin\omega t$$

正弦函数的拉普拉斯变换为

$$R(s)=L[r(t)]=L[A\sin\omega t]=\frac{A\omega}{s^2+\omega^2}$$

式中：A 为正弦函数输入的幅值；ω 为正弦函数输入的角频率。

当用正弦函数作输入信号时，可以通过求系统对不同频率的正弦函数输入的稳态响应来分析系统的性能。在工程实际中，许多随动系统就是在此输入作用下工作的，如舰船的摇摆系统等。

5.1.2 瞬态响应与稳态响应

在典型输入信号的作用下，任何一个控制系统的时间响应都由瞬态响应和稳态响应两部分组成，即系统的时间响应由瞬态响应和稳态响应组成。

1. 瞬态响应

瞬态响应又称为瞬态过程或过渡过程，它是指在典型输入信号的作用下，系统的输出量从初始状态到最终状态的响应过程。系统达到稳态之前的过程也称为瞬态过程（暂态过程）。瞬态分析主要是分析瞬态过程中输出响应的各种运动特性。

2. 稳态响应

稳态响应又称为稳态过程，它是指在典型输入信号的作用下，当时间趋于无穷大时，系统的输出响应状态。对于稳定的系统，在有界的输入作用下，当时间趋于无穷大时，微分方程的全解将趋于一个稳态的函数，使系统达到一个新的平衡状态，工程上称为进入稳态过程。

控制系统的单位阶跃响应曲线有衰减振荡和单调变化两种。某系统的衰减振荡曲线如图5-2所示，单调变化曲线如图5-3所示。

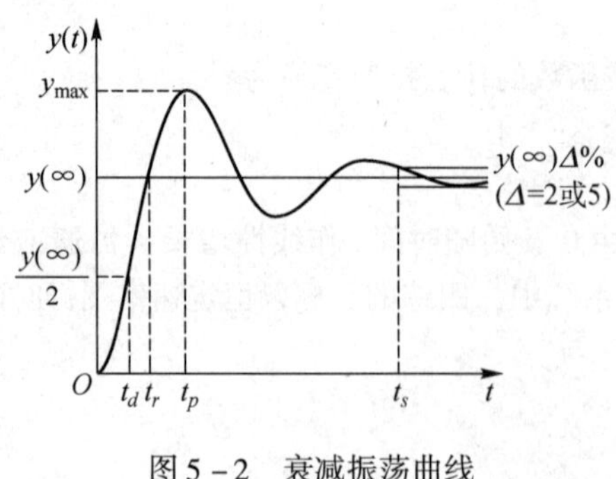

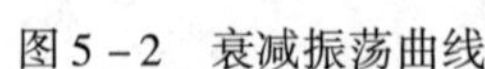
图5-2　衰减振荡曲线

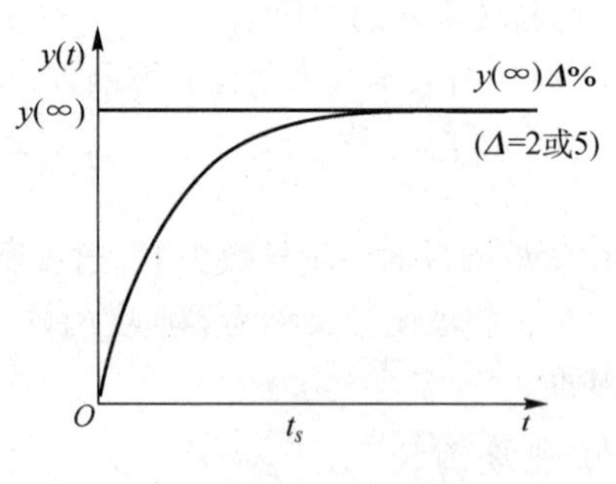

图5-3　单调变化曲线

5.1.3　控制系统时域响应的性能指标

通常以单位阶跃响应来衡量系统控制性能的优劣和定义暂态过程的时域性能指标。而稳定是控制系统能够运行的首要条件。因此，只有当动态过程收敛时，研究系统的动态性能才有意义。

1. 暂态过程的性能指标

1）衰减振荡的阶跃响应性能指标

根据衰减振荡的阶跃响应曲线来定义系统常用的暂态性能指标。衰减振荡单位阶跃响应曲线，如图5-4所示。

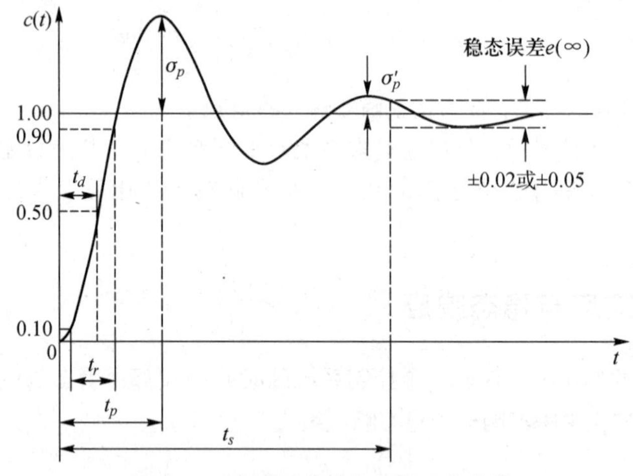

图5-4　衰减振荡单位阶跃响应曲线

衰减振荡的阶跃响应性能指标如下。

（1）延迟时间 t_d：输出响应第一次达到稳态值 $c(\infty)$ 的50%所需的时间。

（2）上升时间 t_r：输出响应第一次达到稳态值 $c(\infty)$ 所需的时间，或由稳态值的10%上升到稳态值的90%所需的时间。

（3）峰值时间 t_p：输出响应超出稳态值达到第一峰值 $c(t_p)$ 所需时间。

（4）调整时间 t_s：当输出量 $c(t)$ 和稳态值 $c(\infty)$ 之间的偏差达到允许范围（一般取2%或5%）并维持在此允许范围之内所需的最小时间。

（5）最大超调量（简称超调量）$\sigma_p\%$：暂态过程中输出响应的最大值超过稳态值的百分数，

其表达式如下：

$$\sigma_p\% = \frac{c(t_p) - c(\infty)}{c(\infty)} \times 100\%$$

（6）振荡次数 N：在调节时间内，$c(t)$ 偏离 $c(\infty)$ 的振荡次数，或当 $0 < t < t_s$ 时，单位阶跃响应穿越其稳态值次数的 $\frac{1}{2}$（穿越 2 次相当于振荡 1 次）。

2）单调变化的阶跃响应性能指标

单调变化的阶跃响应没有超调量，只用调整时间 t_s 表示瞬态过程的快速性，有时也采用上升时间 t_r 来表示。此时，t_r 定义为由稳态值的 10% 上升到 90% 所需的时间。

2. 稳态过程的性能指标

稳态误差 e_{ss} 反映了系统的稳态精度，当 $t \to \infty$ 时，系统给定输入值（期望输出）$r(t)$ 与实际输出值 $c(t)$ 之差，其表达式为

$$e_{ss} = \lim_{i \to \infty} e(t) = \lim_{i \to \infty} [r(t) - c(t)]$$

在以上性能指标中，t_d、t_r、t_p 和 t_s 表示瞬态过程进行的快慢，是速度性指标，其中：t_s 总体反映了系统响应的快速性，一般在 t_s 之前为暂态响应，t_s 之后为稳态响应；$\sigma_p\%$ 反映瞬态过程的振荡程度，是稳定性指标；e_{ss} 反映稳态过程的系统稳态程度，是稳定性指标。

3. 偏差积分指标

在进行系统分析和最优设计时还需要用到偏差积分指标，定义偏差函数为

$$e(t) = c(\infty) - c(t)$$

常用的偏差积分指标介绍如下。

（1）偏差绝对值积分为 IAE（Integral of Absolute Error），其定义为

$$J = \int_0^{\infty} |e(t)| \mathrm{d}t \to \min$$

这个指标适用于衰减和无静差系统，不易求值，但用计算机计算很方便。

（2）偏差绝对值与时间乘积的积分为 ITAE（Integral of Time and Absolute Error），其定义为

$$J = \int_0^{\infty} t|e(t)| \mathrm{d}t \to \min$$

这个指标用以降低初始误差对性能指标的影响，同时强调了过渡过程后期的误差对指标的影响，着重惩罚过渡过程拖得过长。

（3）偏差平方值积分为 ISE（Integral of Squared Error），其定义为

$$J = \int_0^{\infty} e^2(t) \mathrm{d}t \to \min$$

这个性能指标着重于抑制过渡过程中的大误差。

（4）时间乘偏差平方积分为 ITSE（Integral of Time and Squared Error），其定义为

$$J = \int_0^{\infty} te^2(t) \mathrm{d}t \to \min$$

这个指标着重惩罚过渡过程拖得过长和大误差。

阶跃响应性能指标与偏差积分性能指标的差别如下：

（1）阶跃响应性能指标中各单项指标清晰明了，但如何统筹（兼顾偏差和时间）比较困难；一般来说，阶跃响应性能指标便于工程整定，在工程应用中使用广泛；

（2）偏差积分性能指标可综合偏差和时间关系，即可以兼顾衰减比、超调量和过渡过程时间等各单项指标，属于综合性能指标。

5.1.4　一阶系统的时域分析

1. 一阶系统数学模型

能够用一阶微分方程描述的系统称为一阶系统，其传递函数是 s 的一次有理分式。设典型一阶系统的微分方程为

$$T\frac{\mathrm{d}y(t)}{\mathrm{d}t}+y(t)=r(t)$$

式中：T 为时间常数，开环放大系数越大，时间常数越小。

当初值为 0 时，对一阶系统的微分方程取拉普拉斯变换为

$$TsY(s)+Y(s)=R(s)$$

整理后得系统传递函数为

$$\Phi(s)=\frac{Y(s)}{R(s)}=\frac{1}{Ts+1}=\frac{1/T}{s+1/T}$$

2. 一阶系统的单位脉冲响应

当一阶系统的输入信号为单位脉冲信号 $r(t)=\delta(t)$ 时，拉普拉斯变换为 $R(s)=1$，系统的输出为

$$Y(s)=\frac{R(s)}{Ts+1}=\frac{1}{Ts+1}=\frac{1/T}{s+1/T}$$

取拉普拉斯反变换为

$$y(t)=\frac{1}{T}\mathrm{e}^{-\frac{t}{T}},\ t\geqslant 0$$

绘出一阶系统的单位脉冲响应曲线，如图 5-5 所示。

由此可知，一阶系统的单位脉冲响应曲线为单调下降的指数曲线，时间常数 T 越大，响应曲线下降越慢，表明系统受到脉冲输入信号后，恢复到初始状态的时间越长，且单位脉冲响应的终值均为 0。

3. 一阶系统的单位阶跃响应

当一阶系统的输入信号为单位阶跃信号，即 $r(t)=1$ 时，拉普拉斯变换为 $R(s)=1/s$，则系统的输出为

$$Y(s)=\frac{1}{Ts+1}\frac{1}{s}$$

拉普拉斯反变换为

$$y(t)=1-\mathrm{e}^{-\frac{t}{T}}$$

绘出一阶系统的单位阶跃响应曲线，如图 5-6 所示。

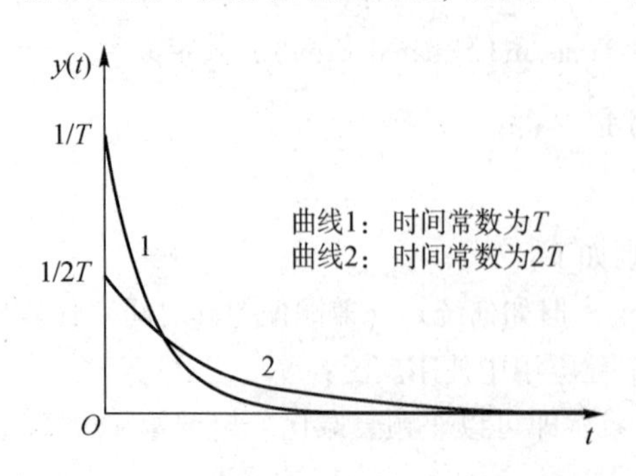

图 5-5　一阶系统的单位脉冲响应曲线

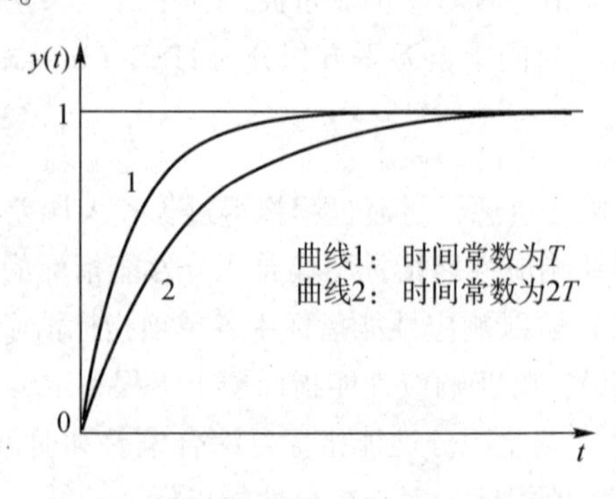

图 5-6　一阶系统单位阶跃响应曲线

由此可知，一阶系统的单位阶跃响应曲线是一条由 0 开始单调上升并最终趋于 1 的指数曲线，且为非周期响应。时间常数 T 反映了系统的惯性，T 值越大，表示系统的惯性越大，响应速度越慢，跟踪单位阶跃信号越慢，单位阶跃响应曲线上升越平缓；反之，T 值越小，系统惯性越小，响应速度越快，跟踪单位阶跃信号越快，单位阶跃响应曲线上升越陡峭。因此，工程上常称一阶系统为惯性环节或非周期环节。

对单位阶跃响应函数求微分得响应曲线的斜率为

$$y'(t) = \frac{1}{T}e^{-\frac{t}{T}}$$

可见，当 $t=0$ 时，斜率为 $1/T$，并且随时间的增加斜率变小。单位阶跃响应函数的输出量 y、斜率 y' 与时间 t 之间的关系如表 5－1 所示。

表 5－1　单位阶跃响应函数的输出量 y、斜率 y' 与时间 t 之间的关系

时间 t	0	T	$2T$	$3T$	…	∞
输出量 y	0	0.632	0.865	0.950	…	1.0
斜率 y'	$1/T$	$0.368/T$	$0.135/T$	$0.050/T$	…	0.0

注意：

可用实验的方法测定一阶系统的时间常数，或测定系统是否属于一阶系统。当一阶系统跟踪单位阶跃信号时，输出量和输入量之间的位置误差随时间减小，最后趋于 0。

一阶系统的瞬态性能指标曲线如图 5－7 所示，其瞬态性能指标如下。

（1）延迟时间 t_d：延迟时间定义为输出响应，即输出第一次达到稳态值的 50% 所需的时间。

（2）上升时间 t_r：设一阶系统输出响应达到 10% 稳态值的时间为 t_1，到 90% 稳态值的时间为 t_2，则上升时间为

$$t_r = t_2 - t_1$$

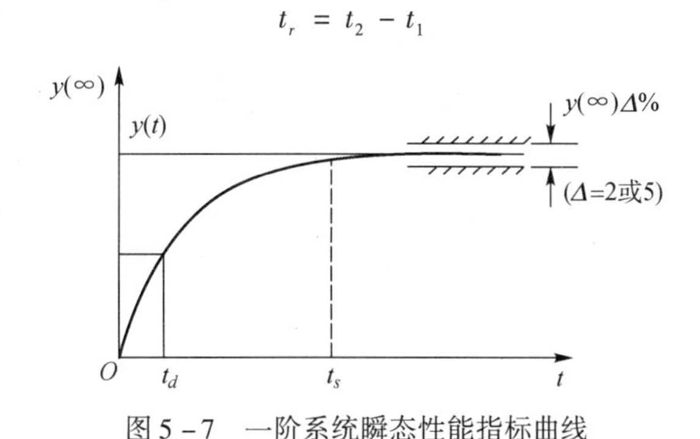

图 5－7　一阶系统瞬态性能指标曲线

（3）调整时间 t_s：假设系统的误差带宽度为 Δ，则根据调整时间的定义为

$$t_s \approx \begin{cases} 4T, & \Delta = 2 \\ 3T, & \Delta = 5 \end{cases}$$

由于一阶系统的单位阶跃响应曲线为单调上升的指数曲线，没有振荡，所以不存在峰值时间和超调量。

5.1.5　典型二阶系统的瞬态性能

1. 典型二阶系统的数学模型

由二阶微分方程描述的系统称为二阶系统，它在控制工程中的应用极为广泛。许多高阶系统在一定的条件下，也可简化为二阶系统。

典型二阶系统的微分方程为

$$T^2\frac{\mathrm{d}^2y(t)}{\mathrm{d}t^2}+2\zeta T\frac{\mathrm{d}y}{\mathrm{d}t}+y(t)=r(t),\ t\geqslant 0$$

当初值为0时，其拉普拉斯变换为

$$T^2s^2Y(s)+2\zeta TY(s)+Y(s)=R(s)\rightarrow(T^2s^2+2\zeta T+1)Y(s)=R(s)$$

整理得闭环传递函数为

$$\Phi(s)=\frac{Y(s)}{R(s)}=\frac{1}{T^2s^2+2\zeta Ts+1}$$

令 $T=1/\omega_n$，则二阶系统的传递函数为

$$\Phi(s)=\frac{1}{T^2s^2+2\zeta Ts+1}=\frac{\omega_n^2}{s^2+2\zeta\omega_n s+\omega_n^2}$$

式中：ζ 为阻尼系数；ω_n 为无阻尼振荡角频率或自然频率；T 为二阶系统的时间常数；ζ 和 ω_n 称为二阶系统特征参数。

二阶系统的特征方程为

$$s^2+2\zeta\omega_n s+\omega_n^2=0$$

其特征根为

$$p1,2=-\zeta\omega_n\pm\omega_n\sqrt{\zeta^2-1}$$

注意：

当 ζ 不同时，特征根有不同的形式，系统的阶跃响应形式也不同。主要有4种情况，具体如下。

(1) 当 $\zeta=0$ 时，特征方程有1对共轭的虚根，称为零（无）阻尼系统，系统的阶跃响应为持续的等幅振荡。

(2) 当 $0<\zeta<1$ 时，特征方程有1对实部为负的共轭复根，称为欠阻尼系统，系统的阶跃响应为衰减的振荡过程。

(3) 当 $\zeta=1$ 时，特征方程有1对相等的实根，称为临界阻尼系统，系统的阶跃响应为非振荡过程。

(4) 当 $\zeta>1$ 时，特征方程有1对不等的实根，称为过阻尼系统，系统的阶跃响应为非振荡过程。

2. 典型二阶系统的单位阶跃响应

当输入单位阶跃函数 $R(s)=\frac{1}{s}$ 时，输出函数为

$$Y(s)=\Phi(s)\frac{1}{s}=\frac{\omega_n^2}{s^2+2\zeta\omega_n s+\omega_n^2}\frac{1}{s}$$

其拉普拉斯反变换为

$$y(t)=L^{-1}\left[\Phi(s)\frac{1}{s}\right]=L^{-1}\left(\frac{\omega_n^2}{s^2+2\zeta\omega_n s+\omega_n^2}\frac{1}{s}\right)$$

下面分4种情况讨论单位阶跃响应曲线。

(1) 当零阻尼（$\zeta=0$）时，极点为1对纯虚根，即 $p_{1,2}=\pm \mathrm{j}\omega_n$，则有

$$y(t)=L^{-1}\left[\frac{\omega_n^2}{s(s^2+\omega_n^2)}\right]=L^{-1}\left(\frac{1}{s}-\frac{s}{s^2+\omega_n^2}\right)$$

查表或运算得单位阶跃响应函数为

$$y(t)=1-\cos\omega_n t,\ t\geqslant 0$$

此时，输出将以频率 ω_n 做等幅振荡，所以 ω_n 称为无阻尼振荡角频率。

典型的二阶零阻尼系统单位阶跃响应曲线如图 5－8 所示。

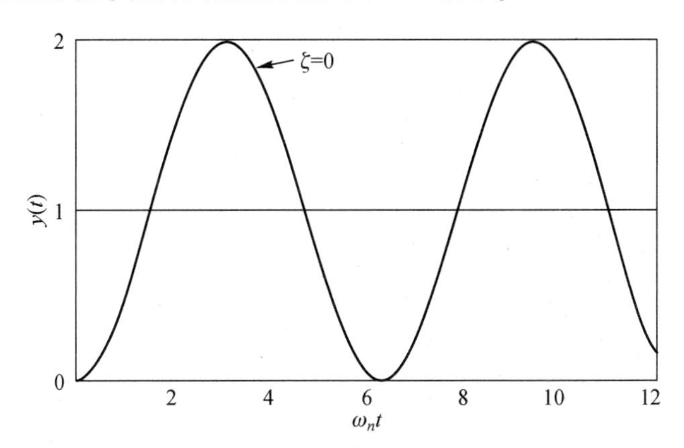

图 5－8　二阶零阻尼系统单位阶跃响应曲线

（2）当阻尼 $0<\zeta<1$ 时，系统的极点为

$$p_{1,2}=\zeta\omega_n\pm j\omega_d$$

式中：$\omega_d=\omega_n\sqrt{1-\zeta^2}$ 称为阻尼振荡频率。

单位阶跃响应函数为

$$\begin{aligned}Y(s)&=\frac{1}{s}\times\frac{\omega_n^2}{s^2+2\zeta\omega_n s+\omega_n^2}=\frac{1}{s}-\frac{s+2\zeta\omega_n}{s^2+2\zeta\omega_n s+\omega_n^2}\\&=\frac{1}{s}-\frac{s+\zeta\omega_n}{(s+\zeta\omega_n)^2+(\sqrt{1-\zeta^2}\omega_n)^2}-\frac{\zeta\omega_n}{(s+\zeta\omega_n)^2+(\sqrt{1-\zeta^2}\omega_n)^2}\end{aligned}$$

其拉普拉斯反变换的输出函数为

$$y(t)=1-\frac{e^{-\zeta\omega_n t}}{\sqrt{1-\zeta^2}}\sin\left(\sqrt{1-\zeta^2}\omega_n t+\tan^{-1}\frac{\sqrt{1-\zeta^2}}{\zeta}\right),\ t\geqslant 0$$

当 $0<\zeta<1$ 时，二阶欠阻尼系统单位阶跃响应曲线如图 5－9 所示。可见，此时的单位阶跃响应曲线是振荡且随时间推移而衰减的，其振荡频率为阻尼振荡频率，其幅值随 ζ 和 ω_n 变化而发生变化。二阶系统单位阶跃响应的振荡频率等于系统特征根虚部的大小，而幅值与系统特征根负实部的大小有关。

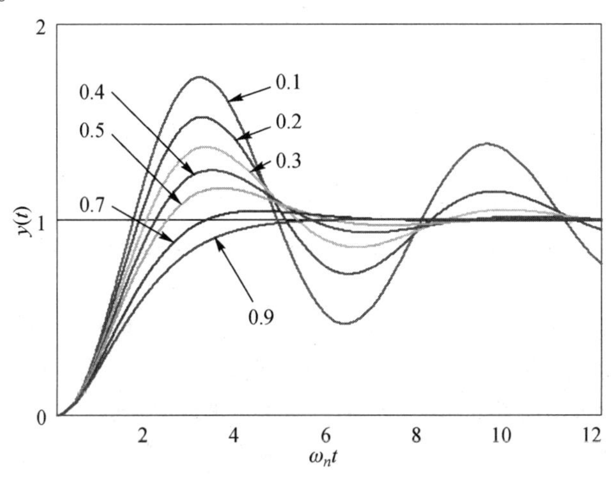

图 5－9　二阶欠阻尼系统单位阶跃响应曲线

当ζ减小时，系统特征根接近虚轴，远离实轴，即系统特征根的负实部和虚部都增加了，这表明系统阶跃响应振荡的幅值和频率都增大了，阶跃响应振荡得更激烈。因此，系统特征根的负实部决定了系统阶跃响应衰减的快慢，而其虚部决定了阶跃响应的振荡频率。

（3）当阻尼$\zeta=1$、极点$p_{1,2}=-\omega_n$时，阶跃响应函数为

$$Y(s)=\frac{1}{s}\times\frac{\omega_n^2}{s^2+2\omega_n s+\omega_n^2}=\frac{\omega_n^2}{s(s+\omega_n)^2}=\frac{1}{s}-\frac{1}{s+\omega_n}-\frac{\omega_n}{(s+\omega_n)^2}$$

其拉普拉斯反变换的响应函数为

$$y(t)=1-\mathrm{e}^{-\omega_n t}(1+\omega_n t)$$

绘制二阶临界阻尼系统单位阶跃响应曲线，如图5－10所示。

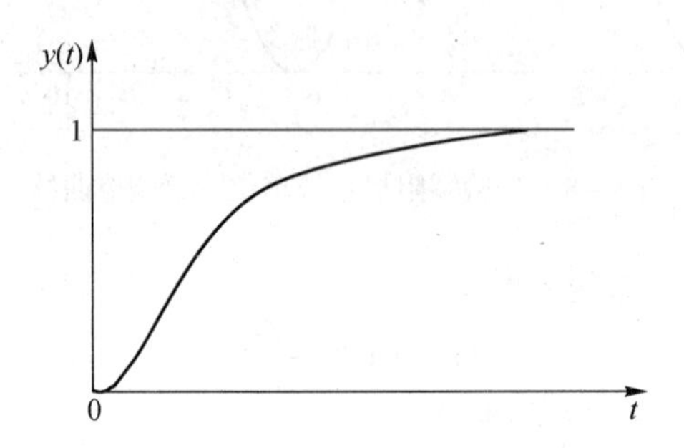

图5－10　二阶临界阻尼系统单位阶跃响应曲线

由此可知，二阶临界阻尼系统的单位阶跃响应按指数规律单调上升。

（4）当阻尼$\zeta>1$时，极点$p_{1,2}=-\zeta\omega_n\pm\omega_n\sqrt{\zeta^2-1}$。输出函数的特征方程为

$$s^2+2\zeta\omega_n s+\omega_n^2=[s+\omega_n(\zeta-\sqrt{\zeta^2-1})][s+\omega_n(\zeta+\sqrt{\zeta^2-1})]$$

其单位阶跃响应函数为

$$\begin{aligned}Y(s)&=\frac{\omega_n^2}{[s+\omega_n(\zeta-\sqrt{\zeta^2-1})][s+\omega_n(\zeta+\sqrt{\zeta^2-1})]}\times\frac{1}{s}\\&=\frac{1}{s}+\frac{A_2}{s+\omega_n(\zeta-\sqrt{\zeta^2-1})}+\frac{A_3}{s+\omega_n(\zeta+\sqrt{\zeta^2-1})}\zeta\end{aligned}$$

式中：$A_2=\dfrac{-1}{2\sqrt{\zeta^2-1}(\zeta-\sqrt{\zeta^2-1})}$；$A_3=\dfrac{1}{2\sqrt{\zeta^2-1}(\zeta+\sqrt{\zeta^2-1})}$。

其拉普拉斯反变换的输出函数为

$$y(t)=1-\frac{1}{2\sqrt{\zeta^2-1}}\left[\frac{\mathrm{e}^{-(\zeta-\sqrt{\zeta^2-1})\omega_n t}}{(\zeta-\sqrt{\zeta^2-1})}-\frac{\mathrm{e}^{-(\zeta+\sqrt{\zeta^2-1})\omega_n t}}{(\zeta+\sqrt{\zeta^2-1})}\right]$$

由于$-p_1$和$-p_2$均为负实数，所以二阶过阻尼系统的单位阶跃响应由2个衰减的指数项组成。因此，二阶过阻尼系统的单位阶跃响应曲线是非振荡的单调上升曲线，如图5－11所示。

由此可知，当阻尼系数$\zeta\gg1$，即$-p_1\gg-p_2$时，在2个衰减的指数项中，后者衰减的速度远远快于前者，即此时二阶系统的瞬态响应主要由前者来决定，或者说主要由极点$-p_1$决定。因此，过阻尼二阶系统可以由具有极点$-p_1$的一阶系统来近似表示。

上述4种情况分别称为二阶无阻尼、欠阻尼、临界阻尼和过阻尼系统，其阻尼系数、特征根、极点分布和单位阶跃响应特征如表5－2所示。

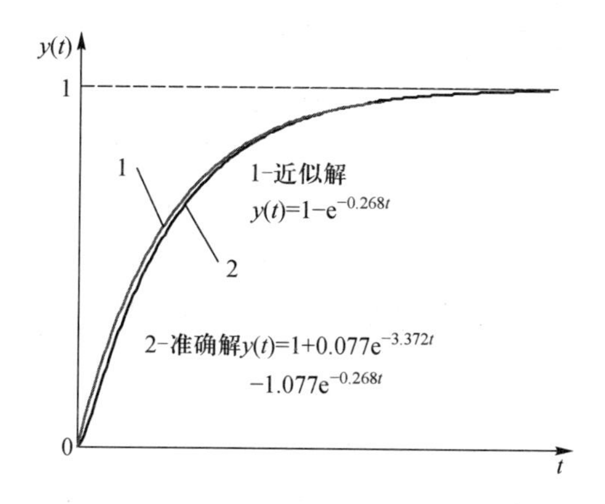

图 5－11　二阶过阻尼系统的单位阶跃响应曲线

表 5－2　二阶系统阻尼系数、特征根、极点分布和单位阶跃响应特征

阻尼系数	特征根	极点分布	单位阶跃响应特征
零阻尼（$\zeta=0$）	$s_{1,2}=\pm j\omega_n$	1 对共轭虚根	等幅振荡
欠阻尼（$0<\zeta<1$）	$s_{1,2}=-\zeta\omega_n\pm j\omega_n\sqrt{1-\zeta^2}$	1 对共轭复根	衰减振荡
临界阻尼（$\zeta=1$）	$s_{1,2}=-\omega_n$	1 对负实重根	单调上升
过阻尼（$\zeta>1$）	$s_{1,2}=-\zeta\omega_n\mp\omega_n\sqrt{\zeta^2-1}$	2 个互异负实根	单调上升

典型二阶系统的参数对系统时域响应的性能影响很大，尤其是阻尼比的变化，深入了解这些参数与性能之间的关系很重要。图 5－12 是典型二阶系统随阻尼比变化的响应曲线，由此可知，随着 ζ 的增加，输出曲线 $y(t)$ 将从无衰减的周期运动变为有衰减的正弦运动，当 $\zeta\geqslant1$ 时，$y(t)$ 呈现单调上升趋势（无振荡）。

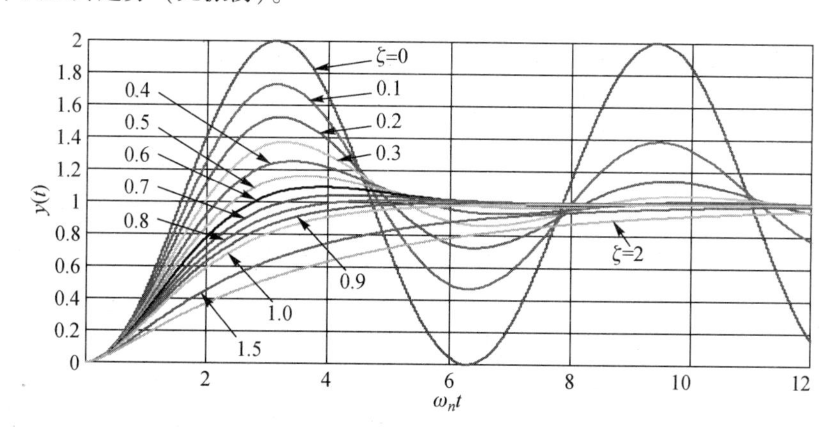

图 5－12　典型二阶系统随阻尼系数变化的响应曲线

下面给出典型二阶系统衰减振荡瞬态过程的性能指标。

（1）上升时间。其计算公式为

$$t_r=\frac{\pi-\beta}{\omega_d}=\frac{\pi-\beta}{\omega_n\sqrt{1-\zeta^2}}$$

式中：β 为阻尼角，$\mathrm{con}\beta=\zeta$。

(2) 峰值时间。其计算公式为

$$t_p = \frac{\pi}{\omega_n \sqrt{1-\zeta^2}} = \frac{\pi}{\omega_d}$$

(3) 最大超调量。其计算公式为

$$\sigma_p\% = e^{-\frac{\zeta\pi}{\sqrt{1-\zeta^2}}} 100\%$$

$$= e^{-\pi\frac{\zeta\omega_n}{\omega_n\sqrt{1-\zeta^2}}} \times 100\% = e^{-\pi\mathrm{ctg}\beta} \times 100\%$$

(4) 调节时间。计算公式为

$$t_s \approx \begin{cases} \dfrac{4}{\zeta\omega_n}, & \Delta = 2 \\ \dfrac{3}{\zeta\omega_n}, & \Delta = 5 \end{cases}$$

(5) 振荡次数 N。振荡次数定义为在 $0 \leqslant t \leqslant t_s$ 时间内,单位阶跃响应 $y(t)$ 穿越其稳态值次数的 $\frac{1}{2}$。振荡次数的计算公式为

$$N = \frac{t_s}{t_f}$$

式中:$t_f = \frac{2\pi}{\omega_d} = \frac{2\pi}{\omega_n \sqrt{1-\zeta^2}}$ 为阻尼振荡的周期时间。

注意:

(1) 调整时间与系统特征根的实部数值成反比,且系统特征根距虚轴的距离越远,系统的调整时间越短。

(2) 由于阻尼系数 ζ 的选取主要是根据对系统超调量的要求来确定的,所以调整时间主要由无阻尼振荡频率 ω_n 决定。

(3) 若能保持阻尼系数不变而增加无阻尼振荡频率 ω_n 值,则可以在不改变超调量的情况下缩短调整时间。

5.1.6 高阶系统的时域分析

1. 高阶系统时域响应的一般形式

设系统的闭环传递函数为

$$\Phi(s) = \frac{b_0 s^m + b_1 s^{m-1} + \cdots + b_{m-1} s + b_m}{a_0 s^n + a_1 s^{n-1} + \cdots + a_{n-1} s + a_n}$$

其零极点形式为

$$\Phi(s) = \frac{k_g \prod_{i=1}^{m} (s + z_i)}{\prod_{j=1}^{n_1} (s + p_j) \prod_{k=1}^{n_2} (s^2 + 2\xi_k \omega_{nk} s + \omega_{nk}^2)}, \quad n_1 + 2n_2 = n$$

当单位阶跃输入 $r(t) = 1$ 时,输出的拉普拉斯变换传递函数为

$$Y(s) = \Phi(s) \frac{1}{s} = \frac{A_0}{s} + \sum_{j=1}^{n_1} \frac{A_j}{s + p_j} + \sum_{k=1}^{n_2} \frac{B_k(s + \xi_k \omega_{nk}) + C_k \omega_{nk} \sqrt{1 - \xi_k^2}}{s^2 + 2\xi_k \omega_{nk} s + \omega_{nk}^2}$$

其拉普拉斯反变换为

$$y(t) = A_0 + \sum_{j=1}^{n_1} A_j e^{-p_j t} + \sum_{k=1}^{n_2} B_k e^{-\zeta_k \omega_{nk} t} \cos\omega_{nk} \sqrt{1 - \zeta_k^2}\, t + \sum_{k=1}^{n_2} C_k e^{-\zeta_k \omega_{nk} t} \sin\omega_{nk} \sqrt{1 - \zeta_k^2}\, t$$

由此可知,高阶系统的单位阶跃响应取决于闭环系统的零、极点分布,其系数 A_j、B_k、C_k 也

与零、极点分布有关，若极点远离原点，则系数小；若极点靠近零点，远离其他极点和零点，则系数小；若极点远离零点，又接近原点或其他极点，则系数大。

2. 高阶系统的主导极点

由于高阶系统的阶跃响应是由一系列动态分量组成的，各动态分量的幅值由闭环极点和零点共同决定。因此，在阶跃响应的过程中，影响最大的分量是那些幅值最大而衰减又最慢的分量，这些分量所对应的闭环极点是那些距虚轴最近又没有闭环零点的闭环极点。由此可以得出如下结论。

（1）主导极点。在整个响应过程中，起决定性作用的是闭环极点，也称为主导极点，它是距虚轴最近而附近又没有闭环零点的闭环极点。工程上往往只用主导极点来估算系统的动态特性，即将高阶系统近似地看成是一阶或二阶系统。

（2）距虚轴的距离较主导极点远5倍或5倍以上的闭环零点、极点，其影响可以忽略不计。

（3）偶极子。一对靠得很近的闭环零、极点称为偶极子。工程上，当某极点与某零点之间的距离比它们的模值小一个数量级时，就可认为这对零、极点为偶极子。偶极子对时域的影响可以忽略不计，并且在闭环传递函数中，如果零、极点数值上相近，则可将该零点和极点一起消掉，称为偶极子相消。

（4）除主导极点外，闭环零点的作用是使响应加快而超调增加，闭环极点的作用则正好相反。

5.2 MATLAB/Simulink 在时域分析中的应用

时域分析，尤其是高阶系统的时域分析，其困难主要在系统极点、留数的获取上，以及在已知响应表达式的基础上，如何绘制响应波形和求取性能指标等，这些均涉及大量的数值计算和图形绘制。MATLAB/Simulink 的仿真平台是二阶及二阶以上的系统进行数值计算和图形绘制的强有力的工具。

5.2.1 时域分析中 MATLAB 函数的应用

时域分析法是根据微分方程，利用拉普拉斯变换直接求出系统的时间响应，然后按照响应曲线来分析系统的性能，是一种直接在时域中对系统进行分析的方法，具有直观性和准确性。

1. MATLAB 中常用的时域分析函数

MATLAB 提供了线性定常系统的各种时间响应函数和各种动态性能分析函数，部分时域响应函数如表5-3所示。

表5-3 MATLAB 部分时域响应函数

函 数	功 能	函 数	功 能
step( )	计算并绘制线性定常系统阶跃响应	initial( )	计算并绘制连续系统零输入响应
impulse( )	计算并绘制连续时间系统冲激响应	lsim( )	仿真线性定常连续模型对任意输入的响应

下面分别介绍 step( ) 函数、impulse( ) 函数、initial( ) 和 lsim( ) 函数。

（1）求单位阶跃响应函数 step( )。单位阶跃响应函数 step( ) 的常见调用格式如下：

```
格式1: step (sys)          [y,t,x] = step(sys)
格式2: step (sys,t)        [y,x] = step(sys,t)
格式3: step (sys,iu)       [y,t,x] = step(sys,iu)
格式4: step (sys,iu,t)     [y,x] = step(sys,iu,t)
```

注意:

sys 为 tf( )、zpk( ) 和 ss( ) 中任一种模型。对于不带返回参数的函数，在当前窗口中绘制出响应曲线；对于带有返回参数的将不绘制曲线。其中，y 是输出向量，x 是状态向量返回为空矩阵。t 为用户设定的时间向量，即仿真时间，一般由 t = 0：step：end 等步长地产生。对于 MIMO 系统，iu 表示第 iu 个输入到所有输出的阶跃响应曲线。

对于 y = step（num，den，t），其 num 和 den 分别为系统传递函数描述中的分子和分母多项式系数。

对于 [y，t，x] = step（num，den），时间向量 t 由系统模型的特性自动生成，状态变量 x 返回为空矩阵。

对于 [y，t，x] = step（A，B，C，D，iu），其中，A、B、C 和 D 为状态空间系数，iu 指明输入变量的序号，x 为系统返回的状态轨迹。

【例 5－1】 二阶系统传递函数 $G(s) = \dfrac{1}{s^2 + s + 1}$，求其单位阶跃响应曲线。

解： 在 MATLAB 命令行窗口输入的语句如下：

```
>>num = [0 1];den = [1,1,1];       % 系统传递函数的分子、分母系数向量
>>t = 0:0.1:10;                    % 仿真时间宽度
>>sys = tf(num,den);               % 系统传递函数
>>y = step(sys,t);                 % 阶跃响应输出数据
>>plot(t,y),grid on                % 绘制阶跃响应曲线(带网格)
```

运行程序，输出结果如图 5－13 所示。

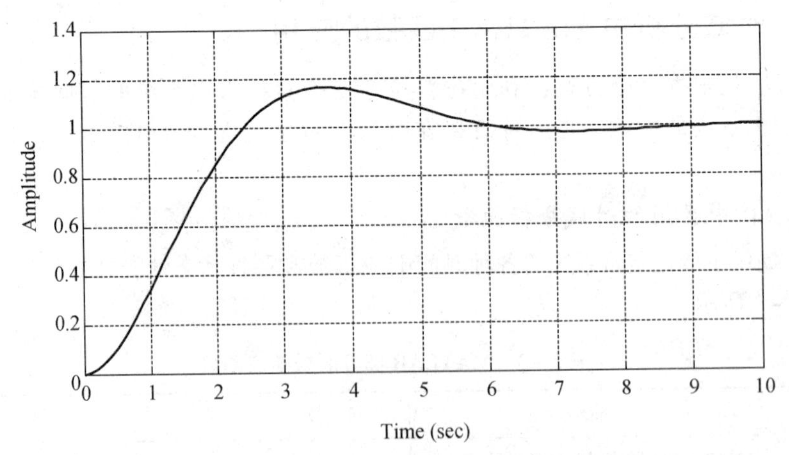

图 5－13　例 5－1 二阶系统单位阶跃响应曲线

由此可知，函数 step( ) 能够绘制出 sys 表示的连续系统传递函数模型的阶跃响应在指定时间范围内的波形图，并能求出其对应的数值解。

（2）单位脉冲响应函数 impulse( )。与 step( ) 函数一样，impulse( ) 函数的调用格式如下：

```
格式1:impulse(sys)              [y,t,x] = impulse(sys)
格式2:impulse(sys,t)            [y,x] = impulse(sys,t)
格式3:impulse(sys,iu)           [y,t,x] = impulse(sys,iu)
格式4:impulse(sys,iu,t)         [y,x] = impulse(sys,iu,t)
```

注意：

sys 为 tf( )、zpk( ) 和 ss( ) 中任一种模型。对于不带返回参数的函数，在当前窗口中绘制出响应曲线；对于带有返回参数的将不绘制曲线。其中，y 是输出向量，x 是状态向量。t 为用户设定的时间向量，即仿真时间，一般由 t = 0：step：end 等步长地产生。对于 MIMO 系统，iu 表示第 iu 个输入到所有输出的脉冲响应曲线。

对于［y，x，t］ = impulse（A，B，C，D，iu，t）、impulse（A，B，C，D，iu）和 impulse（A，B，C，D，iu，t）。其中，A、B、C、D 为状态空间系数，iu 指明输入变量的序号，x 为系统返回的状态轨迹。

【例 5 – 2】 二阶系统传递函数 $G(s)=\dfrac{1}{s^2+s+1}$，求单位脉冲响应曲线。

解：在 MATLAB 命令行窗口输入的语句如下：

```
>>num = [0 1];den = [1,1,1];          % 系统传递函数的分子、分母系数向量
>>t =0:0.1:10;                        % 仿真时间宽度
>>sys = tf(num,den);                  % 系统传递函数
>>y = impulse(sys,t);                 % 单位脉冲响应输出数据
>>plot(t,y),grid on                   % 绘制阶跃响应曲线(带网格线)
```

运行程序，输出结果如图 5 – 14 所示。

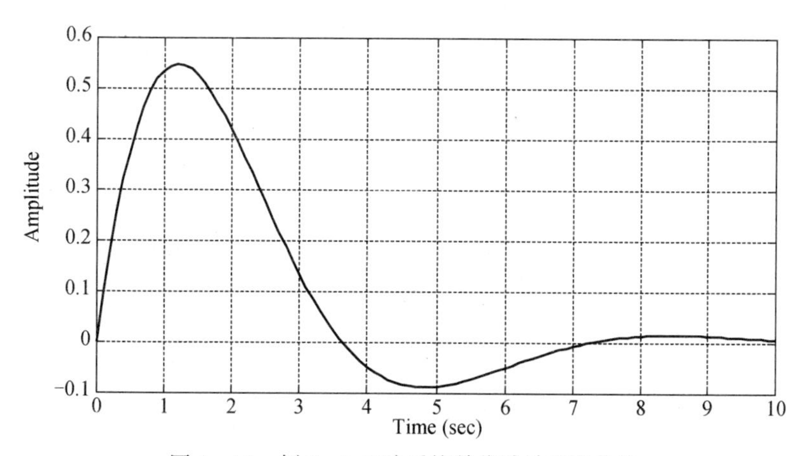

图 5 – 14　例 5 – 2 二阶系统单位脉冲响应曲线

由此可知，用函数 impulse( ) 能够绘制出由 sys 表示的连续系统传递函数模型在指定时间范围内的脉冲响应的时域波形图，并能求出指定时间范围内脉冲响应的数值解。

（3）求零输入响应函数 initial( )。在 MATLAB 的控制系统工具箱中，提供了求取连续系统零输入响应的函数 initial( )，其调用格式如下：

```
格式1:initial(sys,x0)    [y,t,x] = initial(sys,x0)
格式2:initial(sys,x0,t)    [y,t,x] = initial(sys,x0,t)
```

注意：

initial()函数可计算出连续时间线性系统由于初始状态所引起的响应（故而称为零输入响应）。同前述一样，t为用户设定的时间向量，即仿真时间，是返回的时间参数向量。x0是初始状态值，y为响应的输出。另外，sys只能为ss()模型。

【例5-3】已知二阶系统状态方程为

$$x'\begin{bmatrix}-0.5572 & -0.7814\\0.7814 & 0\end{bmatrix}x+\begin{bmatrix}1\\0\end{bmatrix}u,\ y=[1.9691\quad 6.4493]\ x$$

当初始状态x0=［1；0］时，求系统的零输入响应。

解：在MATLAB命令行窗口输入的语句如下：

```
>>A=[-0.5572 -0.7814;0.7814 0];                % 系统矩阵
>>B=[1;0];                                     % 控制矩阵
>>C=[1.9691 6.4493];% 输出矩阵                 % 前馈矩阵
>>D=0;
>>x0=[1;0];                                    % 初始状态
>>t=0:0.1:20;                                  % 仿真时间
>>initial(A,B,C,D,x0,t)                        % 绘制系统的零输入响应
```

运行程序，输出曲线如图5-15所示。

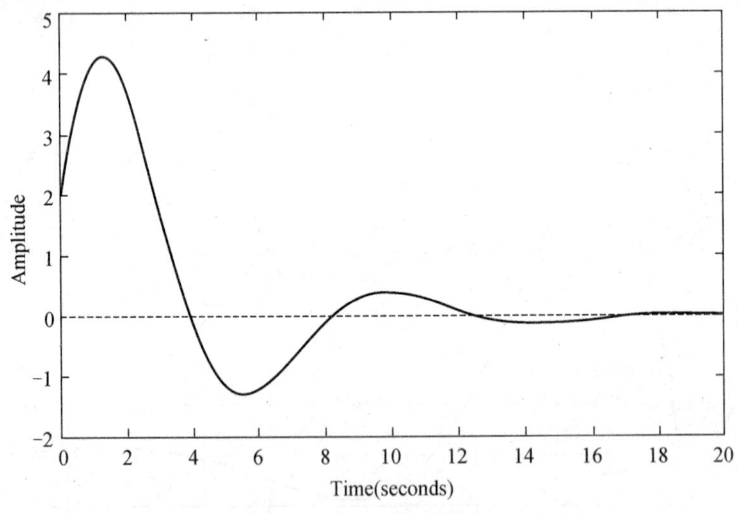

图5-15　例5-3二阶系统零输入响应曲线

（4）求任意输入响应函数lsim()。在MATLAB的控制系统工具箱中，提供了求取任意输入响应函数lsim()，其调用格式如下：

```
格式1:lsim(sys1,u,t)   [y,x]=lsim(sys1,u,t)
格式2:lsim(sys2,u,t,x0)  [y,x]=lsim(sys2,u,t,x0)
```

其中：u为输入信号；x0为初始条件；t为等间隔时间向量，即用户设定的仿真时间；sys1为

tf( )或 zpk( )模型；sys2 为 ss( )模型；y 为响应的输出；x 为系统的状态变量。

【例 5-4】 已知系统传递函数为

$$G(s)=\frac{s^3+7s^2+24s+24}{s^4+10s^3+35s^2+50s+24}$$

试绘制当输入信号为 $u=4e^{-3t}$时，该系统的响应曲线。

解： 在 MATLAB 命令行窗口输入的语句如下：

```
>>t =0:0.1:5;                                          % 仿真时间
>>u =4 * exp( -3 * t);                                 % 输入信号
>>num = [1,7,24,24];                                   % 分子多项式系数向量
>>den =[1,10,35,50,24];                                % 分母多项式系数向量
>>lsim(num,den,u,t)                                    % 任意输入响应曲线
>>legend('系统响应曲线','输入信号曲线'),grid on        % 创建图标和网格线
```

运行程序，输出曲线如图 5-16 所示。

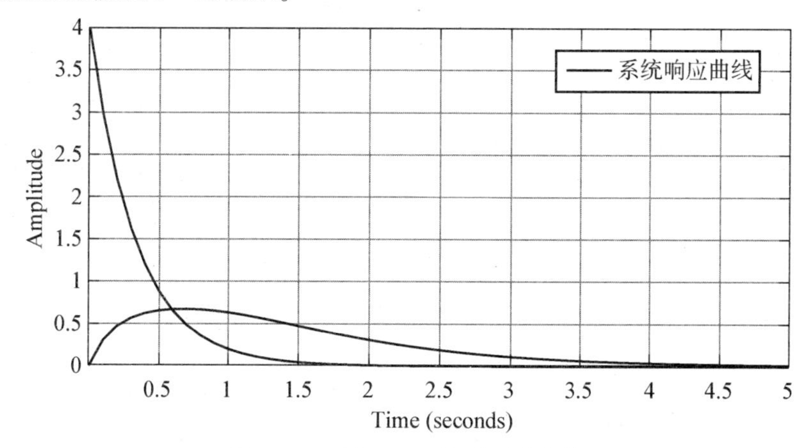

图 5-16 例 5-4 系统的响应曲线

注意：

图释语句和网格线语句均必须置于作图语句后，才能生效。

2. 时域响应函数应用举例

【例 5-5】 已知系统的闭环传递函数为

$$G(s)=\frac{1}{s^2+0.4s+1}$$

试求其单位阶跃、单位斜坡输入和单位阶跃、斜坡响应曲线对比图。

解： 编写的 MATLAB 程序代码如下：

```
num =[1];den =[1,0.4,1];                 % 传递函数分子、分母多项式系数行向量
t =[0:0.1:10];                           % 响应时间
u =t;                                    % u 为单位斜坡输入
y - step(num,den,t);                     % 单位阶跃响应
y1 =lsim(num,den,u,t);                   % 单位斜坡响应
```

```
plot(t,u,'g+',t,y,'b-',t,y1,'r:')
                              % 将单位斜坡输入及两条响应曲线绘制在同一个图上
grid on                       % 添加格栅
xlabel('时间/s');ylabel('y')   % 标注横、纵坐标轴
title('单位阶跃和单位斜坡输入响应曲线')                    % 添加图标题
legend('单位斜坡输入曲线','单位阶跃响应曲线','单位斜坡响应曲线')
% 添加文字标注
```

以“l5_5.m”为文件名存盘，并运行程序，输出响应曲线如图 5－17 所示。

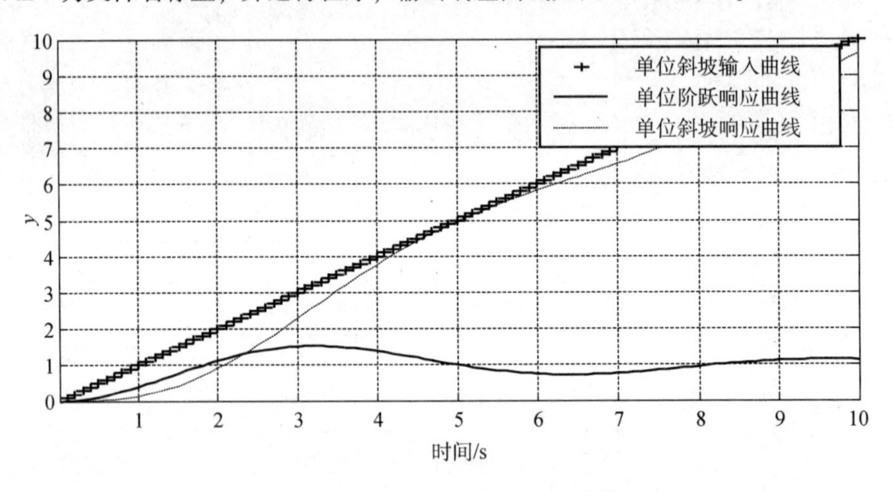

图 5－17　例 5－5 的输出响应曲线

由此可知，对于同一闭环传递函数 $G(s)$，在单位阶跃输入信号和单位斜坡输入信号作用下，得出的响应曲线不同，但输出响应曲线还能够跟踪输入曲线的变化。

【例 5－6】 已知单位负反馈系统，其开环传递函数为 $G_1(s)=\dfrac{s+5}{(s+1)(s+3)}$ 和 $G_2(s)=\dfrac{s^2+1}{s^2+4s+4}$ 的串联，系统输入为斜坡函数信号，试用 Simulink 求取系统输出响应，并将输入和输出信号对比显示。

解：（1）本例中 $G_1(s)$ 是用零、极点表示的，选用“Zero－Pole”模块，$G_2(s)$ 是用传递函数表示的，选用 Transfer Fcn 模块，信号源选择 Ramp 模块，输出选 Scope 模块，比较环节选 Add 模块，分路复用输出选 Mux 模块。

（2）按图 5－18 所示的模型连线，并以“l5_6.slx”为文件名存盘，启动仿真后，双击示波器，显示曲线如图 5－19 所示，虚线是斜坡函数信号，实线为系统输出信号。

5.2.2　时域响应性能指标求取

时域响应分析是系统对输入和扰动在时域内的瞬态行为和系统特征的反映的分析，如上升时间，调节时间，超调量和稳态误差等。利用 MATLAB 求取性能指标不仅快捷准确，而且能计算出系统的时域响应，绘制响应曲线。可通过游动鼠标法和编写程序两种方法求取性能指标。

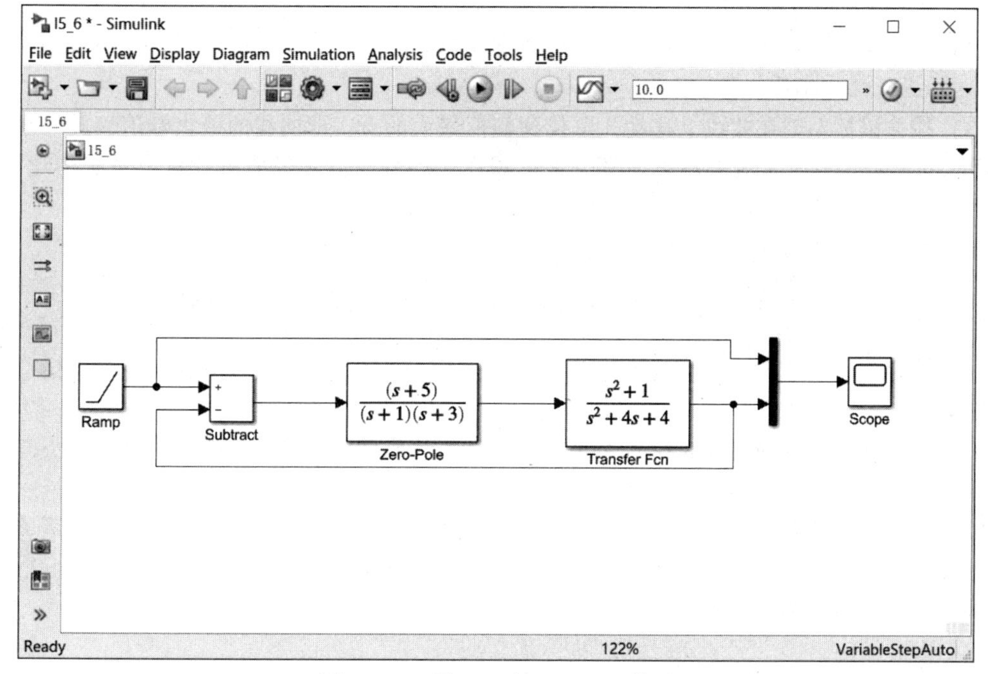

图 5-18　例 5-6 的 Simulink 模型

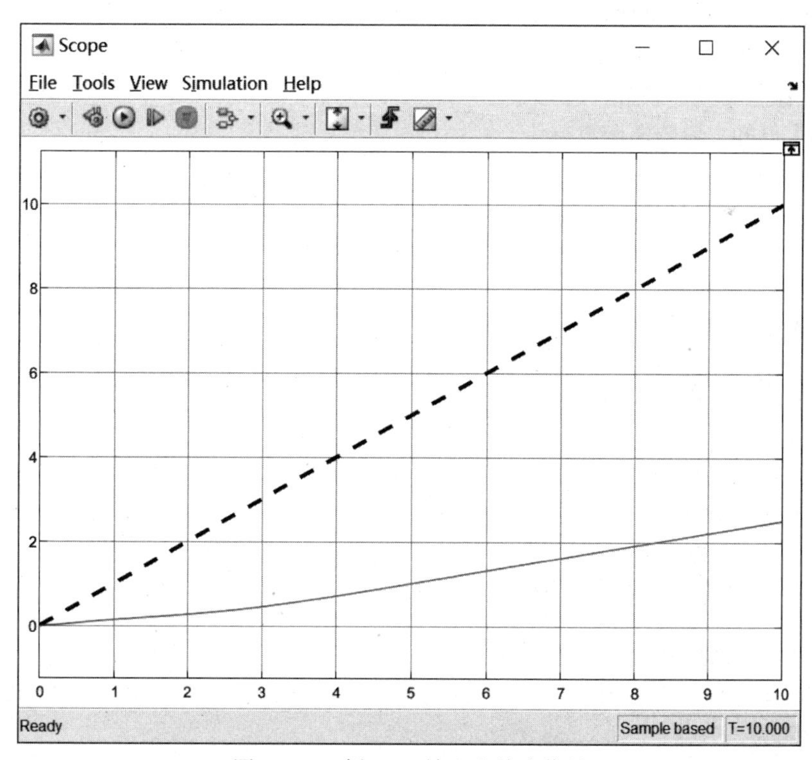

图 5-19　例 5-6 输入和输出信号

1. 用游动鼠标法求取性能指标

具体操作步骤（求取曲线峰值和时间）如下。

（1）在 MATLAB 命令行窗口输入指令代码编写针对不同对象的求取时域响应的程序，运行程序后，输出阶跃响应曲线。

(2) 单击阶跃响应曲线任意一点，系统会自动弹出小方框，小方框显示了这一点的横坐标(时间) 和纵坐标 (幅值) 等。

(3) 按住鼠标左键在曲线上移动，可找到幅值最大的点，即曲线的最大峰值，此时小方框显示的时间就是此二阶系统的峰值时间，根据观测到的稳态值和峰值可计算出系统的超调量。系统的上升时间和稳态响应时间可以此类推。

在 MATLAB 命令行窗口输入的语句如下：

```
>> sys = zpk([z],[p],[k]);或 sys = (num,den);
>> step(sys), grid
```

注意：

(1) 由于显示精度和鼠标误操作等原因，求取的性能指标可能与实际值存在误差，但这对分析问题是没有影响的。

(2) 游动鼠标法不适合用于 plot( )命令画出的图形，也就是说，它只能对非 plot( )函数输出的曲线进行求取。

2. 编程法求取性能指标

编程思路如下：

(1) 建立零极点模型；

(2) 计算最大峰值时间及对应的超调量；

(3) 计算上升时间；

(4) 计算稳态响应 (调节) 时间等。

【例 5－7】 已知二阶传递函数为

$$G(s)=\frac{3}{(s+1-3\mathrm{i})\ (s+1+3\mathrm{i})}=\frac{3}{s^2+2s+10}$$

试分别用游动鼠标法和编程法求取系统的性能指标。

解： (1) 游动鼠标法。

在 MATLAB 命令行窗口输入的语句如下：

```
% 针对零极点对象
>>G = zpk([ ],[ -1 +3 * i, -1 -3 * i],3);            % 建立零极点模型
>>step(G), grid                                      % 求取阶跃响应
% 针对传递函数对象
>>num =[3];den =[1 2 10];% 传递函数分子、分母多项式系数行向
>>step(num,den), grid                                % 求取阶跃响应
```

运行程序，输出阶跃响应曲线如图 5－20 所示。

由此可知，峰值时间为 1.04 s，上升时间为 0.632 s，超调量为 (0.405 － 0.3)/0.3 × 100% = 35%，调节时间为 3.76 s。

(2) 编程法求取性能指标。

根据传递函数或零、极点模型，编写 MATLAB 程序要用到的相关函数。求取系统终值函数 C = dcgain (sys)、求取输出响应的峰值函数 [Y, k] = max(y)、取得最大峰值时间函数 timetopeak = t(k)、计算超调量 percentovershoot = 100 * (Y － C)/C；用循环语句求取上升时间 risetime = t(n)、获得调节时间 settlingtime = t(i) 等。

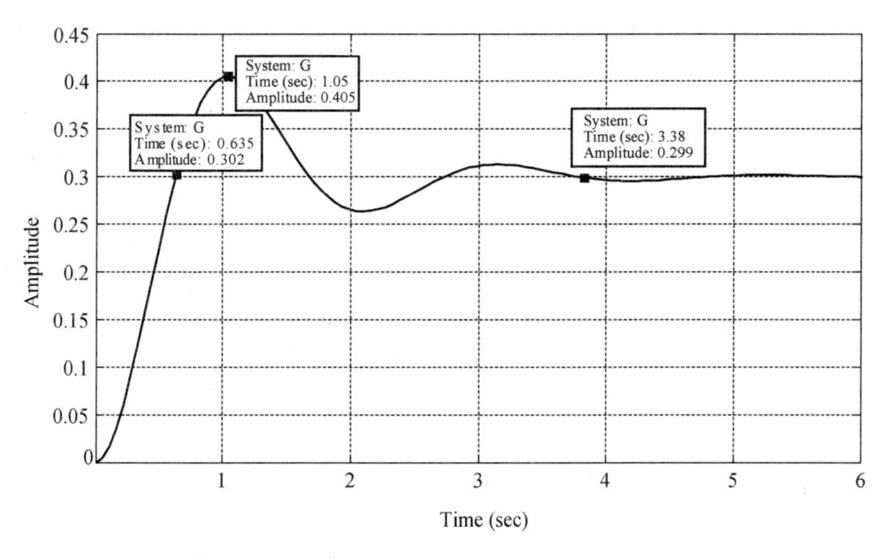

图 5-20 游动鼠标法求取的单位阶跃响应曲线

调用单位阶跃响应函数 step( )，可以获得系统的单位阶跃响应，当采用 [y, t] = step(G)的调用格式时，将返回响应值 y 及相应的时间 t，通过对 y 和 t 进行计算，即可得到时域性能指标。

编写的 MATLAB 程序代码如下：

```
clear;                                      % 清除工作空间变量
G = zpk([ ],[ -1 +3 * i, -1 -3 * i],3);     % 建立零极点模型
% 计算最大峰值时间和它对应的超调量
C = dcgain(G)                               % 求取系统的终值
[y,t] = step(G);                            % 求取阶跃响应
plot(t,y), grid on                          % 画输出曲线和网格
[Y,k] = max(y);                             % 求取 y 的峰值
timetopeak = t(k)                           % 取得最大峰值时间
percentovershoot = 100 * (Y - C) / C        % 计算超调量
% 计算上升时间
n = 1;
while y(n) < C                          % 通过循环,求取输出第一次到达峰值的时间
   n = n + 1;
end
risetime = t(n)                             % 获得上升时间
% 计算稳态响应(调节)时间
i = length(t);   while(y(i) >0.98 * C)&(y(i) <1.02 * C)
  i = i -1;
end
 settlingtime = t(i)                        % 获得调节时间
```

以 “l5_8. m” 为文件名存盘，并运行程序，输出结果如下：

```
C = 0.3000                             % 系统稳态值
timetopeak = 1.0592                    % 峰值时间 tp
percentovershoot = 35.067              % 超调量 δ%
risetime =    0.6447                   % 上升时间 tr
settlingtime =    3.4999               % 调节时间 ts
```

获取的单位阶跃响应曲线如图 5－21 所示。

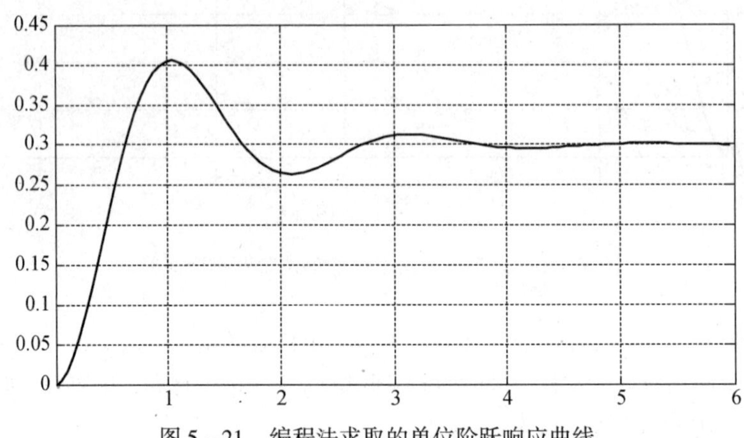

图 5－21　编程法求取的单位阶跃响应曲线

由游动鼠标法和编程法的仿真结果对比可知，峰值时间、上升时间、超调量几乎完全相同，而调节时间有偏差，偏差值 =3.76－3.50 =0.26，这是因为游动鼠标存在的误差，但该误差不影响问题的分析。

5.3　系统稳定性分析

线性控制系统绝对稳定的首要条件是系统特征方程的根都位于复平面虚轴的左边，所以判断系统是否绝对稳定，只需计算出控制系统闭环特征方程的根，再根据这些根是否均在复半平面虚轴左半部分即可判定。在 MATLAB 中，要求特征方程的根，只需调用函数 roots( ) 即可，这种方法称为代数稳定性判据。另外，还可以用根轨迹法和频域法来判断系统稳定性，将在后面章节进行介绍。

5.3.1　稳定性的定义与分析

1. 系统稳定性的一般定义

设线性定常系统处于某一平衡状态，若此系统在扰动作用下偏离了原来的平衡状态，扰动消失后，系统经过足够长的时间能自动恢复到原来的平衡状态，则称该系统是稳定的，否则该系统不稳定。也就是说，系统稳定就是要求系统时域响应的动态分量随时间的推移最终趋于零。

2. 稳定性的分析

设线性系统的闭环特征方程为

$$D(s) = a_n s^n + a_{n-1} s^{n-1} + a_{n-1} s^{n-2} + \cdots + a_0 = 0$$

对该特征方程求解，可能出现如下情况：

（1）若所有极点都分布在 S 平面的左侧，且系统的输出将衰减为0，则系统是稳定的；

（2）若有共轭极点分布在虚轴上，且系统的输出为简谐振荡，则系统处于临界稳定的；

（3）若有闭环极点分布在 S 平面的右侧，且系统的输出分散振荡，则系统是不稳定的。

由此可知，系统稳定的充分必要条件是系统所有特征根的实部均小于零，即系统所有的特征根均在 S 平面的左半部分。

5.3.2 稳定性判据

由稳定性定义可知，稳定性可以归结为闭环系统极点的求解问题，即闭环特征方程根的求解问题。由于高阶代数方程式的根一般无法求解析解，所以只能用数值方法求解。另外，用直接求根方法来分析系统的稳定性，不容易给出系统结构和参数与稳定性的关系，因此需要找寻各种间接求解代数方程式的方法来判断系统的稳定性，这就是稳定性判据。常见的稳定性判据有劳斯判据和赫尔维茨判据，本节仅介绍劳斯判据。

1. 劳斯判据

劳斯判据是根据特征方程的各项系数，直接判断系统的所有特征根是否都在 S 平面的左半部分，即是否所有的特征根都具有负实部，以进一步判断系统是否稳定。

设 n 阶系统的特征方程为

$$a_n s^n + a_{n-1} s^{n-1} + \cdots + a_1 s + a_0 = 0$$

将其系数排列成劳斯表，具体为

$$\begin{array}{cccccc}
s^n & a_n & a_{n-2} & a_{n-4} & a_{n-6} & \cdots \\
s^{n-1} & a_{n-1} & a_{n-3} & a_{n-5} & a_{n-7} & \cdots \\
s^{n-2} & b_1 & b_2 & b_3 & b_4 & \cdots \\
s^{n-3} & c_1 & c_2 & c_3 & c_4 & \cdots \\
\vdots & \vdots & \vdots & \vdots & \vdots & \cdots \\
s^0 & a_0 & & & &
\end{array}$$

其中：$b_1 = \dfrac{a_{n-1}a_{n-2} - a_n a_{n-3}}{a_{n-1}}$；$b_2 = \dfrac{a_{n-1}a_{n-4} - a_n a_{n-5}}{a_{n-1}}$；$c_1 = \dfrac{b_1 a_{n-3} - a_{n-1} b_2}{b_1}$；$c_2 = \dfrac{b_1 a_{n-5} - a_{n-1} b_3}{b_1}$。

根据劳斯判据，系统稳定的充分必要条件是：劳斯表中第一列各系数值均为正。若劳斯表第一列中出现小于零的数值，则系统不稳定。第一列各系数值符号的改变次数代表特征方程具有正实部根的个数。

对劳斯判据出现特殊情况的处理方法如下。

（1）劳斯表第一列中出现0，而该行其他元素并不为0，导致下一行出现无穷大计算无法进行时，可用一个很小的正数 ε 来代替0，进而按照通常方法计算其余各项。

（2）当劳斯表的某一行中，所有元素都等于0时，说明特征方程中存在绝对值相同但符号相异的特征根，且系统是不稳定的。利用该行的上一行各元素构造一个辅助多项式方程求导数，继续计算劳斯表。

2. 劳斯稳定判据应用示例

【例5-8】 已知系统开环传递函数为

$$G_k(s) = \frac{100(s+2)}{s(s+1)(s+20)}$$

试用劳斯判据和MATLAB命令判断该单位闭环系统的稳定性。

解：求系统的单位闭环传递函数，即

$$G_b(s)=\frac{G_k(s)}{1+G_k(s)}=\frac{100(s+2)}{s(s+1)(s+20)+100(s+2)}=\frac{100(s+2)}{s^3+21s^2+120s+200}$$

得系统特征多项式方程为

$$D(s)=s^3+21s^2+120s+200$$

（1）列出的劳斯表判断稳定性为

s^3	1	120
s^2	21	200
s^1	110.5	0
s^0	200	

由于第一列各系数值均为正，因此系统稳定。

(2) 用 MATLAB 函数命令 root( )判断稳定性。

在 MATLAB 命令行窗口输入的语句如下：

```
>>P=[1 21 120 200];% 系统特征多项式系数向量
>>roots(p)
```

运行程序，输出结果如下：

```
ans =-12.8990
      -5.0000
      -3.1010
```

由于系统特征根的实部全为负值，所以该闭环系统是稳定的。

注意：

例 5-8 也可以直接根据开环传递函数，用 MATLAB 指令求取特征根来判断闭环系统稳定性。

【例 5-9】 用 MATLAB 指令求取例 5-8 传递函数特征方程的特征根，并判断该系统的稳定性。

解： 在 MATLAB 命令行窗口输入的语句如下：

```
>>z=[-2];                      % 开环零点
>>p=[0,-1,-20];                % 开环极点
>>k=100;                       % 增益
>>[num,den]=zp2tf(z,p,k);      % 将零极点转换为开环传递函数分子、分母多项式
>>p=num+den;                   % 闭环系统特征方程
>>roots(p)                     % 求特征方程的根
```

运行程序，输出结果与例 5-8 相同。

【例 5-10】 已知系统特征方程 $D(s)=s^6+2s^5+6s^4+8s^3+10s^2+4s+4=0$，试用劳斯判据和 MATLAB 命令判断系统稳定性。

解：（1）列出劳斯表为

s^6	1	6	10	4
s^5	2	8	4	0
s^4	2	8	4	
s^3	0	0	0	

由于出现全 0 行，则用上一行系数构造辅助方程，即

$$F(s) = 2s^4 + 4s^2 + 4 = 0$$

对辅助方程求微分得 $F'(s) = 8s^2 + 16s$，用其系数替代全0行。

替代后的劳斯表为

$$\begin{array}{lllll}
s^6 & 1 & 6 & 10 & 4 \\
s^5 & 2 & 8 & 4 & 0 \\
s^4 & 2 & 8 & 4 & \\
s^3 & 8 & 16 & & \\
s^2 & 4 & 4 & & \\
s^1 & 8 & 0 & & \\
s^0 & 4 & & &
\end{array}$$

替代后劳斯表第一列均为正数，但由辅助方程得到系统存在共轭的纯虚根，故系统属临界稳定，即不稳定。

（2）在 MATLAB 命令行窗口输入的语句如下：

```
>>p=[1 2 6 8 10 4 4];            % 特征多项式系数向量
>>roots(p)                       % 求特征多项式的根
```

运行程序，输出结果如下：

```
ans = -0.0000 + 1.8478i
      -0.0000 - 1.8478i
      -1.0000 + 1.0000i
      -1.0000 - 1.0000i
      -0.0000 + 0.7654i
      -0.0000 - 0.7654i
```

由于6个特征根有1对纯虚根，2对共轭复根，所以此系统不稳定。

5.3.3 稳态误差分析

稳态误差的大小是衡量系统稳态性能的重要指标，因此对系统进行稳态误差分析是必需的。

1. 稳态误差的定义

稳态误差是指控制系统稳定运行时输出量的期望值和实际值之差，其表达式为

$$e(t) = r(t) - b(t)$$

实际系统运行时的误差是由瞬态分量和稳态分量组成，其表达式为

$$e(t) = e_{st}(t) + e_{ss}(t)$$

由于系统稳定，故当时间趋于无穷时，必有瞬态分量趋于0，因此，控制系统的稳态误差定义为当时间 t 趋于无穷时，误差信号 $e(t)$ 的极限，常以 e_{ss} 表示，即

$$e_{ss} \lim_{t\to\infty} e(t)$$

若 $e(t)$ 的拉普拉斯变换为 $E(s)$，则由拉普拉斯中值定理推导的公式为

$$e_{ss} \lim_{t\to\infty} e(t) = \lim_{s\to 0} sE(s) \tag{5-1}$$

负反馈控制系统结构如图5-22所示。

负反馈控制系统的误差传递函数为

$$\frac{E(s)}{R(s)} = \frac{1}{1 + G(s)H(s)}$$

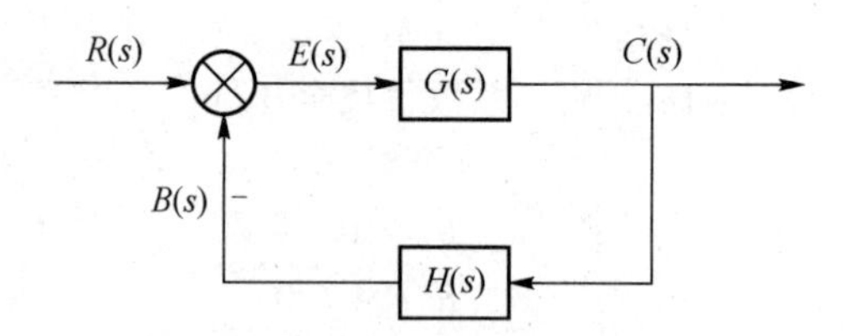

图 5-22　负反馈控制系统结构

整理得

$$E(s) = \frac{1}{1+G(s)H(s)}R(s) \tag{5-2}$$

将式（5-2）代入式（5-1），可得系统的稳态误差为

$$e_{ss} = \lim_{s\to 0} s\frac{1}{1+G(s)H(s)}R(s) \tag{5-3}$$

由此可知，系统的稳态误差不仅与系统的结构参数有关，而且与系统的输入有关，因此，必须研究不同结构类型的系统在不用输入信号作用下的稳态误差。

2. 稳态误差与系统类型

为了使稳态误差与系统结构参数、输入的关系更加清晰，可将系统的开环传递函数$G(s)H(s)$表示成如下零极点的形式，即

$$G(s)H(s) = \frac{K\prod_{i=1}^{m}(s+z_i)}{S^v\prod_{j=v+1}^{n}(s+p_j)} \tag{5-4}$$

在式（5-4）中，根据系统在原点处的极点数 v 来区分系统的类型。当 $v=0$ 时，系统称为 0 型系统；当 $v=1$ 时，称为Ⅰ型系统；当 $v=2$ 时，称为Ⅱ型系统，以此类推。

在研究系统的稳态误差时，通常选择阶跃信号、速度信号和加速度信号作为典型输入信号。下面分别介绍静态位置误差系数、静态速度误差系数和静态加速度误差系数。

（1）静态位置误差系数 K_p。当系统输入为 $R(s)=1/s$（单位阶跃函数）时，由式（5-3）推导得

$$e_{ss} = \lim s\frac{R(s)}{1+G(s)H(s)} = \frac{1}{1+\lim_{s\to 0}G(s)H(s)} = \frac{1}{1+K_p}$$

式中：$K_p = \lim_{s\to 0}G(s)H(s)$ 为静态位置误差系数。

对于 0 型系统，K_p 的表达式为

$$K_p = G(s)\ H\ (s) = \frac{K\prod_{i=1}^{m}\ (s+z_i)}{S^v\prod_{j=v+1}^{n}\ (s+p_j)} = K,\ e_{ss} = \frac{1}{1+K_p} = \frac{1}{1+K}$$

对于Ⅰ型及以上系统，K_p 的表达式为

$$K_p = G(s)H(s) = \frac{K\prod_{i=1}^{m}\ (s+z_i)}{S^v\prod_{j=v+1}^{n}\ (s+p_j)} = \infty,\ e_{ss} = 0$$

（2）静态速度误差系数 K_v。当系统输入为 $R(s)=1/s^2$（单位斜坡函数）时，由式（5-3）推导得

$$e_{ss} = \lim_{s\to 0} s\frac{1}{1+G(s)H(s)}\frac{1}{s^2} = \lim_{s\to 0}\frac{1}{sG(s)H(s)} = \frac{1}{K_v}$$

式中：$K_v = \lim\limits_{s \to 0} sG(s)H(s)$ 为静态误差系数。

对于0型系统，$K_v = 0, e_{ss} = \dfrac{1}{K_v} = \infty$。

对于Ⅰ型系统，$K_v = K, e_{ss} = \dfrac{1}{K_v} = \dfrac{1}{K}$。

对于Ⅱ型及以上系统，$K_v = \infty, e_{ss} = \dfrac{1}{K_v} = 0$。

（3）静态加速度误差系数 K_a。当系统输入为 $R(s) = 1/s^3$（单位加速度函数）时，由式（5－3）推导得

$$e_{ss} = \lim_{s \to 0} s \frac{1}{1 + G(s)H(s)} \frac{1}{s^3} = \lim_{s \to 0} \frac{1}{s^2 G(s)H(s)} = \frac{1}{K_a}$$

式中：$K_a = \lim\limits_{s \to 0} s^2 G(s)H(s)$ 为加速度误差系数。

对于0型系统，$K_a = 0$，$e_{ss} = \dfrac{1}{K_a} = \infty$。

对于Ⅰ型系统，$K_a = 0$，$e_{ss} = \dfrac{1}{K_a} = \infty$。

对于Ⅱ型系统，$K_a = K$，$e_{ss} = \dfrac{1}{K_a} = \dfrac{1}{K}$。

对于Ⅲ型及以上系统，$K_a = \infty$，$e_{ss} = \dfrac{1}{K_a} = 0$。

由以上得3种常见系统的稳态误差，如表5－4所示。

表5－4 3种常见系统的稳态误差

系统类型	静态误差系数			阶跃信号 $r(t) = R1(t)$	斜坡信号 $r(t) = Rt$	加速度信号 $r(t) = Rt^2/2$
	K_p	K_v	K_a	位置误差 $e_{ss} = R/(1 + K_v)$	速度误差 $e_{ss} = R/K_v$	加速度误差 $e_{ss} = R/K_a$
0	K	0	0	$e_{ss} = R/(1 + K)$	∞	∞
Ⅰ	∞	K	0	0	$e_{ss} = R/K$	∞
Ⅱ	∞	∞	K	0	0	$e_{ss} = R/K$

5.4 综合实例及MATLAB/Simulink应用

本节通过综合实例讲述MATLAB/Simulink具体的应用。

【例5－11】 某随动系统的结构如图5－23所示。试利用MATLAB/Simulink完成如下工作：

（1）对给定的随动系统建立数学模型；

（2）分析系统的稳定性，利用pzmap( )命令绘制零、极点图；

（3）绘制系统的阶跃响应曲线、误差曲线和工作空间导出数据及绘制数据输出曲线；

（4）编写程序分析系统的响应特性，计算出系统响应特性参数超调量 $\sigma\%$、上升时间、峰值时间及调整时间。

解： 按题要求进行如下操作。

（1）对给定的随动系统建立数学模型。由图5－23知，系统包含二级反馈：外环是单位负反馈，内环是二阶系统与微分环节构成负反馈。利用函数feedback( )计算系统的传递函数。

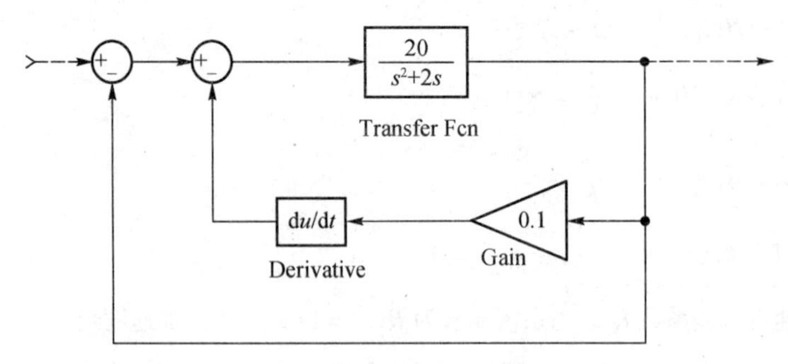

图 5-23　随动系统结构

编写的 MATLAB 程序代码如下：

```
clear all, clc;                         % 清除所有变量和屏幕显示
num1 =[20];den1 =[1,2,0];               % 传递函数的分子、分母多项式系数
G1 =tf(num1,den1);                      % 二阶系统的传递函数
num2 =[0.1 0];den2 =[0 1];              % 微分环节传递函数的分子、分母多项式系数
G2 =tf(num2,den2);                      % 微分环节的传递函数
G_inner =feedback(G1,G2);               % 内环反馈的传递函数
G_outer =feedback(G_inner,1)            % 外环反馈的传递函数
```

以“l5_11_1. m”为文件名存盘，并运行程序，输出系统模型如下：

```
Transfer function:
     20
 -------------
s^2 + 4 s + 20
Continuous -time transfer function.
```

（2）进行稳定性分析，利用 pzmap( ) 命令绘制零、极点图。根据求得的系统传递函数，利用 roots( ) 命令求传递函数分母多项式的根（系统的极点），判断其实部是否都为负值。还可以利用 pzmap( ) 命令直接绘制出系统的零、极点，观察其分布。

编写的 MATLAB 程序代码如下：

```
den =[1 4 20];                          % 闭环系统传递函数分母多项式系数
roots(den)                              % 求闭环系统特征多项式的根
pzmap(G_outer),grid on      % 利用 pzmap 命令绘制系统的零极点图、显示网格线
```

以“l5_11_2. m”为文件名存盘，并运行程序，输出数据如下：

```
ans =  -2.0000 + 4.0000i
 -2.0000 - 4.0000i
```

由此可知，系统特征根均为负实部，闭环系统是稳定的。

系统的零、极点分布图如图 5-24 所示，从图中可以看出，极点（在图中用“×”标识）都在左半部，系统稳定，与用 roots( ) 命令得出的结论完全相同。在实际应用中，采用 pzmap 命令更为形象，而且代码更加简单。

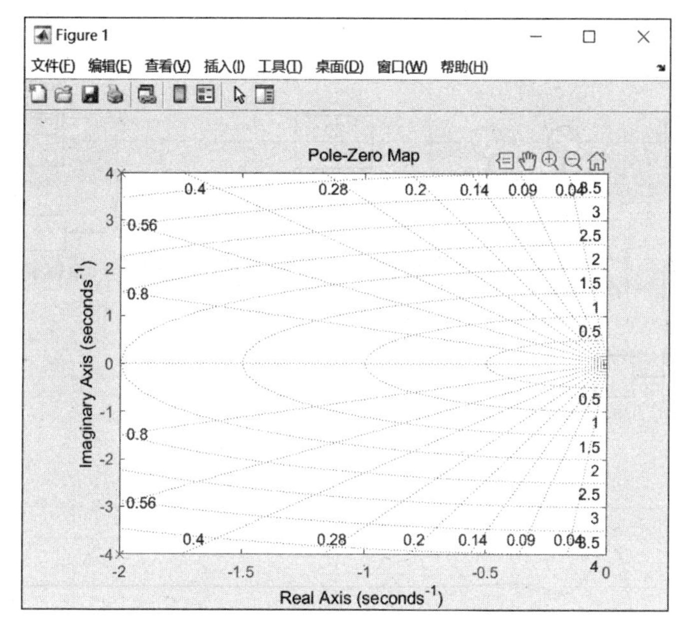

图 5 - 24　系统的零、极点分布图

（3）绘制阶跃响应曲线和偏差曲线。

①编程绘制系统的阶跃响应曲线，编写的 MATLAB 程序如下：

```
num=[20];den=[1 4 20];        % 闭环系统传递函数分子、分母多项式系数
[y,t,x]=step(num,den)          % 计算闭环系统的阶跃响应
plot(x,y), grid on             % 绘制阶跃响应曲线、显示网格线
```

以“l5_11_3_1. m”为文件名存盘，并运行程序，输出阶跃响应曲线如图 5 - 25 所示。

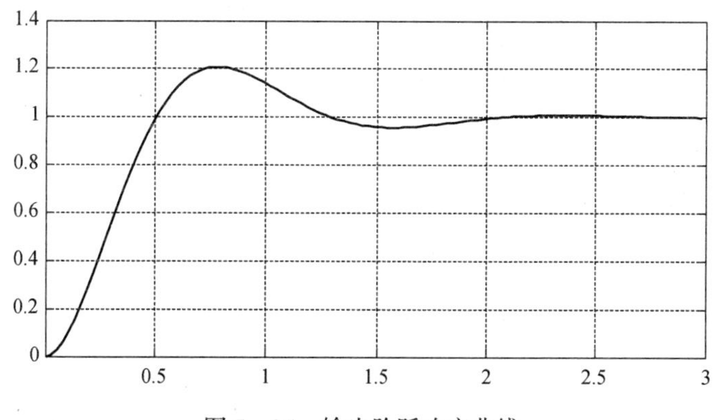

图 5 - 25　输出阶跃响应曲线

②用 Simulink 仿真绘制系统阶跃响应和偏差曲线。创建系统仿真模型如图 5 - 26 所示，并以“l5_11_3_2. slx”为文件名存盘，运行程序，双击 Scope 模块得到阶跃响应曲线，如图 5 - 27 所示。

观察图 5 - 27 阶跃响应曲线（若运行时间选取一致）与图 5 - 25 曲线（编程获取）相同。双击 Scope1 模块得到系统的阶跃响应误差曲线，如图 5 - 28 所示。

由此可知，随着阶跃响应曲线趋于稳定，系统输出误差趋于 0。

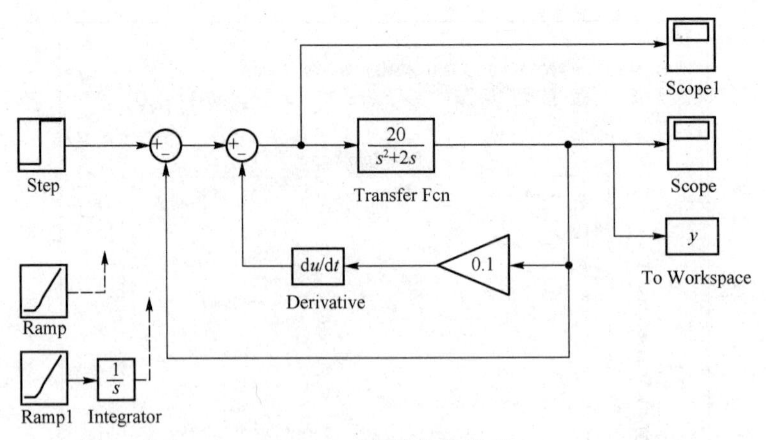

图 5－26　系统仿真模型

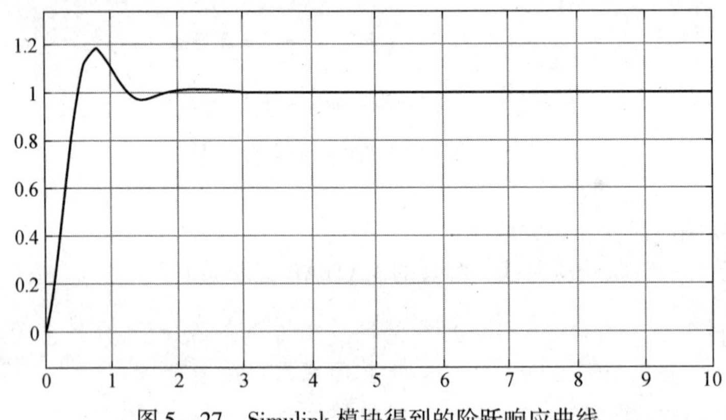

图 5－27　Simulink 模块得到的阶跃响应曲线

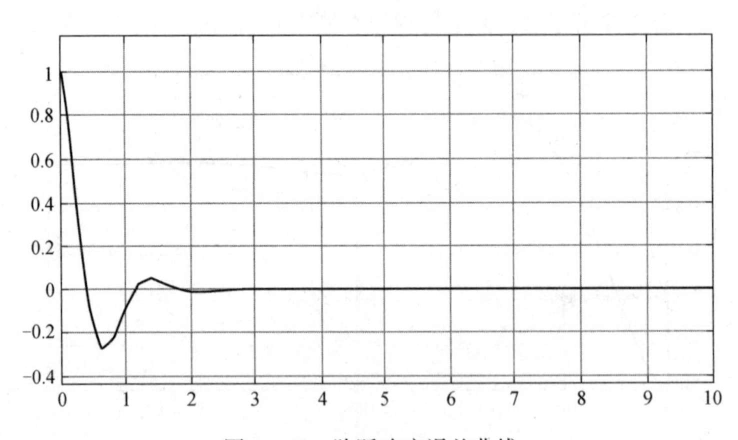

图 5－28　阶跃响应误差曲线

（4）将数据导出工作空间并绘制阶跃响应曲线。

双击模型窗口（图 5－26）中工作空间模块 y，出现导出到工作空间的数据，如图 5－29 所示。

在 MATLAB 命令行窗口输入的语句如下：

```
>>plot(y),grid
```

变量 - y

y ×

59x1 double

	1	2	3	4	5	6	7	8	9	10	11	12
1	0											
2	9.9568e-59											
3	4.0373e-07											
4	1.4518e-05											
5	3.1610e-04											
6	0.0041											
7	0.0349											
8	0.1502											
9	0.4487											
10	0.8395											
11	1.1177											
12	1.1858											
13	1.1141											
14	1.0202											
15	0.9704											
16	0.9669											

图 5－29 例 5－11 导入到工作空间的数据

运行程序，输出曲线如图 5－30 所示。

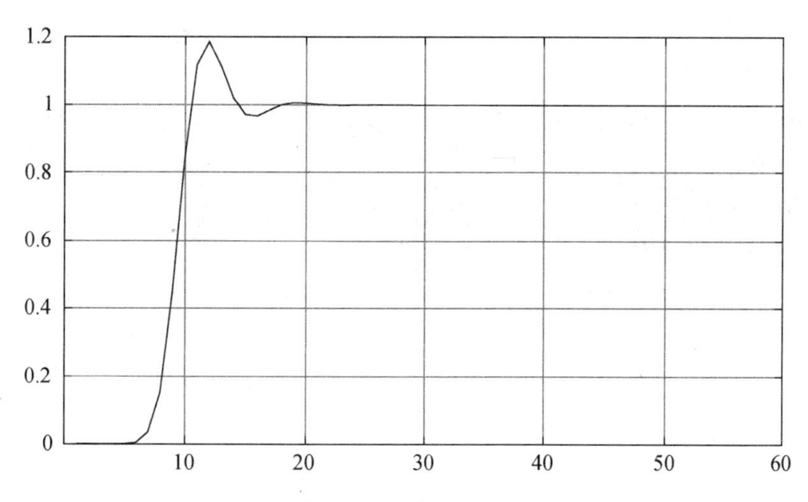

图 5－30 例 5－11 工作空间数据输出曲线

观察图 5－30 所示曲线可知，与图 5－25 和图 5－27 阶跃响应曲线相同。另外，在 Simulink 模型窗口中放置有 3 个信号源，即阶跃、速度和加速度信号模块，选择不同的信号源模块，连线后运行，可以得到系统不同的响应输出曲线。

（5）分析系统的响应特性。

①计算系统的超调量 $\sigma\%$。从响应曲线看出系统的稳态值为 1，编写 MATLAB 程序计算系统的超调量，其程序代码如下：

```
clear all, clc;                      % 清除所有变量和屏幕显示
num =[20];den =[1 4 20];             % 闭环系统传递函数分子、分母多项式系数
[y,t,x] = step(num,den)              % 计算闭环系统的阶跃响应
plot(x,y),grid on;                   % 绘制阶跃响应曲线、显示网格线
```

```
y_stable =1;                          % 阶跃响应的稳态值
max_response =max(y);                 % 闭环系统阶跃响应的最大值
% 以下为阶跃响应的超调量
sigma =(max_response -y_stable) /y_stable
```

以“15_11_4_1. m”为文件名存盘，并运行程序，输出结果如下：

```
sigma = 0.2076
```

②计算系统的上升时间、峰值时间及调整时间。编写的MATLAB程序代码如下：

```
% 计算系统的上升时间tr
for i =1:length(y)                    % 遍历响应曲线
    if y(i) >y_stable                 % 如果某个时刻系统的输出值大于稳态值
        break;                        % 循环中断
    end
end
tr =x(i)                              % 阶跃响应的上升时间
% 计算系统的峰值时间tp
[max_response,index] =max(y);         % 查找系统阶跃响应的最大值
tp =x(index)                          % 阶跃响应的峰值时间
% 计算系统的调整时间ts--->取误差带为2%
for i =1:length(y)
    if max(y(i:length(y))) < =1.02 *y_stable
                                      % 如果当前响应值在误差带内
        if min(y(i:length(y))) > =0.98 *y_stable
            break;                    % 循环退出
        end
    end
end
ts =x(i)                              % 阶跃响应的调整时间
```

以“15_11_4_2. m”为文件名存盘，并运行程序，输出结果如下：

```
tr =0.5296
tp = 0.7829
ts =1.8881
```

即上升时间为0. 529 6 s，峰值时间0. 782 9 s，并且系统在经过1. 888 1 s后进入稳态。

由此可知，综合利用MATLAB编程和Simulink仿真，可以很方便地对系统的响应性能进行分析。

练习题

5.1 二阶系统闭环传递函数 $G(s)=1/(s^2+s+1)$，分别绘制其单位阶跃响应和单位脉冲响应曲线。

5.2 已知二阶系统状态方程为

$$x'=\begin{bmatrix}-0.5572 & -0.7814\\ 0.7814 & 0\end{bmatrix}x+\begin{bmatrix}1\\0\end{bmatrix}u,\ y=[1.9691\quad 6.4493]x$$

当初始状态为 $x_0=[1;\ 0]$ 时，绘制系统的零输入响应曲线。

5.3 已知系统传递函数为

$$G(s)=\frac{s^3+7s^2+24s+24}{s^4+10s^3+35s^2+50s+24}$$

当输入信号为 $u=4e^{-3t}$ 时，试绘制该系统的响应曲线。

5.4 已知系统的闭环传递函数为 $G(s)=1/(s^2+0.4s+1)$，试绘制该系统的单位阶跃、单位斜坡输入和单位阶跃、斜坡响应曲线对比图（标注横纵坐标、添加图标题“单位阶跃和单位斜坡输入响应曲线”和添加文字标注“单位斜坡输入曲线”“单位阶跃响应曲线”“单位斜坡响应曲线”）。

5.5 已知单位负反馈系统的开环传递函数为 $G_1(s)=\dfrac{s+5}{(s+1)(s+3)}$ 和 $G_2(s)=\dfrac{s^2+1}{s^2+4s+4}$ 的串联，系统输入信号为斜坡，试用 Simulink 仿真求取系统输出响应，并将输入和输出信号对比显示。

5.6 已知二阶传递函数 $G(s)=\dfrac{3}{(s+1-3i)(s+1+3i)}=\dfrac{3}{s^2+2s+10}$，试分别用游动鼠标法和编程法求取系统的性能指标。

5.7 已知单位负反馈系统的开环传递函数为

$$G(s)=\frac{\omega_n^2}{s(s+2\zeta\omega_n)}$$

式中：$\omega_n=1$；ζ 为阻尼比。试绘制当 ζ 分别为0、0.2、0.4、0.6、0.9、1.2、1.5时，其单位负反馈系统的单位阶跃响应曲线（绘制在同一张图上，并在图上添加图标题、阻尼比不同系数文字标注）。

5.8 已知单位负反馈的二阶系统，其开环传递函数为

$$G(s)=k/s(Ts+1)$$

式中：$T=1$。试绘制放大系数 k 分别为0.1、0.2、0.5、0.8、1.0、2.4时，其单位负反馈系统的单位阶跃响应曲线（绘制在同一张图上，并在图上添加图标题、放大系数 k 不同值的文字标注）。

5.9 已知如下系统的特征方程式，试分别用劳斯判据和赫尔维茨判据确定系统的稳定性。

（1）$s^3+20s^2+9s+100=0$

（2）$s^3+20s^2+9s+200=0$

（3）$3s^4+10s^3+5s^2+s+2=0$

第6章 频域分析法

本章首先介绍了频率特性的基本概念，包括频率特性的定义、表示方法及幅频特性、虚频特性、相频特性和实频特性之间关系；其次介绍了 Nyquist 图（极坐标图）、Bode 图（对数坐标图）和 Nichols 图（对数幅相图），从映射定理（幅角定理）引出 Nyquist 稳定性判据Ⅰ和Ⅱ，进行控制系统稳定性分析；最后介绍了 MATLAB 频域分析、MATLAB 绘制响应曲线的相关函数和 MATLAB 频域分析实例。通过本章内容的学习，读者能够运用经典控制理论的频率特性法和 MATLAB 工具绘制系统图形，并对系统的频率性能进行分析。

6.1 频率特性

频率特性和传递函数一样，可以用来表示线性系统或环节的动态特性。频率特性分析法是对系统进行分析和设计的图解方法，它依据系统频率特性能够对系统的性能稳定性、快速性和准确性进行分析。建立在控制系统频率特性基础上的频域分析法弥补了时域分析法的不足，即只要求出系统的开环频率特性，就可以迅速判断闭环系统是否稳定。由于系统的频率特性所确定的频域指标与系统的时域指标之间存在一定的对应关系，因此系统的频率特性很容易和它的结构、参数联系起来，可以很方便地对系统进行校正。频率特性不仅可以由微分方程或传递函数求得，还可以用实验方法直接求得并用来分析系统的品质。

6.1.1 频率特性的基本概念

频率特性是指系统的频率响应与正弦输入信号的复数比，而频率响应是指系统在正弦输入信号的作用下，线性系统输出的稳态分量。对于线性定常的稳定系统，若输入$r(t)=A_r\sin\omega t$，则稳态输出 $c(t)=A_c\sin(\omega t+\varphi)$，且输出与输入的幅值比 $A=A_c/A_r$、相位差 φ 只和系统参数及输入信号的频率 ω 有关。在系统结构参数给定的情况下，A 和 φ 仅仅是 ω 的函数。正弦输入输出信号可用复数表示，其表达式为

$$R(\omega)=A_r\angle 0^\circ\ ,\ C=A_c\angle\varphi$$

根据频率特性定义，系统的稳态输出与输入正弦信号的复数比为

$$G(\mathrm{j}\omega)=\frac{C}{R}=\frac{A_c\angle\varphi}{A_r\angle 0^\circ}=\frac{A_c}{A_r}\angle\varphi$$

频率特性 $G(\mathrm{j}\omega)$ 是 ω 的复变函数，其表达式为

$$G(\mathrm{j}\omega)=A(\omega)\angle\varphi(\omega)=P(\omega)+\mathrm{j}Q(\omega)$$

其相角为

$$\varphi(\omega)=\angle G(\mathrm{j}\omega)$$

稳态响应的幅值与输入信号的幅值之比为

$$A(\omega)=A_c/A_r=|G(\mathrm{j}\omega)|$$

称为系统的幅频特性，它描述系统对不同频率输入信号在稳态时的放大特性；稳态响应与正弦输入信号的相位差 $\varphi(\omega)=\tan^{-1}\dfrac{Q(\omega)}{P(\omega)}$ 称为系统的相频特性，它描述系统的稳态响应对不同频率输入信号的相位移特性；$P(\omega)=\mathrm{Re}[G(\mathrm{j}\omega)]$ 称为系统的实频特性；$Q(\omega)=\mathrm{Im}[G(\mathrm{j}\omega)]$ 称为系统的虚频特性。它们之间的关系为

$$P(\omega)=A(\omega)\cos\varphi(\omega)$$

$$Q(\omega)=A(\omega)\sin\varphi(\omega)$$

$$A(\omega)=\sqrt{P^2(\omega)+Q^2(\omega)}$$

$$\varphi(\omega)=\tan^{-1}\frac{Q(\omega)}{P(\omega)}$$

另外，频率特性与传递函数的关系为

$$G(\mathrm{j}\omega)=G(s)|_{s=\mathrm{j}\omega}$$

因此，频率响应法和利用传递函数的时域法在数学上是等价的。当传递函数中的复变量 s 用 $\mathrm{j}\omega$ 代替时，传递函数就转变为频率特性。

3 种线性系统的数学模型，即微分方程、传递函数和频率特性，它们之间的关系如图 6－1 所示。

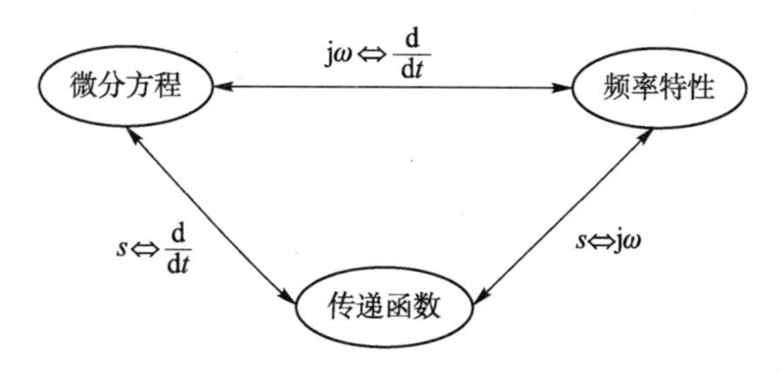

图 6－1　3 种线性系统的数学模型关系图

频率特性的推导是在线性定常系统稳定的假设条件下得出的，如果系统不稳定，则动态过程 $c(t)$ 最终不可能趋于稳态响应 $c_s(t)$，也就无法由实际系统直接观察到这种稳态响应。

对于不稳定的系统，尽管无法用实验方法测到其频率特性，但可以由传递函数得到。

6.1.2　频率特性的表示方法

频域法作为图解分析方法，在工程上常用图形来表示频率特性，从而对系统进行分析。频率特性曲线包括 3 种常用形式：Nyquist 图（极坐标图）、Bode 图（对数坐标图）和 Nichols 图（对数幅相图）。

1. Nyquist 图

Nyquist 图也称幅相频率特性图，是以开环频率特性的实部为直角坐标横坐标，以其虚部为纵坐标，以 ω 为参变量的幅值与相位的图解表示法，如图 6－2 所示。

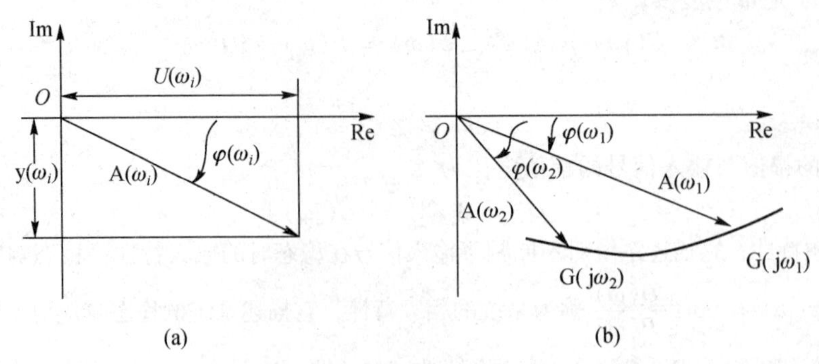

图 6-2　Nyquist 图

极坐标图是在复平面上用一条曲线表示 ω 由 $0\to\infty$ 时的频率特性，即用矢量 $\boldsymbol{A}(\mathrm{j}\omega)$ 的端点轨迹形成的图形。ω 是参变量，在曲线上的任意一点可以确定实频、虚频、幅频和相频特性。

2. Bode 图

Bode 图（伯德图）也称对数频率特性图，由对数幅频特性曲线和对数相频特性曲线组成，其幅频和相频对数坐标合成在 1 张图中。例如，开环传递函数 $G(s)=10/s(s+2)$ 的对数坐标图（Bode）如图 6-3 所示。

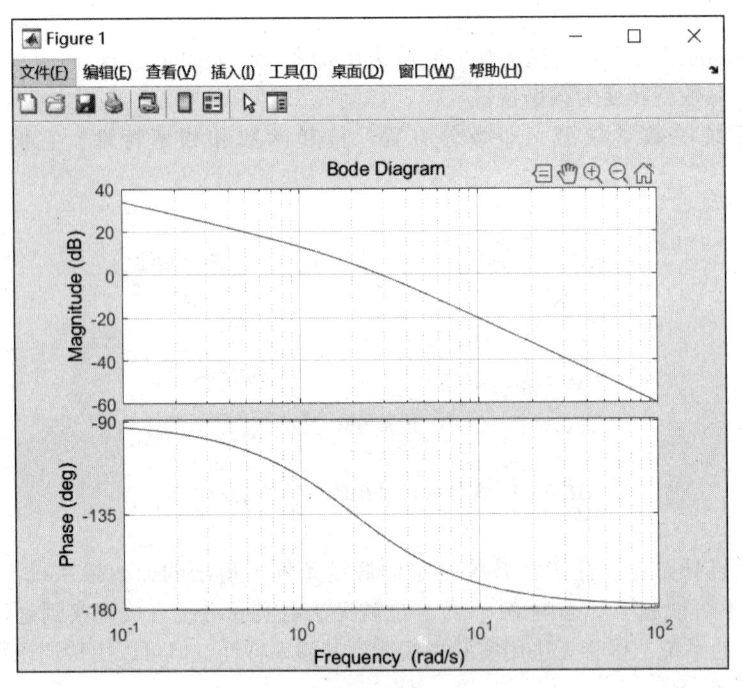

图 6-3　Bode 图

图中对数幅频特性坐标、对数相频特性坐标曲线与频率的关系及坐标单位说明如下。

对数幅频特性幅度值是对数值 $20\lg A(\omega)$ 与频率 ω 的关系曲线；对数相频特性是频率特性相角 $\varphi(\omega)$ 与频率 ω 的关系曲线。

对数幅频特性的纵轴其幅度值（Magnitude）为 $20\lg A(\omega)$，采用线性分度，单位为 dB；横坐标为角频率 ω，采用对数分度，单位为 rad/s。对数相频特性的纵轴表示相频特性的相角值（Phase），记为 $\varphi(\omega)$，单位为 deg(°)；横坐标为角频率 ω，也采用对数分度。横坐标采用对数分度，扩展了其表示的频率范围。

对数幅频特性的纵轴为 $L(\omega)=20\lg A(\omega)$，单位为 dB，采用线性分度；横坐标为角频率 ω，单位为 rad/s，采用对数分度。对数相频特性的纵轴为 $\varphi(\omega)$，单位为 deg°或 rad，采用线性分度；横坐标为角频率 ω，单位为 rad/s，也采用对数分度。横坐标采用对数分度，扩展了频率范围。

3. Nichols 图

Nichols 图是将对数幅频特性图和对数相频特性图，在角频率 ω 为参变量的情况下合成 1 张图，如当开环传递函数 $G_k(s)=1$ 时的对数幅相图，如图 6-4 所示。

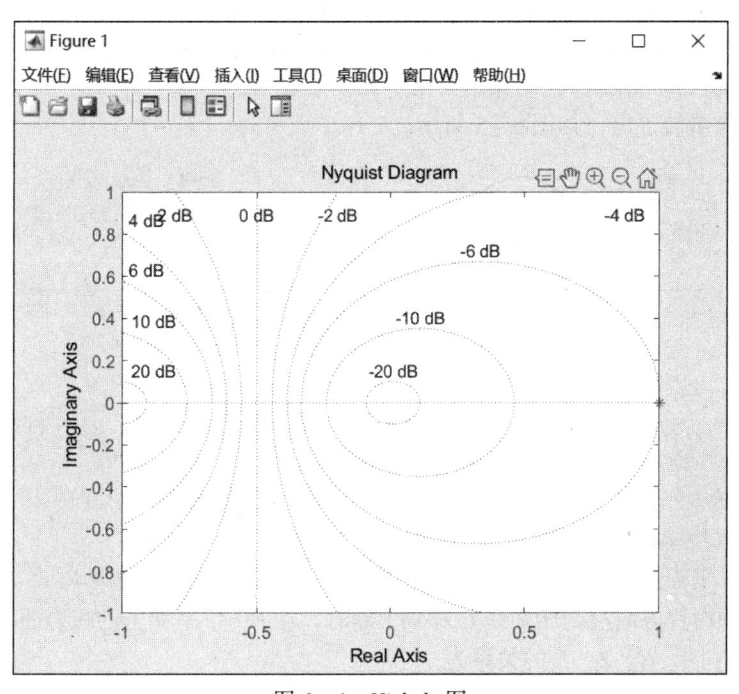

图 6-4　Nichols 图

对数幅相图是以相位 $\varphi(\omega)$ 为横坐标，以 $20\lg A(\omega)$ 为纵坐标，以 ω 为参变量的图示法。

6.2　基于频域法的控制系统稳定性能分析

当系统的开环传递函数表达式不易求解时，就无法应用代数判据或根轨迹法判断闭环系统的稳定性，但用频域法稳定判据就非常方便。前提是要正确地绘制系统的频率特性曲线，常用的频率特性曲线大致有：Nyquist 图、Bode 图和 Nichols 图。本节主要介绍频域法的 Nyquist 稳定判据和频域法的 Bode 稳定判据，并用开环系统的 Nyquist 图和 Bode 图来判定闭环系统的稳定性。

6.2.1　频域法的 Nyquist 稳定判据

为了保证系统稳定，特征方程 $1+G(s)H(s)=0$ 的全部根，都必须位于 S 平面的左半部分。Nyquist 稳定判据正是将开环频率响应 $G(\mathrm{j}\omega)H(\mathrm{j}\omega)$ 与特征方程 $1+G(\mathrm{j}\omega)H(\mathrm{j}\omega)$ 在 S 平面右半部分的零点数和极点数联系起来的判据。因为闭环系统的稳定性可以由开环频率响应曲线图解确定，无须实际求出闭环极点，所以 Nyquist 稳定判据在控制工程中得到了广泛应用。

1. 映射定理（幅角定理）

映射定理（幅角定理）是复变函数中的重要原理，即沿着闭曲线 C 正向绕行 1 周后辐角

$\arg f(z)$的改变量除以2π等于$f(z)$在C的内部的零点和极点个数的差值。映射定理可用于求解复变函数的零点或极点个数，也可用于求解方程$f(z)=0$的根的个数。在自动控制理论中，映射定理作为Nyquist稳定判据的理论基础，用于判断单变量系统的稳定性。

对于S平面上的每一点，在$F(s)$平面上必有唯一的一个映射点与之对应；同理，对于S平面上的任意一条不通过极点和零点的闭合曲线C_S，在$F(s)$平面上必有唯一的一条闭合曲线C_F与之对应。若S平面上的闭合曲线C_S按顺时针方向运动，则其在平面上的映射曲线C_F的运动方向可能是顺时针，也可能是逆时针，这取决于$F(s)$本身的特征。

假设S平面上的闭合曲线C_S以顺时针方向围绕$F(s)$的一个极点$-p_1$，$F(s)$其余零点和极点均位于闭环曲线C_S之外。沿着闭环曲线C_S顺时针运动1周，$s+p_1$的相角变化-2π，其余各向量的相角变化都为0，则$F(s)$的相角变化$+2\pi$。这表明在$F(s)$平面的映射曲线按逆时针方向围绕着坐标原点旋转1周，如图6-5所示。

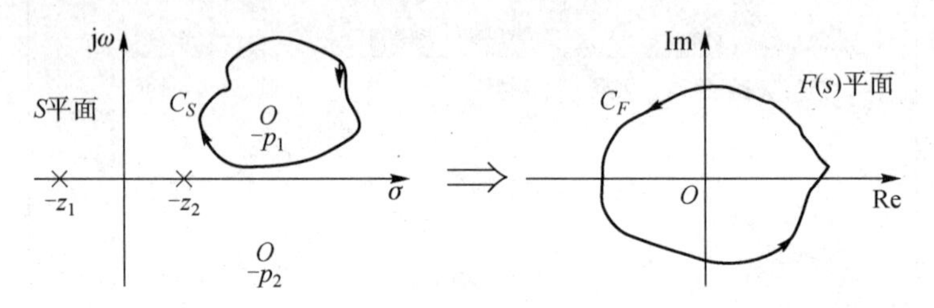

图6-5　S平面上的曲线映射到$F(s)$平面上

由此推论，若S平面上的闭合曲线C_S按顺时针方向包围S平面的P个零点，则映射曲线C_F将按逆时针方向围绕坐标原点旋转P周。

映射定理：S平面上不通过$F(s)$任何零点和极点的封闭曲线C_S包围$F(s)$的Z个零点和P个极点，当s以顺时针方向沿封闭曲线C_S移动1周时，在$F(s)$平面上的映射曲线C_F将以逆时针方向绕原点旋转N圈。N、Z、P的关系为

$$N = P - Z$$

即若N为正，则C_F逆时针运动，包围原点；若N为0，则C_F不包围原点；若N为负，则C_F顺时针运动，包围原点。

2. Nyquist稳定判据

设负反馈系统的开环传递函数为

$$G_k(s) = G(s)H(s) = K_g M(s)/N(s)$$

则闭环特征多项式为

$$F(s) = 1 + G(s)H(s) = 1 + \frac{K_g M(s)}{N(s)} = \frac{N(s) + K_g M(s)}{N(s)}$$

由此可知，闭环特征多项式的极点就是开环传递函数的极点（开环极点）。

闭环传递函数为

$$\Phi(s) = \frac{G(s)}{1 + G(s)H(s)} = \frac{G(s)}{F(s)}$$

由此可知，闭环特征多项式的零点就是闭环传递函数的极点（闭环极点）。

对控制系统而言，若其特征根处于S平面的右半部分，则系统是不稳定的。$F(s)=1+G(s)H(s)$的零点恰好是闭环系统的极点，因此，只要知道$F(s)$的零点在S平面的右半部分的个数，就可以给出稳定性结论。如果$F(s)$在S平面的右半部分的零点个数为0，则闭环系统是稳定的。

这里是应用开环频率特性研究系统的稳定性，因此，开环频率特性是已知的。设想：若封

闭曲线能包围整个 S 平面的右半部分，则根据映射定理知，该封闭曲线在 $F(s)$ 平面上的映射逆时针包围原点的次数应为：N = 开环系统右半极点数 - 闭环系统右半极点数。

这样，当已知开环右半极点数时，便可由 N 判断闭环右半极点数。这里需要解决如下问题。

（1）如何构造满足映射定理，且能够包围整个 S 平面右半部分的封闭曲线？

（2）如何确定相应的映射 $F(s)$ 对原点的包围次数 N，并将它和开环频率特性 $G_k(j\omega)$ 相联系？

第一个问题：先假设 $F(s)$ 在虚轴上没有零、极点。按顺时针方向做一条曲线包围整个 S 平面右半部分，这条封闭曲线称为 Nyquist 曲线，如图 6－6 所示。该曲线可分为如下 3 个部分。

（1）Ⅰ部分是正虚轴，$\omega=0\to+j\infty$。

（2）Ⅱ部分是右半平面上半径为无穷大的半圆，其表达式为

$$s=Re^{j\omega},\ R\to\infty,\ \theta\frac{\pi}{2}\to-\frac{\pi}{2}$$

（3）Ⅲ部分是负虚轴，$\omega=-\infty\to0$。

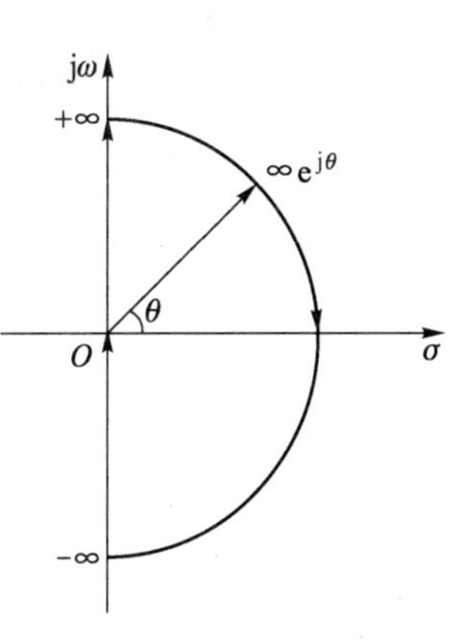

图 6－6　Nyquist 曲线

第二个问题：在实际系统 $G(s)H(s)$ 中，$n\geqslant m$，当$s\to\infty$ 时，$\lim\limits_{s\to\infty}F(s)=\lim\limits_{s\to\infty}[1+G(s)H(s)]$ 为常数，这意味着当 s 沿着半径为无穷大的半圆变化时，函数始终为一常数。

由此可知，平面上的映射曲线 C_F是否包围坐标原点，只取决于 Nyquist 曲线上虚轴部分的映射，即由 jω 轴的映射曲线来表征。

若在 $j\omega$ 轴上不存在 $F(s)$ 的极点和零点，则当 s 沿着 $j\omega$ 轴由 $-\infty$ 变化到 $+\infty$ 时，在 $F(s)$ 平面上的映射曲线 C_F为 $F(j\omega)=1+G(j\omega)H(j\omega)=1+G_K(j\omega)$。设闭合曲线 C_S以顺时针方向包围了 $F(s)$ 的 Z 个零点和 P 个极点，由映射定理可知，在 $F(j\omega)$ 平面上的映射曲线 C_F将按逆时针方向围绕坐标原点旋转 N 圈，其中，$N=P-Z$（极点数 - 零点数）。

由于 $G_K(j\omega)=F(j\omega)-1$，因而映射曲线 C_F对其坐标原点的围绕等价于开环幅相频率特性曲线对点（-1，j0）的围绕。$F(j\omega)$ 与 $G_K(j\omega)$ 的关系如图 6－7 所示。

于是闭环系统的稳定性可通过其开环幅相频率特性曲线 $G_K(j\omega)$ 对（-1，j0）点的包围与否来判别，这就是 Nyquist 稳定判据Ⅰ。

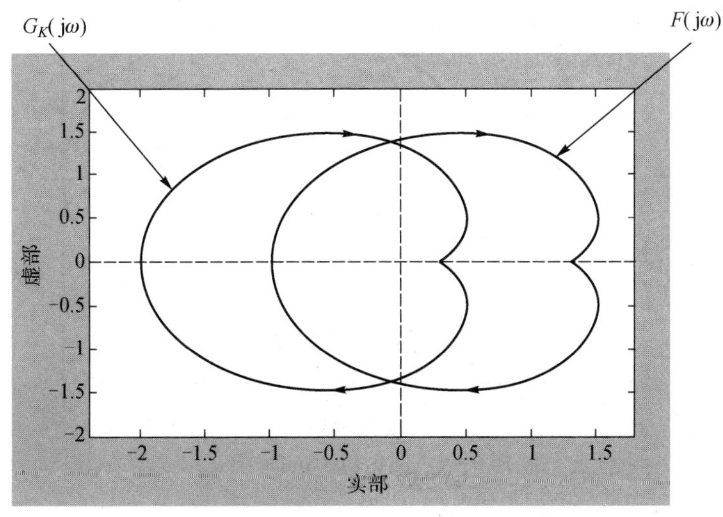

图 6－7　$F(j\omega)$ 与 $G_K(j\omega)$ 的关系

Nyquist 稳定判据Ⅰ：

（1）如果开环系统稳定，也就是开环传递函数 $G_K(s)$ 在 S 平面及虚轴上无极点，即$P=0$，则闭环系统稳定的充要条件是 $G_K(\mathrm{j}\omega)$ 曲线不包围点（-1，j0），即 $N=0$。

（2）如果开环系统不稳定，且已知有 P 个开环极点位于 S 平面的右半部分，则其闭环系统稳定的充要条件是 $G_K(\mathrm{j}\omega)$ 曲线按逆时针方向围绕点（-1，j0）旋转 P 周，即 $Z=P-N=0$，Z 为闭环极点在 S 平面右半部分的极点个数。

（3）当 $G_K(\mathrm{j}\omega)$ 曲线恰好通过（-1，j0）时，说明闭环系统有极点落在虚轴上，系统是临界状态（不稳定）。

开环幅相频率特性曲线 $G_K(\mathrm{j}\omega)$ 在 $\omega=0\rightarrow+\infty$ 和 $\omega=-\infty\rightarrow0$ 的部分是关于实轴对称的，上述 Nyquist 稳定判据Ⅰ，是利用封闭奈氏曲线进行判断的。也可以只对部分奈氏曲线来判断，如判断系统是否稳定，则应有 $N=P/2$，即曲线 $G_K(\mathrm{j}\omega)$ 在 $\omega=0\rightarrow+\infty$ 的部分以逆时针方向围绕点（-1，j0）旋转 $P/2$ 周。

【例 6-1】 已知开环传递函数为

$$G_K(s)\frac{2}{(s+1)(5s+1)}$$

试完成：

（1）绘制 Nyquist 曲线图；

（2）用 Nyguist 稳定判据Ⅰ分析闭环系统的稳定性；

（3）右击 Nyquist 图确定稳定裕度指标。

解：（1）在 MATLAB 命令行窗口输入的语句如下：

```
% 绘制 Nyquist 曲线图
>>num =2;den =conv([1 1],5 1]);
>>G =tf(num,den); >>nyquist(G),grid
>>xlabel('实部');ylabel('虚部'); title('Nyquist 图')
```

运行程序，输出 Nyquist 图如图 6-8 所示。

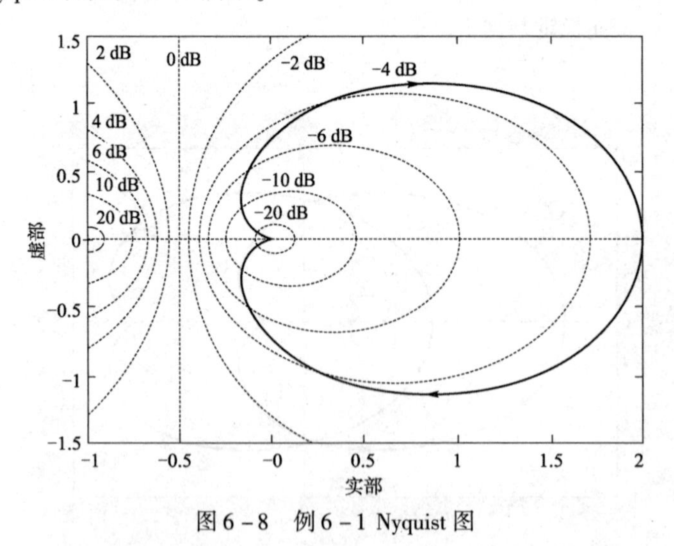

图 6-8　例 6-1 Nyquist 图

（2）分析系统的稳定性。

由图 6-8 可看出，系统在 S 平面右半部分没有开环极点，Nyquist 图不包围点（-1，j0），故闭环系统是稳定的（由 Nyquist 稳定判据 Ⅰ（1）确定）。

（3）右击 Nyquist 图任一点确定稳定裕度指标。

右击图 6－8 中任一点，并选择“Characteristics”→“MinimumStability Margins”选项，得到 Nyquist 曲线与单位圆的交点，如图 6－9 所示。

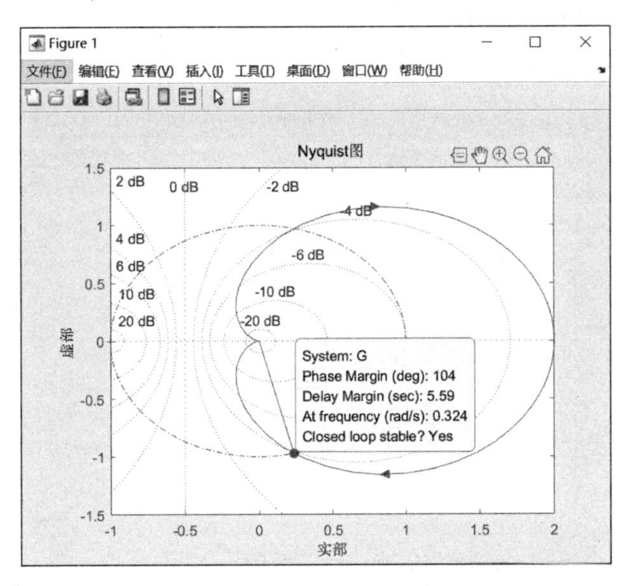

图 6－9　在 Nyquist 曲线确定稳定裕度

将鼠标指针放置在该点，就会得到该系统的截止频率、相位裕度以及相应闭环系统是否稳定等信息。

【例 6－2】 设系统开环传递函数为

$$G_K(s)\ \frac{52}{(s+1)(s^2+2s+5)}$$

试用 Nyquist 稳定判据分析判断闭环系统的稳定性。

解： 由开环传递函数知系统无开环零点，在 MATLAB 命令行窗口输入的语句如下：

```
>>p = conv([1 1],[1 2 5]);      % 开环传递函数分母多项式系数
>>roots(p)                      % 求开环系统极点
```

运行程序，输出结果如下：

```
ans =   -1.0000 + 2.0000i   -1.0000 - 2.0000i   -1.0000 + 0.0000i
```

确定开环极点 p 为 －1、－1＋j2 和 －1－j2，虽均在 S 平面左半部分，但存在一对偶极点，故系统是不稳定的。继续在 MATLAB 命令行窗口输入的语句如下：

```
>>num = 52;den = conv([1,1],[1,2,5]);
>>G = tf(num,den);
>>nyquist(G), grid on
>>xlabel('实部'); ylabel('虚部'); title('Nyquist 图')
```

运行程序，输出的 Nyquist 图如图 6－10 所示。

从图 6－10 中可以看出：Nyquist 图顺时针围绕点（－1，j0）旋转 2 周，即 $N=-2$（顺时

针），所以闭环系统在 S 平面右半部分的极点数 $Z=P-N=0-(-2)=2>0$，闭环系统是不稳定的（由 Nyquist 稳定判据 I（2）确定）。

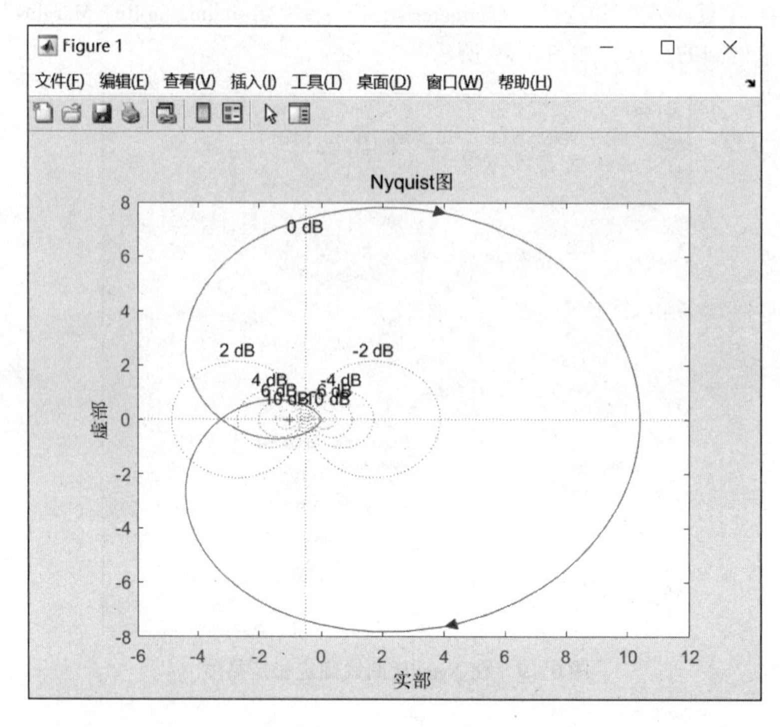

图 6－10　例 6－2 Nyquist 图

【例 6－3】闭环系统结构如图 6－11 所示。

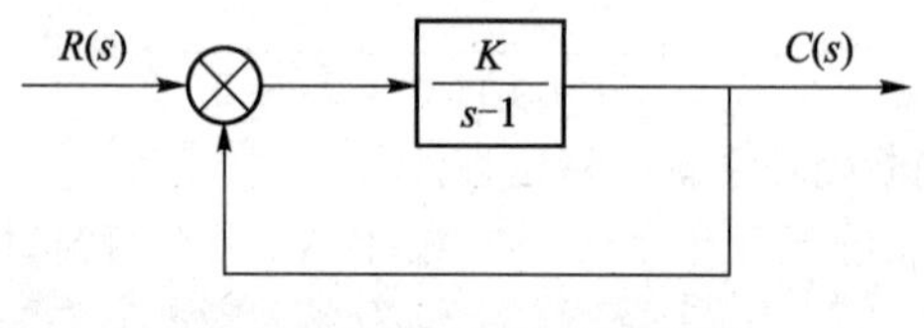

图 6－11　闭环系统结构图

当开环增益 $K=0.5$，1，2 时，试判断闭环系统的稳定性并讨论稳定性和 K 值的关系。

解：编写的 MATLAB 程序代码如下：

```
clear;
num1 =[0.5];den1 =[1, -1];G1 =tf(num1,den1);nyquist(G1),grid;hold on % K =0.5
num2 =[1];den2 =[1, -1];G2 =tf(num2,den2);nyquist(G2),grid;hold on % K =1
num3 =[2];den3 =[1, -1];G3 =tf(num3,den3);nyquist(G3),grid;hold on % K =2
xlabel('实部');ylabel('虚部');title('Nyquist 图')
```

以“l7_2. m”为文件名存盘，并运行程序，输出 Nyquist 图如图 6－12 所示。

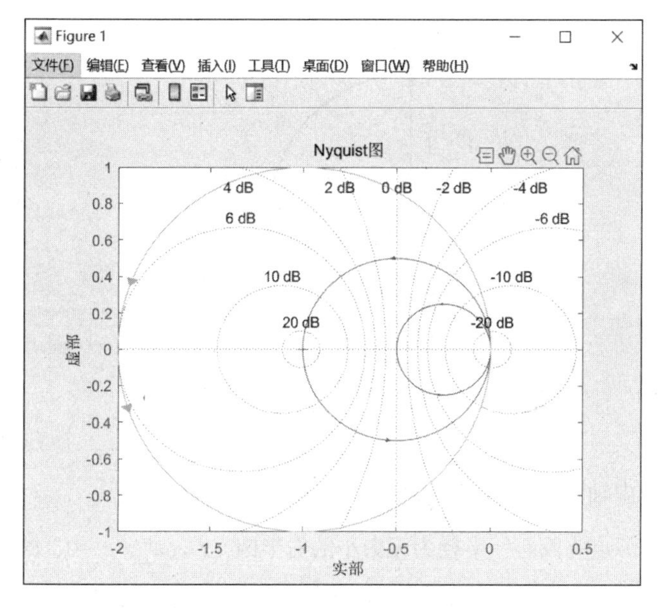

图 6－12　例 6－3 Nyquist 图

开环系统 Nyquist 图是一个半径为 $K/2$，圆心在（$K/2$，0）的圆。显然，当 $K>1$ 时，包围点（－1，j0）；当 $K<1$ 时，不包围点（－1，j0）。由图 6－12 可以看出：

（1）当 $K<1$ 时，Nyquist 曲线不包围点（－1，j0），即 $N=0$，而 $P=1$，$Z=P-N=1$（1 个闭环极点位于 S 平面右半部分），故闭环系统不稳定，由 Nyquist 稳定判据Ⅰ(2) 确定。

（2）当 $K=1$ 时，Nyquist 曲线通过点（－1，j0），属于临界状态（不稳定），由 Nyquist 判据Ⅰ(3) 确定。

（3）当 $K>1$ 时，Nyquist 曲线逆时针包围点（－1，j0）1 周，即 $N=1$，而开环极点数 $P=1$，此时闭环极点在 S 平面右半部分的个数 $Z=P-N=0$，则闭环系统是稳定的，由 Nyquist 判据Ⅰ(2) 确定。

3. Nyquist 稳定判据Ⅱ

前面的 Nyquist 判据Ⅰ和示例，都是在假设虚轴上没有开环极点，即开环系统都是 0 型的情况下讨论的，这是为了满足映射定理的条件。对于开环系统为Ⅰ、Ⅱ型的，即在虚轴上（原点）有极点的情况下，前述的 Nyquist 曲线（通过虚轴并包围整个 S 平面的右半部分）不满足映射定理，为了解决这一问题，需要重构 Nyquist 曲线。

对于具有 υ 个积分环节的系统，设其开环传递函数为

$$G_K(s)=\frac{K\prod_{i=1}^{m}(\tau_i s+1)}{s^{\nu}\prod_{j=1}^{n}(T_j s+1)}$$

由此可知，在坐标原点有 υ 重极点。为了使 Nyquist 曲线不经过原点而仍然能包围整个 S 平面的右半部分，对 Nyquist 曲线做如下修改：以原点为圆心，半径为无穷小做右半圆，使 Nyquist 曲线沿着小半圆绕过原点。这时具有积分环节的 Nyqist 曲线由 4 个部分组成，如图 6－13 所示。

（1）Ⅰ部分：正虚轴，$\omega=\mathrm{j}0^{+}\rightarrow+\mathrm{j}\infty$。

（2）Ⅱ部分：以原点为圆心，半径为无穷大的右半圆，$s=R\mathrm{e}^{\mathrm{j}\theta}$，$R\rightarrow\infty$，$\theta=\frac{\pi}{2}\sim\frac{\pi}{2}$。

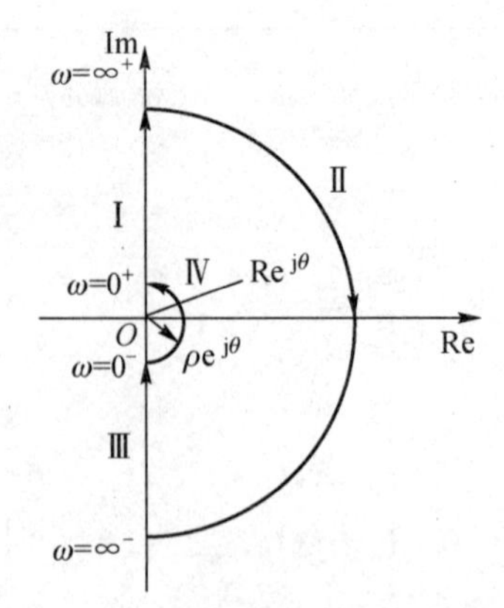

图 6－13　具有增补的奈斯曲线图

(3) Ⅲ部分：负虚轴，$\omega = -\mathrm{j}\infty \to \mathrm{j}0^-$。

(4) Ⅳ部分：以原点为圆心，半径为无穷小的右半圆，$s=\rho \mathrm{e}^{\mathrm{j}\varphi}$，$\rho \to 0$，$\varphi = -\frac{\pi}{2} \sim \frac{Z}{2}$。

下面讨论第Ⅳ部分小半圆在$G_K(s)$平面的映射。

当 s 沿小半圆移动时，s 的表达式为

$$s = \lim_{p \to 0} \rho \mathrm{e}^{\mathrm{j}\varphi}$$

则开环传递函数为

$$G_k(s) \Bigg|_{s=\lim\limits_{p\to 0}\rho \mathrm{e}^{\mathrm{j}\omega}} = \frac{K\prod\limits_{j=1}^{m}(\tau_i s+1)}{s^v \prod\limits_{i=1}^{n}(T_i S+1)} \Bigg|_{s=\lim\limits_{p\to 0}\rho \mathrm{e}^{\mathrm{j}\omega}} = \frac{K}{(\lim\limits_{p\to 0}\rho \mathrm{e}^{\mathrm{j}\omega})} = \infty\, \mathrm{e}^{\mathrm{j}v\varphi}$$

当 φ 从 $-\pi/2$ 变化到 $\pi/2$，在 $G_k(S)$ 平面上的映射曲线将沿着半径为无穷大的圆弧按顺时针方向从 $\upsilon\pi/2$ 变化到 $-\upsilon\pi/2$，如图 6－14 所示。

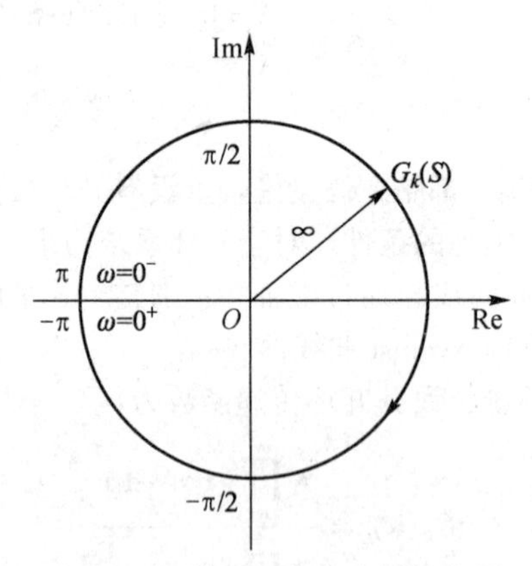

图 6－14　第Ⅳ部分小半圆放大图

注意：

(1) 对于Ⅰ型系统 ($\upsilon=1$)，这一段的映射：半径为∞，角度从 $\pi/2$ 变化到 $-\pi/2$ 的右半圆；

(2) 对于Ⅱ型系统 ($\upsilon=2$)，这一段的映射：半径为∞，角度从 π 变化到 $-\pi$ 的整个圆（顺时针）。

当开环传递函数 $G_k(s)$ 在 S 复平面的虚轴上存在极点或零点时，为了有效应用 Nyquist 判据，需要对频率响应加以修正，即所谓的增补开环频率响应，这样才能对闭环系统稳定性作出正

确的判断。

Nyquist 稳定判据Ⅱ：

当系统开环传递函数有 υ 个极点位于 s 复平面坐标原点时，如果增补开环频率特性曲线 $G(j\omega)H(j\omega)$（ω 从 $-\infty\to+\infty$）逆时针包围点（-1，j0）的次数 N 等于系统开环右极点个数 P，即 $Z=P-N=0$ 时，则闭环系统稳定；否则系统不稳定，且不稳定根的个数为 Z。

【例 6-4】 已知开环传递函数为

$$G_k(s)H(s)=\frac{K(2s+1)}{s^2(Ts+1)}$$

试用 Nyquist 判据分别分析判断当 $T<2$、$T=2$ 和 $T>2$ 时系统的稳定性。

解： 本题是Ⅱ型系统（$\upsilon=2$），其映射为半径为∞，角度从 π 变到 $-\pi$ 的整个圆。

（1）当 $T=1.5<2$ 时，编写的 MATLAB 程序代码如下：

```
>>num=[2 1];den=conv([1 0 0],[1.5 1]);
                                        % 开环传递函数分子分母多项式向量
>>G1=tf(num,den);                       % 开环传递函数
>>nyquist(G1),grid;hold on              % 绘制增补 Nyquist 曲线
```

运行程序，输出增补 Nyquist 曲线如图 6-15 所示。

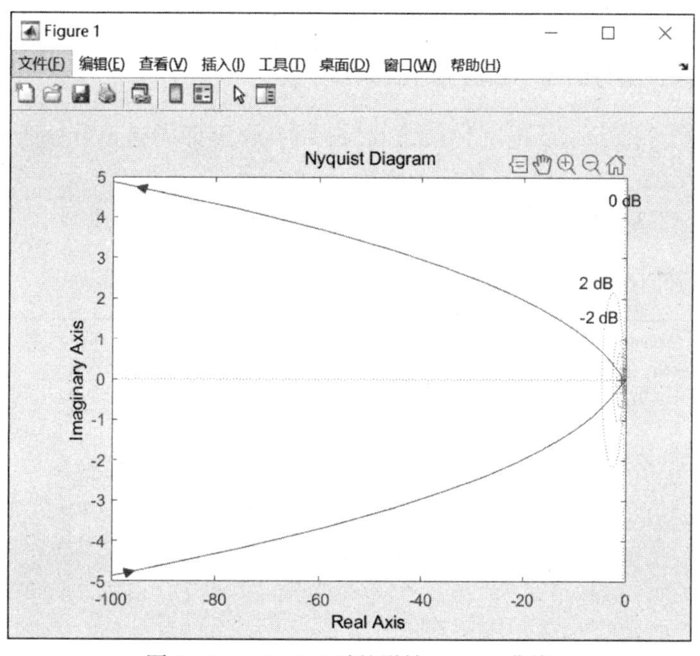

图 6-15　$T=1.5$ 时的增补 Nyquist 曲线

由于增补 Nyquist 曲线没有包围点（-1，j0），即 $N=0$，而系统在 S 平面右半部无开环极点（即 $P=0$），则由 Nyquist 判据知，当 $T=1.5<2$ 时，该系统是稳定的。

（2）当 $T=2$ 时，编写的 MATLAB 程序代码如下：

```
>>num=[2 1];den=conv([1 0 0],[2 1]);% 开环传递函数分子分母多项式向量
>>G2=tf(num,den);                   % 开环传递函数
>>nyquist(G2),grid;hold on          % 绘制增补 Nyquist 曲线
```

运行程序，增补 Nyquist 曲线如图 6－16 所示。由于 Nyquist 曲线穿越点（－1，j0）且与负实轴重合，故系统处于临界稳定状态。

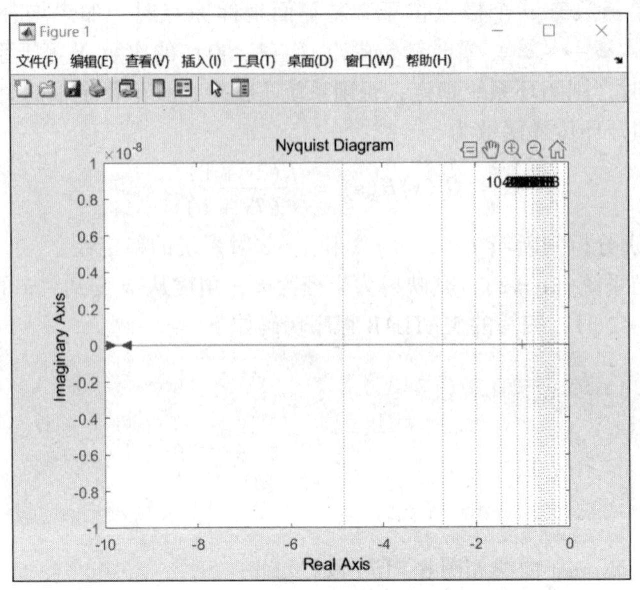

图 6－16　$T=2$ 时增补 Nyquist 曲线

（3）当 $T=3$ 时，编写的 MATLAB 程序代码如下：

```
>>num=[2 1];den=conv([1 0 0],[3 1]);% 开环传递函数分子分母多项式向量
>>G3 =tf(num,den);% 开环传递函数
>>nyquist(G3),grid;hold on   % 绘制增补 Nyquist 曲线
```

运行程序，输出增补 Nyquist 曲线如图 6－17 所示。

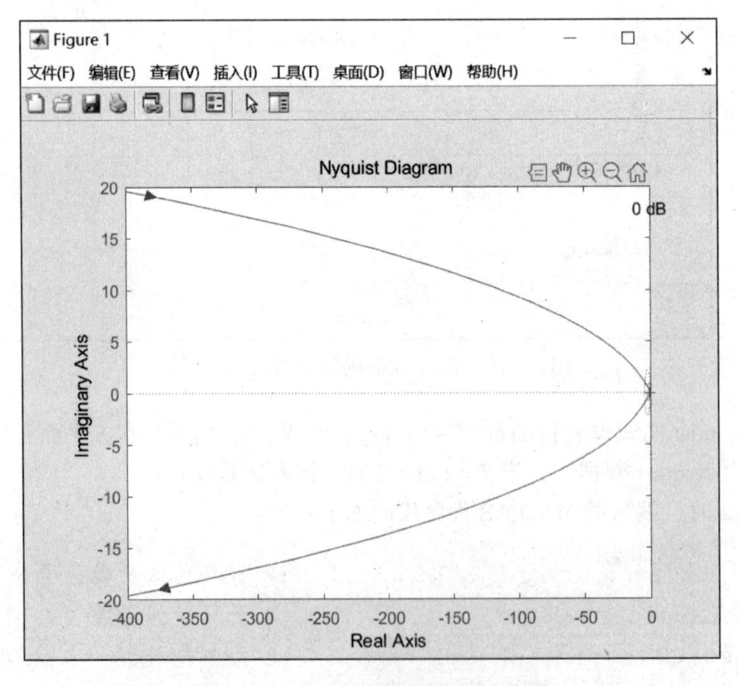

图 6－17　$T=3$ 时增补 Ngquist 曲线

由于 Nyquist 曲线顺时针包围点（-1，j0）2 周，即 $N=-2$。而系统在 S 平面右半部无开环极点（即 $P=0$），由 Nyquist 判据知，$Z=P-N=2$，故系统是不稳定的。

6.2.2 频域法的 Bode 稳定判据

Bode 稳定判据实际上是利用开环系统对数频率特性曲线来判断闭环系统的稳定性，由于 Bode 图可以通过试验获得，因此 Bode 稳定判据在工程实际中获得了广泛的应用。开环系统 Nyquist 图和 Bode 图的对应关系如图 6－18 所示。

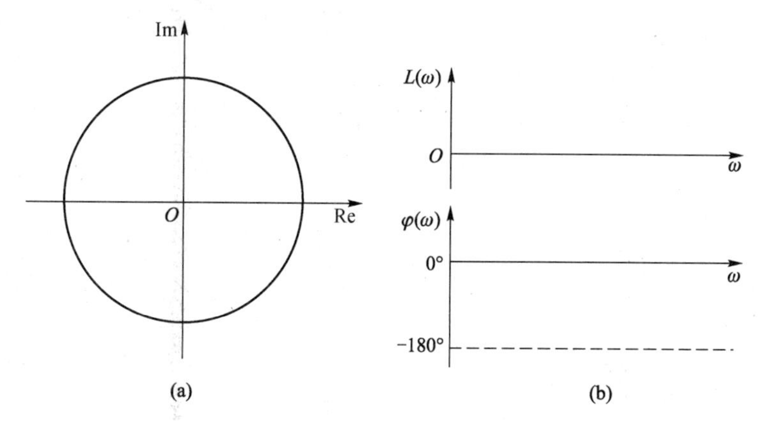

图 6－18 开环系统 Nyquist 图与 Bode 图的关系
（a）Nyquist 图；（b）Bode 图

由图 6－18 可以看出：

（1）Nyquist 图上单位圆对应 Bode 图上的 0 dB 线，单位圆以外对应 $L(\omega)>0$。

（2）Nyquist 图上的负实轴对应于 Bode 图上的 $-180°$线。

Nyquist 图和 Bode 图判断闭环系统稳定性对比如图 6－19 所示。

在图 6－19（a）中点（-1，j0）以左负实轴的穿越点 ω_1、ω_2对应图 6－19（b）中$L(\omega)>0$ 范围内的与 $-180°$线的穿越点 ω_1、ω_2。

下面结合图 6－19（b）介绍 2 个术语。

（1）负穿越（相角减小）：对应 Bode 图中 $L(\omega)>0$ 范围内随着 ω 的增加相频特性从上而下穿过 $-180°$线。

（2）正穿越（相角增大）：对应 Bode 图中 $L(\omega)>0$ 范围内随着 ω 的增加相频特性从下而上穿过 $-180°$线。

Bode 稳定判据：

若系统开环传递函数有 P 个位于 S 平面右半部分的特征根，则系统闭环稳定的充要条件是：在 $L(\omega)>0$ 的所有频率范围内，相频特性曲线 $\varphi(\omega)$ 与 $-180°$线的正负穿越次数之差等于 $P/2$。

【例 6－5】已知系统开环传递函数为

$$G_k(s)=\frac{10}{(0.25s+1)(0.25s^2+0.4s+1)}$$

用 Bode 稳定判据判断闭环系统的稳定性。

解：在 MATALB 命令行窗口输入的语句如下：

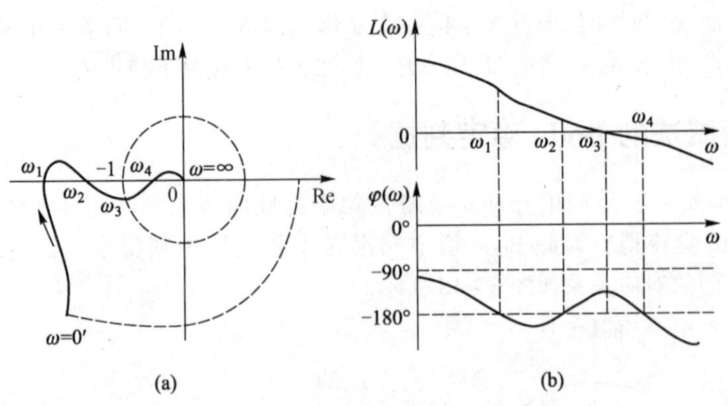

图 6-19 Nyquist 图和 Bode 图判断闭环系统稳定性对比
(a) Nyquist 图；(b) Bode 图

```
>>clear;num =10 *[0 1];                      % 开环传递函数分子多项式向量(无零点)
>>den =conv([0.25 1],[0.25 0.4 1]);          % 开环传递函数分母多项式向量
>>G =tf(num,den);                            % 开环传递函数
>>bode(G),grid on                            % 绘制 Bode 图判断闭环系统是否稳定
```

运行程序，输出 Bode 曲线如图 6-20 所示。

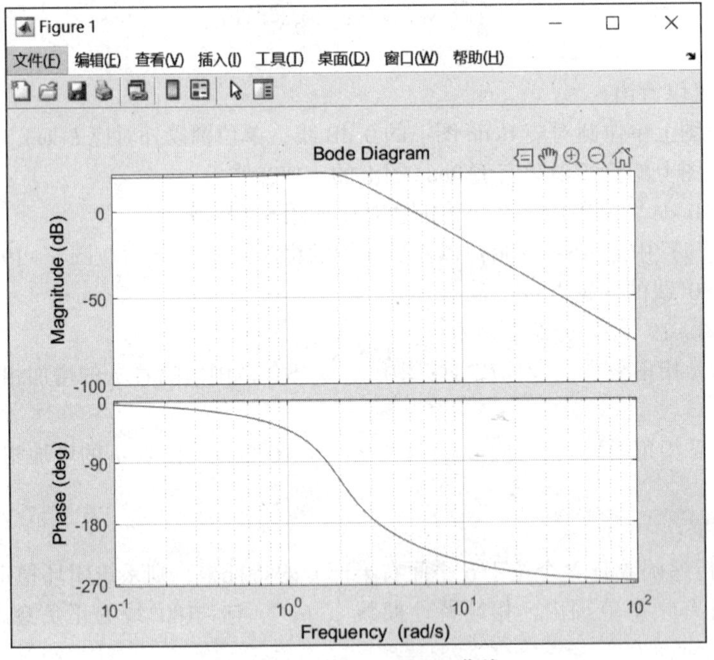

图 6-20 例 6-5 Bode 曲线

由于系统在 S 平面右半部分没有开环极点，即 $P=0$，而 $L(\omega)>0$ 范围内相频特性从上而下穿越 $-180°$线 1 次，正负穿越次数之差为 1，根据 Bode 稳定判据，确定该闭环系统不稳定。

【例 6-6】 已知系统开环传递函数为

$$G(s)=\frac{10^{-3}(1+100s)^2}{s^2(1+10s)(1+0.125s)(1+0.05s)}$$

试用 Bode 稳定判据判断闭环系统的稳定性。

解：在 MATALB 命令行窗口输入的语句如下：

```
>>clear;num=10^-3*conv([100 1],[100 1]);% 开环传递函数分子多项式向量
>>den=conv(conv([1 0 0],[10 1]),conv([0.125 1],[0.05 1]));% 开环传递函数分母多项式向量
```

```
>>G=tf(num,den);% 开环传递函数
>>bode(G),grid on % 绘制 Bode 图判断闭环系统是否稳定
```

运行程序，输出 Bode 曲线如图 6－21 所示。

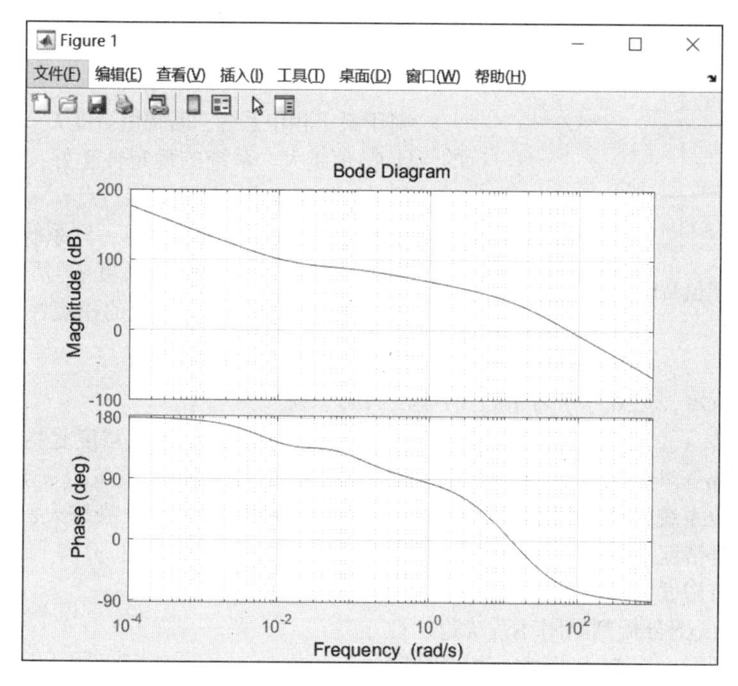

图 6－21　例 6－6 Bode 曲线

由于系统在 S 平面右半部分没有开环极点，即 $P=0$，而 $L(\omega)>0$ 范围内相频特性没有穿越 $-180°$ 线，根据 Bode 稳定判据，确定该闭环系统稳定。

6.3　控制系统的相对稳定性

虽然系统能正常工作的前提是必须稳定，但在对控制系统进行分析时，往往还需要了解系统的相对稳定性，即稳定裕量的问题。用 Nyquist 判据分析系统的稳定性时，是通过系统的开环频率特性曲线 $G_k(j\omega)H(j\omega)$ 绕点（-1，j0）的情况来判断的。在 $G_k(s)$ 平面上，可以用 Nyquist 曲线与点（-1，j0）的靠近程度来表征系统的相对稳定性，即 Nyquist 曲线离点（-1，j0）越远，系统的稳定程度越高，其相对稳定性越好；反之，Nyquist 曲线离点（-1，j0）越近，系统的稳定程度越低，其相对稳定性越差。因此，反映系统稳定程度高低的概念就是系统相对稳定性，下面对相对稳定性进行定量分析并利用 MATLAB 提供的计算系统稳定裕度的函数 margin()求取稳定性指标。

6.3.1 相对稳定性

开环传递函数在 S 平面右半部分无零点和极点的系统称为最小相位系统，反之称为非最小相位系统。通常用稳定裕度来衡量系统的相对稳定性或系统的稳定程度，稳定裕度包括系统的幅值裕度和相角裕度。

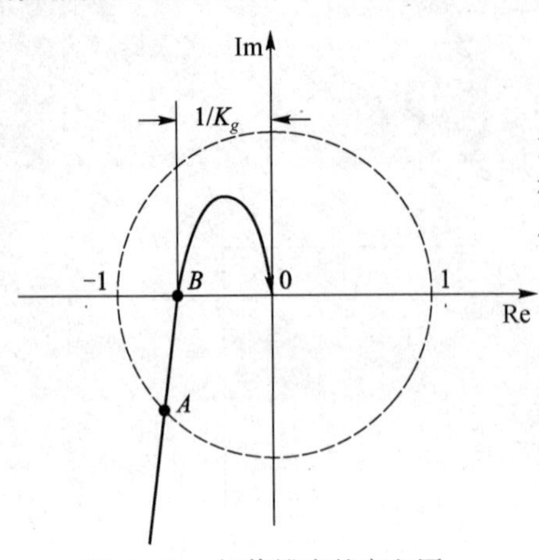

图6-22 幅值裕度的定义图

1. 幅值裕度

如图6-22所示，系统的 Nyquist 曲线与 $G_k(s)$ 平面负实轴的交点 B 上的频率 ω_g 称为相位穿越频率。而幅值裕度是指相位穿越频率 ω_g 所对应的开环幅频特性的倒数值，用 K_g 表示，其表达式为

$$K_g = \frac{1}{A(\omega_g)}$$

对于最小相位系统，若幅值裕度 $K_g>1$，则系统是稳定的，且 K_g 值越大，系统的稳定性越好；若幅值裕度 $K_g=1$ 时，系统的开环频率特性曲线穿过点（-1，j0），则系统处于临界稳定；若幅值裕度 $K_g<1$，则系统不稳定。

可见，求出系统的幅值裕度 K_g 后，就可以根据 K_g 值的大小来分析最小相位系统的稳定性和稳定程度。

2. 相角裕度

如图6-23所示，把 $G_k(s)$ 平面上的单位圆与系统 Nyquist 曲线的交点 A 上的频率 ω_c 称为幅值穿越频率或剪切频率。相角裕度是指幅值穿越频率 ω_c 所对应的相移 $\varphi(\omega_c)$ 与 $-180°$ 的差值，即 $\gamma=\varphi(\omega_c)-(-180°)=180°+\varphi(\omega_c)$。

对于最小相位系统，如果相角裕度 $\gamma>0$，则系统是稳定的，且 γ 值越大，系统的相对稳定性越好；如果相角裕度 $\gamma=0$，系统的开环频率特性曲线穿过点（-1，j0），则系统处于临界稳定状态；如果相角裕度 $\gamma<0°$，则系统不稳定。

下面根据 Bode 图分析判断闭环系统稳定性。

如图6-24所示，在 Bode 图中，相角裕度的表达式为

$$\gamma=180°+\varphi\ (\omega_c)$$

幅值裕度的表达式为

$$L_g(\omega)\ =\ 20\lg K_g\ =\ 20\lg\frac{1}{A(\omega_g)}\ =\ 20\lg A(\omega_g)$$

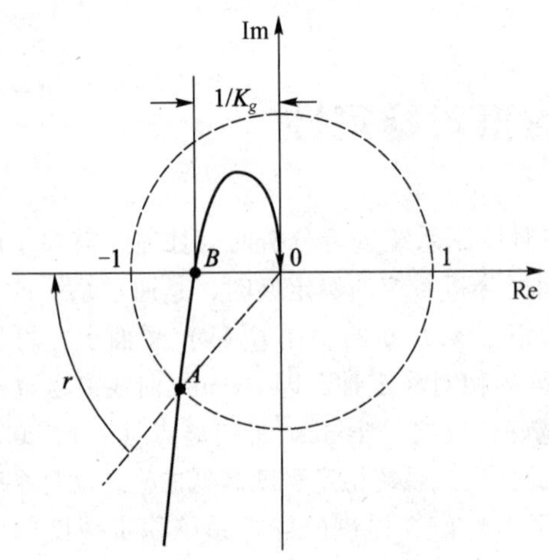

图6-23 相角裕度定义图

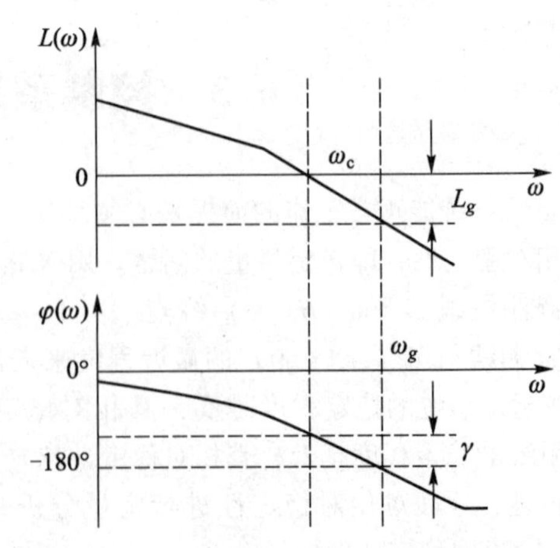

图6-24 Bode 图中的相角裕度与增益裕度

显然，当 $L_g(\omega)>0$ 和 $\gamma>0$ 时，闭环系统是稳定的，否则是不稳定的。对于最小相位系统而言，$L_g(\omega)>0$ 和 $\gamma>0$ 是同时发生或同时不发生的，所以仅用稳定裕度来表示系统的稳定程度即可，一般用相角裕度。

保持适当的稳定裕度，可以预防系统中元件性能变化带来的不利影响。为了得到较满意的暂态性能，相角裕度应当在30°~60°，增益裕度应大于6 dB。

对于最小相位系统而言，开环幅频特性和相频特性之间存在唯一的对应关系。通常希望系统的开环对数幅频特性在剪切频率处的斜率为 -20。

6.3.2 系统稳定性能指标的求取

MATLAB 提供了用于计算控制系统稳定裕度的函数 margin( )，它可以从频率响应数据中计算出幅值裕度、相角裕度及对应的频率。幅值裕度和相角裕度是针对开环单输入单输出系统而言的，它指出了系统在闭环时的相对稳定性。当不带输出变量时，用函数 margin( )可在当前图形窗口中绘出带有裕度及相应频率显示的 Bode 图，其中的幅值裕度以 dB 为单位。

margin( )函数不仅能绘制系统开环 Bode 图，还能在 Bode 图上同时给出计算的系统频域性能指标，如幅值稳定裕度 *Gm*、相角稳定裕度 *Pm*(γ)、相位穿越频率 ω_g、幅值穿越频率或剪切频率 ω_c 等。margin( )函数的常见调用格式如下：

```
margin(mag, phase,w)    % 由 Bode 指令得到的幅值 mag(不是以 dB 为单位)、相角 phase 及角频率 w 矢量绘出带有裕度及相应频率显示的 Bode 图。
margin(num,den)    % 计算连续系统传递函数表示的幅值裕度和相角裕度,并绘出相应的 Bode 图。对于连续状态空间系统可用 margin(a,b,c,d)计算幅值裕度和相角裕度,并绘制出相应的 Bode 图。
[Gm,Pm,Wg,Wp] = margin(G)    % 分别求 Gm 幅值稳定裕度、Pm 相角稳定裕度、Wg 相位穿越频率、Wp 幅值穿越频率(或剪切频率)给出的系统相对稳定参数。
[Gm,Pm,Wg,Wp] = margin(mag,phase,w)    % 由 Bode 函数得到的幅值、相角和频率向量计算。返回参数分别为幅值裕度、相角裕度、相角穿越频率、幅值穿越频率。
s = allmargin(G)    % 返回相对稳定参数组成的结构体。它包括幅值裕度、相角裕度以及对应的频率、时滞增益裕度。幅值裕度和相角裕度是针对开环单输入单输出系统而言的,输出 s 是一个结构体。
```

【例 6-7】已知系统的开环传递函数为

$$G_k(s) = \frac{K(s+10)}{s(s+2)(s+5)(s+20)}$$

试计算当开环增益 $K=5$、50、250 时，系统幅值稳定裕度、相角稳定裕度及对应的频率变化。

解：在 MATLAB 命令行窗口输入的语句如下：

```
>> k = [5,50,250];                       % 不同的开环增益
>> for j = 1:3
>> num = k(j) * [1 10];                  % 传递函数分子多项式系数行向量
>> den = conv(conv([1 0],[1 2]),conv([1,5],[1,20]));
                                         % 分母多项式系数行向量
>> G = tf(num,den);                      % 建立传递函数
>> y(j) = allmargin(G)                   % 计算幅值裕度、相角裕度及对应的频率
>> end
```

```
>>for  j=1:3
>>  y(j)
>>end
```

运行程序，输出结果如下：

```
 % 此时y(1),即开环增益K=5 时,系统的幅值稳定裕量、相角稳定裕度及对应的频率
ans=GainMargin: 40.0993dB;          % 幅值裕度
     GMFrequency: 3.8514rad/s;      % 幅值频率
     PhaseMargin: 80.8106°;         % 相角裕度
     PMFrequency: 0.2478rad/s;      % 相角频率
     DelayMargin: 5.6925dB;         % 时滞增益裕度
     DMFrequency: 0.2478rad/s;      % 时滞增益频率
        Stable: 1                   % 系统稳定
 % 此时y(2),即开环增益K=50 时,系统的幅值稳定裕量、相角稳定裕度及对应的频率
ans=GainMargin: 4.0099
    GMFrequency: 3.8514
    PhaseMargin: 33.7431
    PMFrequency: 1.7800
    DelayMargin: 0.3309
    DMFrequency: 1.7800
        Stable: 1
 % 此时y(3),即开环增益K=250 时,系统的幅值稳定裕量、相角稳定裕度及对应的频率
ans=GainMargin: 0.8020
    GMFrequency: 3.8514
    PhaseMargin: -4.4077
    PMFrequency: 4.2782
    DelayMargin: 1.4507
    DMFrequency: 4.2782
        Stable: 0                   % 系统不稳定
```

由运行结果可以看出，随着开环增益的增大，相角稳定裕度减少，表明系统的稳定性在变差。当 $K=250$ 时，相角稳定裕度变为负值，此时系统不稳定了。

6.4 MATLAB 在频域法中分析与绘制曲线的应用

利用 MATLAB 工具箱的函数，可以准确地绘出系统的频率特性曲线，这为控制系统的分析和设计提供了极大的方便。本节介绍 MATLAB 频域分析和绘制响应曲线的相关函数，以及 MATLAB 频域分析示例。

6.4.1 MATLAB 频域分析和绘制响应曲线的相关函数

MATLAB 提供了多种频域分析和绘制响应曲线的函数，如绘制 Nyquist 曲线图的函数

nyquist( )、绘制 Bode 图的函数 bode( )、绘制 Nichols 曲线的函数 nichols( )等，下面分别介绍。

1. 绘制 Nyquist 图的函数 nyquist( )

MATLAB 提供了绘制系统极坐标图的函数 nyquist( )，其调用格式如下：

```
nyquist(sys)     % 绘制系统 Nyquist 图,系统自动选取角频率范围
nyquist(sys,w)     % 绘制系统 Nyquist 图,由用户指定选取角频率范围
nyquist(G1,'r--',G2,'gx',…) % 同时绘制多系统 Nyquist 图,图形属性参数可选
[re,im,w] = nyquist(sys)  % 返回系统 Nyquist 图相应的实部、虚部和角频率
向量,可用 plot(re,im)绘制出 w 从负无穷到零的对应变化部分
[re,im] = nyquist(sys,w)  % 返回系统 Nyquist 图与指定 w 相应的实部、虚部
```

2. 绘制 Bode 图的函数 bode( )

MATLAB 提供了绘制系统 Bode 图的函数 bode( )，其调用格式如下：

```
bode(G)     % 绘制系统 Bode 图,系统自动选取角频率范围
bode(G,w)     % 绘制系统 Bode 图,由用户指定选取角频率范围
bode(G1,'r--',G2,'gx',…)     % 同时绘制多系统 Bode 图,图形属性参数可选
[mag,phase,w] = bode(G)    % 返回系统 Bode 图相应的幅值、相位和频率向量,
可使用 magdb = 20 * log10(mag)将幅值转换为分贝值
[mag,phase] = bode(G,w)    % 返回系统 Bode 图与指定 w 相应的幅值、相位可使
用 magdb = 20 * log10(mag)将幅值转换为分贝值
```

3. 绘制 Nichols 曲线的函数 nichols( )

MATLAB 提供了绘制系统的 Nichols 图的函数 nichols( )，其调用格式如下：

```
nichols(G)     % 绘制系统 Nichols 图,系统自动选取频率范围
nichols(G,w)     % 绘制系统 Nichols 图,由用户指定选取频率范围
nichols(G1,'r--',G2,'gx',…)     % 同时绘制多系统 Nichols 图,图形属性参数
可选
[mag,phase,w] = nichols(G)     % 返回系统 Nichols 图相应的幅值、相位和角
频率向量,可使用 magdb = 20 * log10(mag)将幅值转换为分贝值
[mag,phase] = nichols(G,w)     % 返回系统 Nichols 图与指定 w 相应的幅值、
相位,可使用 magdb = 20 * log10(mag)将幅值转换为分贝值
```

4. 绘制等 M 圆和等 N 圆的函数 ngrid( )

MATLAB 提供了在 Nichols 曲线图上绘制等 M 圆（等幅值图）和等 N 圆（等相角图）的函数 ngrid( )。注意在对数坐标中，圆的形状会发生变化。

函数 ngrid( )的常用的调用格式如下：

```
ngrid('new')     % 绘制网格前清除原图,然后设置 hold on,后续 Nichols( )函数
可与网格绘制在一起
ngrid 图通常与等 M 圆和等 N 圆一起使用,从开环频率特性获得闭环频率特性
```

6.4.2 MATLAB 频域分析示例

【例 6-8】 已知系统的开环传递函数为

$$G_k(s) = \frac{1\,000(s+1)}{s(s+2)(s^2+17s+4\,000)}$$

试绘制系统的 Bode 图，并据此判断系统的稳定性。

解：在 MATALB 命令行窗口输入的语句如下：

```
>>clear all; num =1000 * [1,1];% 开环系统分子多项式向量
>>den =conv(conv([1,0],[1,2]),[1,17,4000]);开环系统分母多项式向量
>>Gk =tf(num,den);
>>margin(Gk),grid on % 绘制开环传递函数 Bode 图
```

运行程序，输出 Bode 图（曲线）如图 6-25 所示。由于幅值裕度 $Pm=36.7$ dB（频率为 63.4 rad/s），相角裕度 $Pm(\gamma)=93.5°>0°$（频率为 0.126 rad/s），故系统稳定。

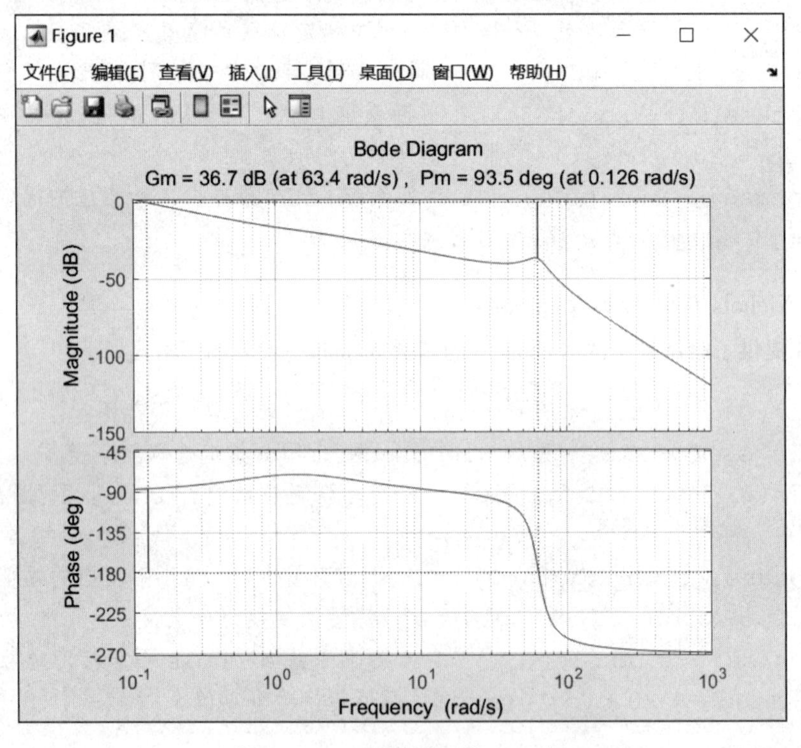

图 6-25 开环传递函数 Bode 图

【例 6-9】 已知系统的开环传递函数为

$$G_k(s) = \frac{5}{(s+2)(s^2+2s+1)}$$

试绘制系统的 Bode 图，并单击 Bode 曲线获取相应点的参数（幅频、相频等）。

解：(1) 在 MATLAB 命令行窗口输入程序，绘制控制系统 Bode 图。

```
>>clear all;% 清除全部变量或函数
>>num =5 * [0 1];% 开环传递函数分子多项式(无零点)
```

```
>>den=conv([1 2],[1 2 1]);% 开环传递函数分母多项式系数
>>G=tf(num,den);% 开环传递函数
>>margin(G),grid on % 绘制 Bode 图、添加网格线
```

运行程序，输出 Bode 图（曲线）如图 6-26 所示。

（2）在 Bode 曲线上获取幅频和相频参数。先单击图 6-26 中对数相频曲线上任意点，可得到该点的相角值为 -119°及相应的频率为 1.03 rad/s；再单击图 6-26 中对数幅频曲线上任一点，可得到该点的幅值为 0.659 dB 及相应的频率为 1.03 rad/s。

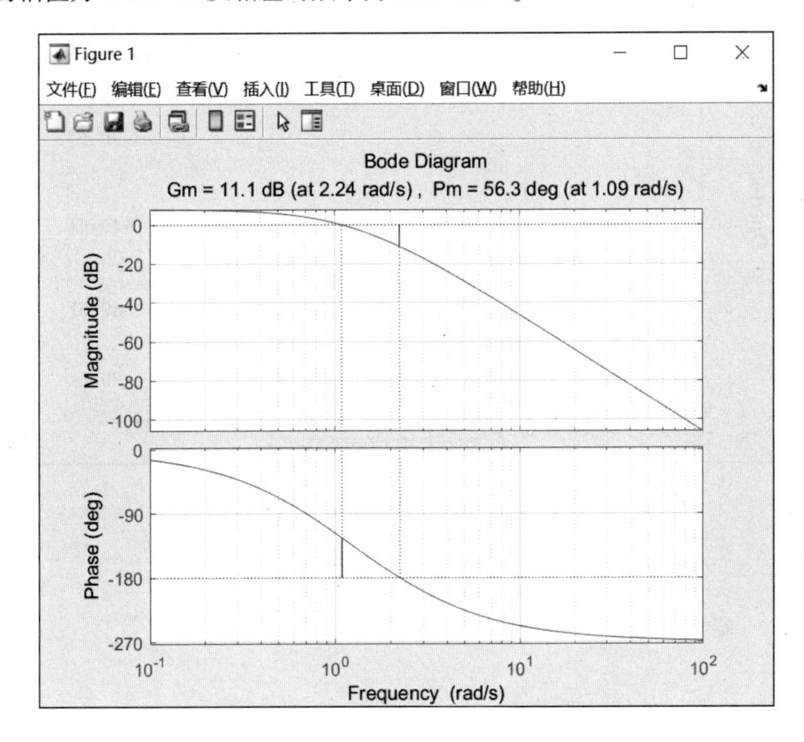

图 6-26 例 6-9 系统 Bode 图及参数

【例 6-10】 已知系统开环传递函数为

$$G_k(s) = \frac{100}{s(s+8)}$$

试绘制系统的 Nichols 图。

解：在 MATLAB 命令行窗口输入的语句如下：

```
>>num=100*[1];
>>den=conv([1 0],[1 8]);% 传递函数分母多项式向量
>>G=tf(num,den);% 建立传递函数模型
>>ngrid('new'), hold on % 绘制等 M 圆和等 N 圆
>>nichols(G) % 绘制系统的 nichols 图
```

运行程序，输出结果如图 6-27 所示。

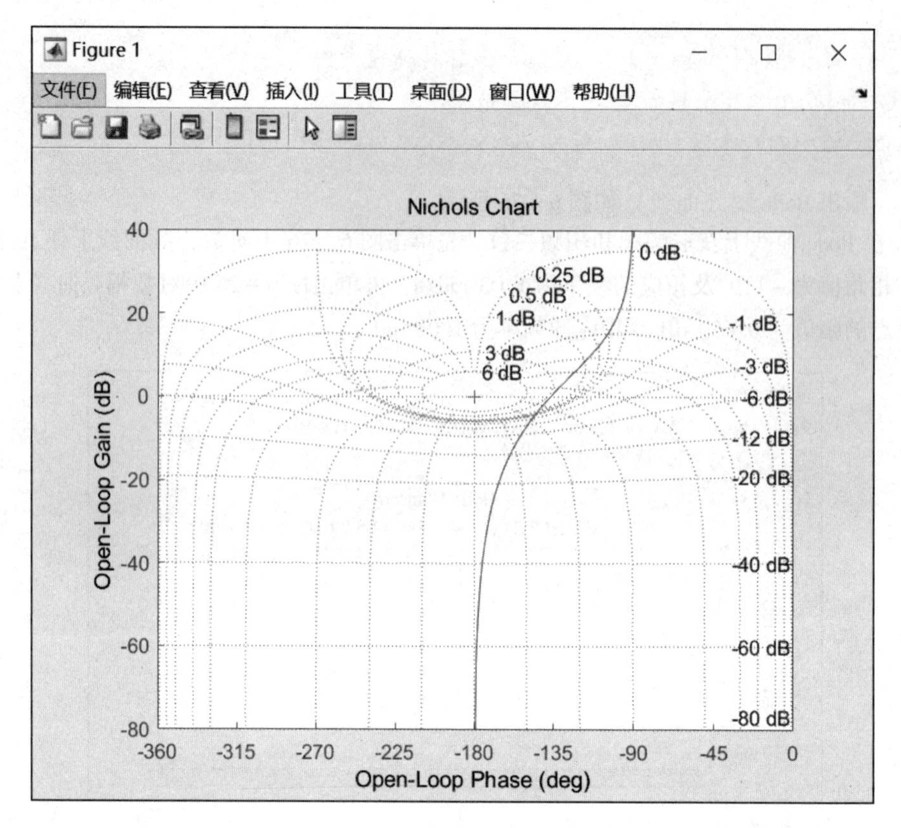

图 6-27 例 6-10 系统 Nichols 图

练习题

6.1 已知系统的开环传递函数为

$$G_k(s) = \frac{1\ 000(s+1)}{s(s+2)(s^2+2)(s^2+17s+4\ 000)}$$

试绘制系统的 Bode 图，并据此判断系统的稳定性。

6.2 已知系统的开环传递函数为

$$G_k(s) = \frac{2.5}{(0.5s+1)(s^2+2s+1)}$$

试绘制系统的 Bode 图，并单击 Bode 曲线上的任意点，获取该点的参数（幅频和相频等）。

6.3 已知开环传递函数为

$$G_k(s) = \frac{K}{(T_1 s+1)(T_2 s+1)}$$

（1）试用 Nyquist 稳定判据 I 分析判断闭环系统的稳定性；

（2）单击 Nyquist 图确定稳定裕度指标，设 $K=2$，$T_1=1$，$T_2=5$。

6.4 已知系统开环传递函数为

$$G_k(s) = \frac{10}{(0.25s+1)(0.25s^2+0.4s+1)}$$

用 Bode 稳定判据判断闭环系统的稳定性。

6.5 已知系统的开环传递函数为

$$G_k(s)=\frac{K(s+10)}{s(s+2)(s+5)(s+20)}$$

试计算当开环增益 $K=5$，50，150，250 时，系统幅值稳定裕量、相角稳定裕度及对应的频率变化。

6.6 已知系统开环传递函数为

$$G_k(s)=\frac{5(s+10)}{s(s+2)(s+5)(s+20)}$$

试计算系统的幅值稳定裕量和相角稳定裕度，并绘制系统的 Bode 图。

第7章 控制系统校正与参数整定

本章介绍了控制系统校正的基本概念和常用方法，包括根轨迹法和频率响应法，此外，还阐述了基于 MATLAB/Simulink 的 PID 控制器的设计原理和工程参数整定方法。通过本章内容的学习，读者能够对控制系统校正与综合的基本概念和基本方法能有比较全面的认识，并能运用 MATLAB/Simulink 对控制系统进行校正和参数整定设计。

7.1 控制系统校正简介

设计控制系统的目的是使控制系统满足特定的性能指标要求，性能指标包括控制精度、相对稳定性和响应速度等。在设计控制系统时，确定控制系统的性能指标是非常重要的，而控制系统校正是确定控制系统性能指标的前提。

7.1.1 控制系统性能指标

控制系统性能指标有多种形式，不同的设计方法选用的性能指标是不同的，不同的性能指标之间又存在着某些联系，因此在确定性能指标时需要仔细考虑。

1. 性能指标概述

按照类型，控制系统性能指标可分为时域性能指标和频域性能指标。

按照性能指标分，其控制系统性能指标有如下。

（1）稳态性能指标，具体如下：

①静态位置误差系数 K_p；②静态速度误差系数 K_v；③静态加速度误差系数 K_a；④稳态误差 e_{ss}。

（2）动态性能指标可分为时域性能指标和频域性能指标。

时域指标有：①上升时间 t_r；②峰值时间 t_p；③调节时间 t_s；④超调量 $\sigma\%$。

频域性能指标分为开环频域和闭环频域指标。开环频域指标有：①开环增益；②开环截止频率 ω_c（rad/s）；③相角裕度 γ；④幅值裕度 K_g；⑤低频段斜率；⑥高频段衰减率。闭环频域指标有：①谐振频率 ω_r；②谐振峰值 M_r；③闭环截止频率 ω_b；④闭环带宽 $0\sim\omega_b$。

由以上可看出时域分析的性能指标主要由稳态性能指标和动态指标组成。频域分析的性能指标主要由开环和闭环频域指标组成。

在控制系统设计中，采用的设计方法一般依据性能指标的形式而定。工程上通过近似公式

对时域性能和频域性能指标进行转换。

2. 二阶系统频域指标与时域指标的关系

不同性能指标是从不同的角度表示系统性能的，但彼此存在内在联系。二阶系统是设计中最常见的系统，其时域性能指标和频域性能指标能用数学公式准确地表示出来，并统一采用阻尼比ζ和无阻尼自然振荡频率ω_n来进行描述。

（1）谐振峰值M_r表达式为

$$M_r=\frac{1}{2\zeta\sqrt{1-\zeta^2}},\quad 0\leqslant\zeta\leqslant\frac{\sqrt{2}}{2}\approx 0.707$$

（2）谐振频率ω_r表达式为

$$\omega_r=\omega_n\sqrt{1-2\zeta^2},\quad \zeta\leqslant 0.707$$

（3）闭环截止频率ω_b表达式为

$$\omega_b=\omega_n\sqrt{1-2\zeta^2+\sqrt{2-4\zeta^2+4\zeta^4}}$$

（4）开环截止频率ω_c表达式为

$$\omega_c=\omega_n\sqrt{-2\zeta^2+\sqrt{1+4\zeta^4}}$$

（5）相位裕度γ表达式为

$$\gamma=\tan^{-1}(\zeta/\sqrt{-2\zeta^2+\sqrt{1+4\zeta^4}})$$

（6）超调量$\sigma\%$表达式为

$$\sigma\%=\mathrm{e}^{-\frac{\zeta\pi}{\sqrt{1-\zeta^2}}}$$

（7）调节（过渡过程）时间t_s表达式为

$$t_s=\frac{3.5}{\zeta\omega_n},\quad \omega_c t_s=\frac{7}{\mathrm{tg}\gamma}$$

7.1.2 控制系统校正的方法

控制系统校正是自动控制系统设计理论的重要组成部分，也是改善系统性能的主要手段与方法。在实际控制系统校正的过程中，通常采用局部设计，即在被控对象、执行机构和测量元件等主要部件已经确定的条件下，设计校正装置的传递函数和调整系统参数，使系统的动态性能指标满足系统的技术要求。由于校正装置加入系统的方式不同，所起的作用也不同，因此校正设计成为控制系统设计理论中一个极其活跃的领域，而且是最有实际应用意义的内容之一。

校正装置可以是电气的、机械的、气动的、液压的，或由其他形式的元件所组成。电气的校正装置有无源校正装置和有源校正装置两种，其中，有源校正装置通常是指由运算放大器和电阻、电容所组成的各种调节器，这类校正装置需要外加电源，但本身有增益，且输入阻抗高，输出阻抗低，无须考虑阻抗匹配问题，参数调整也很方便，在实际应用中被采用得较多。

按照校正装置在系统中的连接方式，控制系统校正的方法可分为超前校正、滞后校正、滞后 – 超前校正、串联校正、反馈校正、前馈校正和复合校正等。

1. 超前校正

超前校正装置的输出信号在相位上超前于输入信号，即具有正的相角特性，采用此类装置，对系统的校正称为超前校正。

2. 滞后校正

滞后校正装置的输出信号在相位上滞后于输入信号，即具有负的相角特性，采用此类装置对系统的校正称为滞后校正。

3. 滞后－超前校正

滞后－超前校正装置在某一频率范围内具有负的相角特性，而在另一频率范围内却具有正的相角特性，采用此类装置对系统的校正称为滞后－超前校正。

4. 串联校正

串联校正通常设置在系统不可变部分的前部能量较低的点处，为此通常需要附加放大器以增大增益，补偿校正装置的衰减或进行隔离，串联校正结构如图7－1所示。

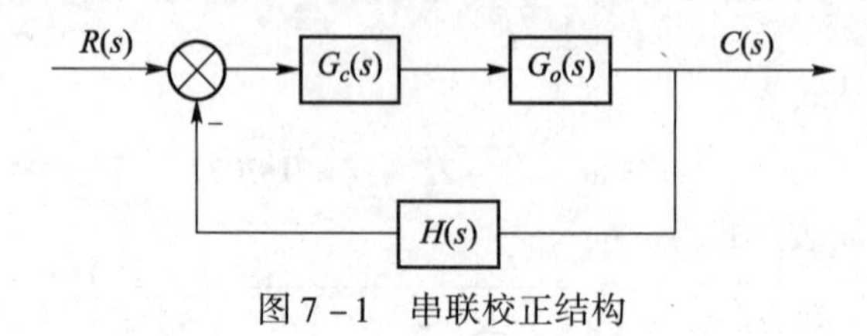

图7－1 串联校正结构

在图7－1中，$G_o(s)$ 表示前向通道不可变部分的传递函数，$H(s)$ 表示反馈通道不可变部分的传递函数，$G_c(s)$ 表示校正部分的传递函数。

5. 反馈校正

反馈校正是指从系统的某个元件输出取得反馈信号，构成反馈回路，并在反馈回路内设置校正元件。反馈校正结构如图7－2所示。

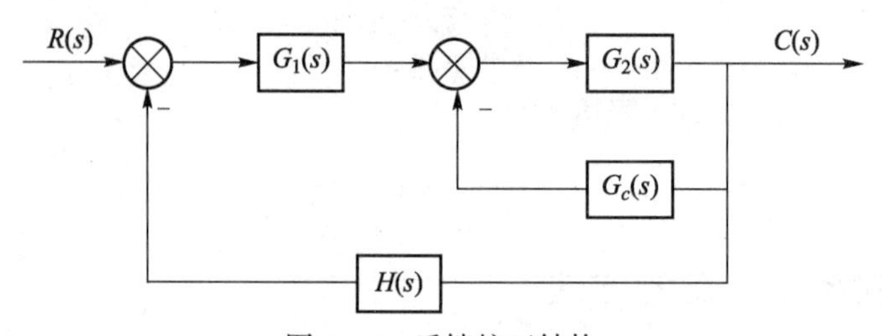

图7－2 反馈校正结构

反馈削弱了前向通道上元件变化对系统的影响，有较高的灵敏度，反馈时也容易控制偏差，这也是在进行控制系统设计时较多地采用反馈校正的原因。

6. 前馈校正

前馈校正是指从系统的输入元件输出取得信号，加到系统中构成局部（前馈）回路，并在前馈回路设置校正元件。前馈校正结构如图7－3中上半部分所示，前馈校正通常补偿系统外部的扰动，也可用于对控制输入进行校正。

7. 复合校正

前馈和反馈同时作用时称为复合（前馈－反馈）控制，如图7－3所示。

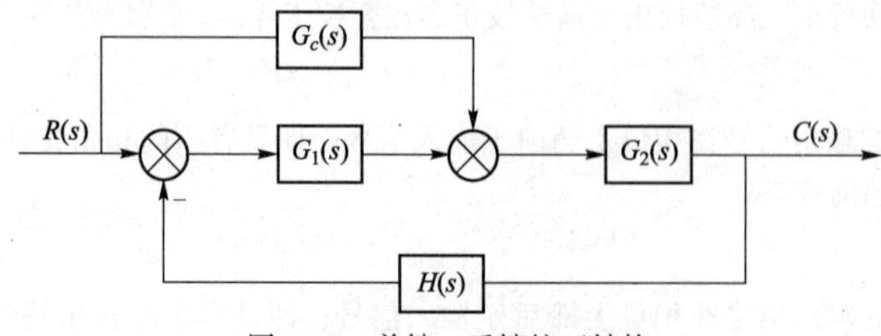

图7－3 前馈－反馈校正结构

7.2 基于频域法的控制系统校正

频率特性图可以清楚表明系统改变性能指标的方向。频域法的控制系统校正设计通过Bode图进行处理，十分简单，其校正设计的基本思路是通过校正装置的引入改变开环频率特性的形状，使校正后系统的开环频率特性具有如下特点：

(1) 低频段的增益满足稳态精度的要求；

(2) 中频段对数幅频渐近线的斜率为 -20，并具有较宽的频带，使系统的动态性能满足要求；

(3) 高频部分的幅值能迅速衰减，以抑制高频干扰的影响。

7.2.1 频域法的串联超前校正

频域法的串联超前校正是利用超前校正装置产生的相位超前角来补偿原系统中元件产生的相角滞后，以增大系统的相位裕量，改善系统的稳定性和快速性。为了充分利用这一特性，在设计串联超前校正装置时，应把它所产生的最大超前相位角放在穿越频率 ω_c 处，对系统进行校正，对相位进行补偿。

应用频域法进行串联超前校正设计的步骤如下：

(1) 根据稳态性能指标（精度）的要求，确定系统的开环增益 K；

(2) 根据已确定的开环增益，绘制出未校正系统的Bode图，并求得其相位裕量 γ_0；

(3) 根据要求的相位裕量 γ，计算需要增加的超前相位角 $\theta_c=\gamma-\gamma_0+\varepsilon$。其中，$\varepsilon$ 用于补偿因超前校正装置的引入，使相同的幅值穿越频率 ω_c 增大而增加的相位角滞后量。当未校正系统中频段的斜率为 -40 时，取 $\varepsilon=5°\sim15°$；当未校正系统中频段的斜率为 -60 时，取 $\varepsilon=5°\sim20°$；

(4) 取最大超前角 $\theta_m=\theta_c$，计算校正装置相应 α 值的公式为

$$\alpha = (1-\sin\theta_m)/(1+\sin\theta_m)$$

(5) 在未校正系统的Bode图上找出幅值为 $20\lg\alpha^{1/2}$ 时的频率 ω_n，这个频率即是校正后开环剪切频率 ω_c，且 $\omega_c=\omega_n$；

(6) 根据 ω_m 可得校正装置的转折频率 ω_1 和 ω_2，$\omega_1=1/\tau=\omega_m\alpha^{1/2}$，$\omega_2=1/\alpha\tau=\omega_m/\alpha^{1/2}$。则校正装置的传递函数为

$$G_c(s) = (s+1/T)/[s+(1/\alpha T)]$$

(7) 将系统放大倍数增大 $1/\alpha$ 倍，以补偿超前校正装置引起的幅值衰减，即 $K_c=1/\alpha$；

(8) 绘制校正后的Bode图，校正后系统的开环传递函数为

$$G(s) = G_0(s)G_c(s)K_c$$

(9) 验证相位裕度是否满足要求，如不满足，则增大 ε，重新设计。

根据频域法串联超前校正设计步骤，利用MATLAB编写校正函数，调用函数便可设计出所需的校正器，为线性控制系统的设计提供了一种简单有效的途径，下面通过实例介绍如何利用MATLAB实现校正器的设计。

【例7-1】 已知系统开环传递函数为

$$G(s) = \frac{K}{s(0.1s+1)(0.2s+1)}$$

试设计串联超前校正环节，使其校正后系统的静态误差 $K_v\leqslant6$，相角裕度为45°，并绘制校正前

后系统的开环 Bode 图和闭环单位阶跃响应曲线。

解：由控制原理知识，确定 I 型系统开环增益系数 $K=K_v=6$。按照频域法串联超前校正环节设计的步骤，用 MATLAB 指令代码编写程序，并以“l7_1. m”为文件名存盘，具体步骤如下。

（1）绘制原系统 Bode 图和闭环单位阶跃响应曲线，检查是否满足要求。

```
% G是原系统开环传递函数,yPm相角裕度希望值
clear;
num=6;den=conv([1 0],conv([0.1 1],[0.2 1]));% 分子、分母多项式系数向量
G=tf(num,den);% 原系统开环传递函数
Gy_c=feedback(G,1);% 校正前闭环系统传递函数
[Gm,Pm,Wcg,Wcp]=margin(G)% 求取校正前幅值、相位稳定裕度和相角穿越频率、剪切频率
figure(1);
margin(G),grid % 绘制原系统 Bode 图
figure(2);
step(Gy_c,'r',5)% 绘制原系统闭环单位阶跃响应曲线
hold on
```

运行程序，输出原系统频域稳定性能参数如下：

```
Gm = 2.5000                         % 幅值稳定裕度
Pm = 26.9233                        % 相位稳定裕度
Wcg = 7.0711                        % 相角穿越频率
Wcp = 4.2228                        % 剪切频率
```

输出校正前系统的 Bode 图和阶跃响应曲线分别如图 7-4 和图 7-5 所示。

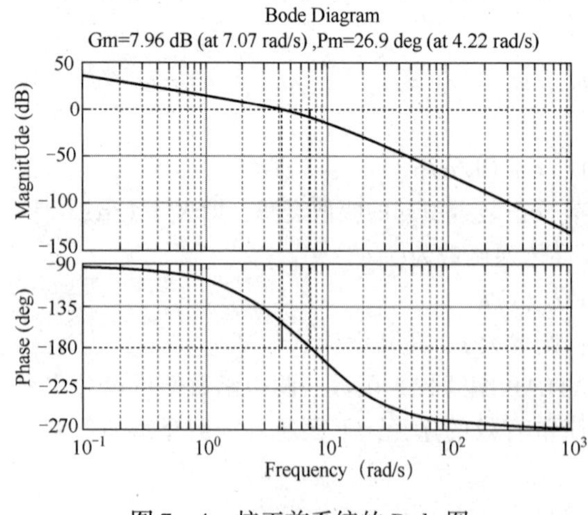

图 7-4　校正前系统的 Bode 图

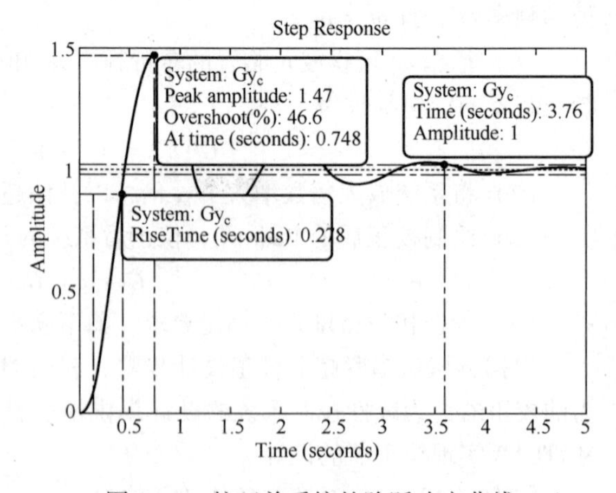

图 7-5　校正前系统的阶跃响应曲线

由图 7-4 可知，相角裕度 $\gamma=P_m=26.9°<45°$，不满足设计要求，故需要进行校正。

（2）续写（1）中程序，求取补偿系数和校正环节传递函数 G_c。

```
yPm = 45 + 12;                              % 增加相角裕量12°
[mag,pha,w] = bode(G);                      % 求取开环频率特性的幅值和相位角
Mag = 20 * log10(mag);                      % 幅值的对数值
phi = (yPm - Pm) * pi/180;
alpha = (1 + sin(phi))/(1 - sin(phi));
kc = alpha                                  % 校正环节补偿系数
Mn = -10 * log10(alpha);
Wcgn = spline(Mag,w,Mn)                     % 确定最大相角位移频率
T = 1/Wcgn/sqrt(alpha);                     % 求T值
Tz = alpha * T;
Gc = tf([Tz 1],kc * [T 1])                  % 获取超前校正器的传递函数
```

运行程序，输出校正补偿参数和校正环节传递函数如下：

```
kc  = 3.009 3                               % 校正补偿参数
Gc  =
       0.296 9 s + 1                        % 校正环节传递函数
    ---------------
    0.296 9 s + 3.009
```

（3）续写（2）中程序，绘制完成校正前后Bode图和闭环阶跃响应曲线对比，验证是否满足题目设计要求。

```
Gy_c = feedback(G,1)                        % 校正前闭环系统传递函数
[Gm,Pm,Wcg,Wcp] = margin(G * kc * Gc)
                                            % 求取校正后幅值、相位稳定裕度和相
角穿越、剪切频率
Gx_c = feedback(G * kc * Gc,1);             % 校正后闭环系统传递函数
figure(3);bode(G,'r');hold on
bode(G * kc * Gc,'b');
grid on
gtext({'校正后的'}),gtext({'校正前的'})     % 用鼠标在图形标注文字说明
gtext({'校正后的'}),gtext({'校正前的'})
figure(4);step(Gy_c,'r',5)                  % 绘制原系统闭环单位阶跃响应曲线
hold on
step(Gx_c,'b',5)                            % 绘制校正后闭环单位阶跃响应曲线
grid on
gtext({'校正后的'}),gtext({'校正前的'})
```

运行程序，输出校正后系统频域稳定性能参数如下：

```
Gm  = 3.0711                                % 幅值稳定裕度
Pm  = 40.3338°                              % 相位稳定裕度
Wcg  = 11.4221                              % 相角穿越频率
Wcp  = 5.8429                               % 剪切频率
```

输出校正前后系统的 Bode 图和阶跃响应曲线对比分别如图 7-6 和图 7-7 所示。

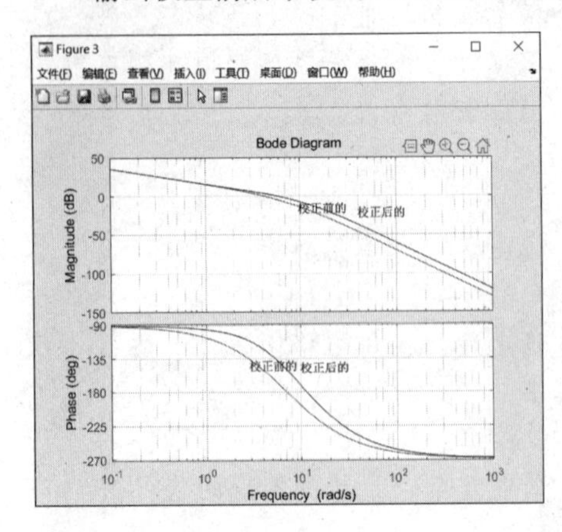

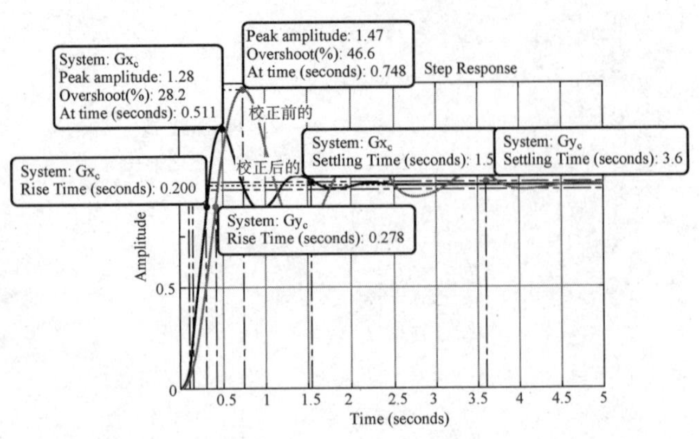

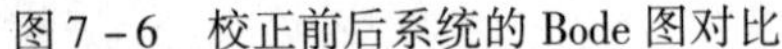

图 7-6　校正前后系统的 Bode 图对比　　　　图 7-7　校正前后系统的阶跃响应曲线对比

在图 7-7 中空白处右击，选择“Charateristics”选项再分别选择“Peak Response”“Rise Time”和“Setting Time”选项，便可得到系统的超调量、上升时间和调节时间。由于校正前系统的超调量$\sigma\% = 46.6\%$，上升时间 $t_r = 0.278$ s，调节时间 $t_s = 3.6$ s；校正后系统的超调量$\sigma\% = 28.2\%$，上升时间 $t_r = 0.208$ s，调节时间 $t_s = 1.54$ s，因此，校正后系统的性能提高了。

7.2.2　频域法的串联滞后校正

频域法中的串联滞后校正，作用在于提高系统的开环增益，改善控制系统的稳态性能，而尽量不影响原有系统的动态性能，适用于未校正系统或经串联超前校正后系统的动态性能不能满足要求，只需增大开环增益用以提高控制系统精度的一类系统。

基于频域法的串联滞后校正步骤如下：

（1）根据题目设计的静态误差要求，确定系统开环放大系数，根据放大系数的系统传递函数绘制原系统的 Bode 图，计算出本校正系统的相位裕量和幅值（增益）裕量；

（2）根据给定的相位裕量，增加 5°～15°的补偿，估计需要附加的相角位移，找出符合这一要求的频率作为穿越频率 ω_c；

（3）确定出原系统在 $\omega = \omega_c$ 处幅值下降到 0 dB 时所需的衰减量，使这一衰减量等于 $-20\lg\gamma_i$ 的值；

（4）选择 $\omega_2 = 1/T_d$，计算 $\omega_1 = \omega_2/\gamma_i$；

（5）计算校正后频率特性的相位裕量并判断是否满足给定要求，若不满足，则需要重新计算。

根据以上介绍的频域法串联滞后校正装置设计步骤，利用 MATLAB 编写校正函数，调用函数便可设计出所需的校正装置，为线性控制系统的设计提供了简单有效的途径，下面通过实例介绍如何利用 MATLAB 实现校正装置的设计。

【例 7-2】已知系统开环传递函数为

$$G(s) = \frac{K}{s(0.05s+1)(0.25s+1)}$$

试设计串联滞后校正环节，使其校正后系统的静态速度误差系数 $K_v = 40s^{-1}$，相角裕度满足 $\gamma \geq 50°$，并绘制校正前后系统的开环 Bode 图和闭环单位阶跃响应曲线。

解：由自动控制原理知识，确定 I 型系统开环放大系数 $K = K_v = 40s^{-1}$，设相角裕度 gamma = 50 + 10。按频域法的串联滞后校正步骤，编写 MATLAB 程序代码，并以“l7_2. m”为文件名存盘，具体步骤如下。

（1）绘制原系统 Bode 图和闭环单位阶跃响应曲线，检查是否满足要求。

```
% 串联滞后校正环节 MATLAB 程序代码,设相角裕度 gamma =50 +6
clear;num =40;den =conv([1 0],conv([0.05 1],[0.25 1]));% 分子、分母多项式向量系数
G0 =tf(num,den);% 校正前系统开环传递函数
G0_b =feedback(G0,1);% 校正前系统闭环传递函数
[Gm,Pm,Wcg,Wcp] =margin(G0)% 求取校正前幅值、相位稳定裕度和相角穿越频率、剪切频率
figure(1);margin(G0),grid
figure(2);t =0:0.01:5
[num0,den0] =tfdata(G0_b,'v');
y =step(num0,den0,t);
plot(t,y,'b')% 校正前系统闭环阶跃响应曲线
hold on
```

运行程序，输出校正前系统频域稳定性能参数如下：

```
Gm = 0.6000            % 幅值稳定裕度
Pm = -10.5320          % 相位稳定裕度
Wcg = 8.9443           % 相角穿越频率
Wcp = 11.4493          % 剪切频率
```

输出校正前系统的开环 Bode 图和闭环单位阶跃响应曲线分别如图 7－8 和图 7－9 所示。

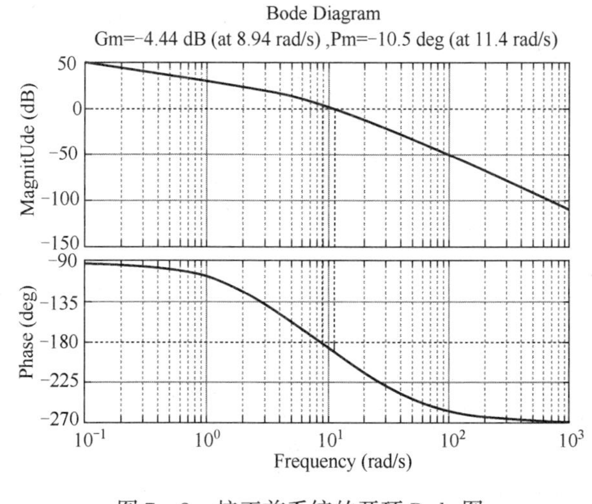

图 7－8　校正前系统的开环 Bode 图

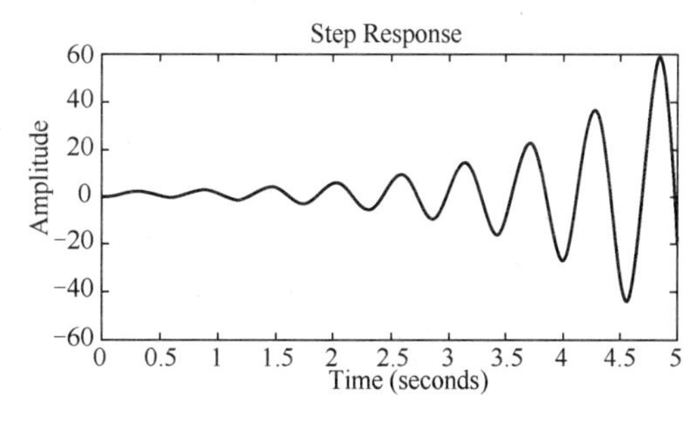

图 7－9　校正前系统的闭环单位阶跃响应曲线

由于相角裕度 $\gamma(P_m) = -10.5° < 50°$ 不满足本题设计要求，且闭环系统阶跃响应曲线发散，所以必须采用串联滞后校正。

（2）续写（1）中程序，求滞后校正环节传递函数和校正后系统频域稳定参数。续写的程序代码如下：

```
gamma =50 +10;% 相角裕度 +6
w =0.01:0.01:1000;
```

```
[mag,pha] = bode(G0,w);
n = find(180 + pha - gamma < =0.1);
wgamma = n(1) /100;
[mag,pha] = bode(G0,wgamma);
Mag = -20 * log10(mag);
beta =10^(Mag/20);
w2 = wgamma /10;
w1 = beta * w2
a =1 / w2;b =1 / w1;
numc = [a,1];denc = [b,1];
Gc = tf(numc,denc)
G = G0 * Gc;% 校正后系统开环传递函数
[Gm,Pm,Wcg,Wcp] = margin(G)% 求取校正后幅值、相位稳定裕度和相角穿越频率、
剪切频率
```

运行程序，输出滞后校正环节传递函数如下：

```
Gc =
  5.435 s + 1
  -----------
 106.9 s + 1
```

输出校正后系统频域稳定性能参数如下：

```
Gm = 11.1815                     % 幅值稳定裕度
Pm = 54.5320                     % 相位稳定裕度
Wcg = 8.7068                     % 相角穿越频率
Wcp = 1.8477                     % 剪切频率
```

（3）续写（2）中程序，完成校正后系统 Bode 图和闭环单位阶跃响应曲线绘制，检验系统频域和时域性能指标，验证是否满足题目设计要求。续写的程序代码如下：

```
Gg_b = feedback(G,1);% 校正后系统闭环传递函数
figure(3);
margin(G)% 绘制校正后系统 Bode 图
figure(4);
t =[0:0.1:20];
step(Gg_b,'b',5),grid on % 绘制校正后闭环单位阶跃响应曲线
[num1,den1] = tfdata(Gg_b,'v');
y = step(num1,den1,t);
plot(t,y,'b')
gtext({'校正后的'})
grid on
```

运行程序，输出校正后系统的开环 Bode 图和闭环单位阶跃响应曲线分别如图 7－10 和图 7－11 所示。

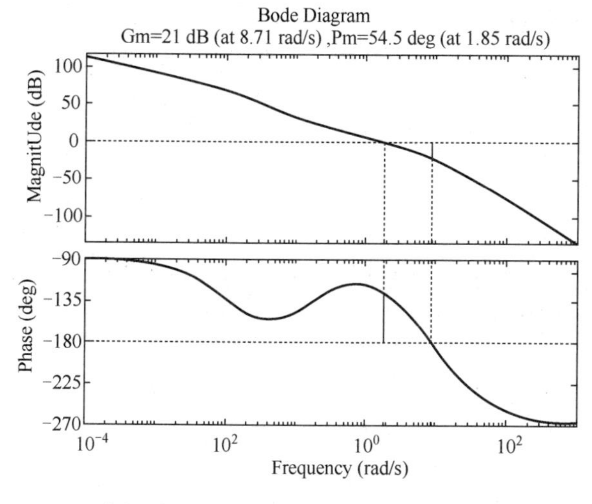

图 7－10 校正后系统的开环 Bode 图

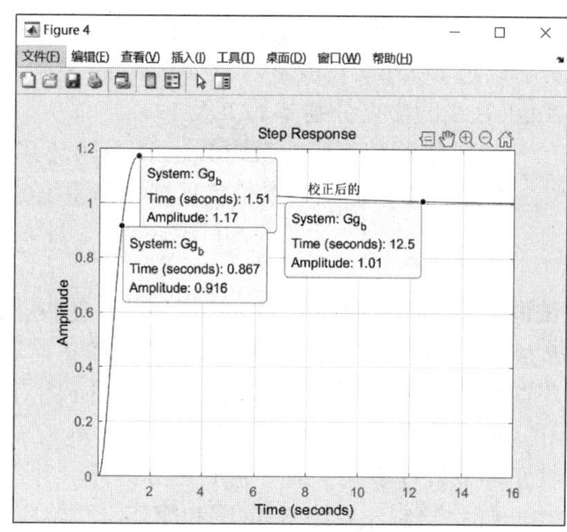

图 7－11 校正后系统的闭环单位阶跃响应曲线

由于相角裕度 $\gamma(P_m)=54.5°>50°$，且上升时间 $t_r=0.633$ s，超调量 $\sigma\%=17.2\%$，$t_s=12$ s。校正后系统满足设计要求。

串联滞后校正对系统性能的影响：

（1）不改变系统的开环增益，即不影响系统的稳态性能；

（2）减少了开环频率特性在幅值穿越频率处的幅值，从而增大了相角稳定裕度，提高了系统的稳定性；

（3）降低了幅值穿越频率，使系统频带变窄，降低了系统的快速性。

7.2.3 频域法的串联滞后－超前校正

当未校正系统不稳定，且要求校正后系统的响应速度、相角裕度和稳态精度较高时，采用滞后－超前校正比较合适。下面介绍频域法的串联滞后－超前校正的基本原理和设计步骤。

1. 频域法的串联滞后－超前校正设计的基本原理

滞后－超前校正的基本思想是，利用校正装置的超前部分增大系统的相角裕度，以改善其动态性能；利用校正装置的滞后部分来改善系统的稳态性能，两者分工明确，相辅相成。滞后－超前校正装置的传递函数为

$$G_c=\frac{1+T_1s}{1+\alpha T_1s}\cdot\frac{1+T_2s}{1+\beta T_2s}$$

式中：$\alpha\beta=1$，$\alpha>1$，$\beta<1$；T_1 为超前部分参数；T_2 为滞后部分参数。

2. 频域法的串联滞后－超前校正的设计步骤

频域法的串联滞后－超前校正的设计步骤如下：

（1）根据稳态精度的性能要求，确定系统的开环增益 K；

（2）用 MATLAB 绘制未校正系统的 Bode 图，确定原系统的幅值裕度 G_m、相角裕度 P_m、穿越频率 W_{cg} 及截止频率 W_{cp}，检验性能指标是否满足要求；

（3）根据要求的相位裕度 γ，计算需要增加的超前相位角 $\theta_c=\gamma-\gamma_0+\varepsilon$。其中，$\varepsilon$ 用于补偿因超前校正装置的引入，使相同的幅值穿越频率 ω_{c1} 增大而增加的相位角滞后量；

（4）选幅值穿越频率 ω_{c1}，使在这一点上能通过校正环节的超前相位提供足够的相位量，使系统满足相角裕度的要求；又能通过滞后环节的作用，把这一点原幅频特性减到 0；

（5）确定滞后－超前环节的滞后部分转折频率 $1/\tau_1$ 及 $1/T_1$，一般选 $1/\tau_1=(1/10\sim1/2)\omega_{c1}$，但在选择 $1/T_1$ 时，由于 $\tau_2/T_2=T_1/\tau_1=\beta$，所以要考虑到能给 $\omega=\omega_{c1}$ 点提供足够的相位超前量；

(6) 确定滞后－超前环节的超前部分转折频率 $1/\tau_2$ 及 $1/T_2$，由于必须把 $L(\omega_{c1})$ 衰减到0，故可以过 $L(\omega)=-L(\omega_{c1})$ 及 $\omega=\omega_{c1}$ 的交点，绘制斜率为20的直线，该直线与0 dB的直线及 $20\lg1/\beta$ 线的交点分别是 $1/T_2$ 及 $1/\tau_1$；

(7) 绘制校正后的系统Bode图及闭环系统阶跃响应曲线验证性能指标。

【例7－3】 已知某单位负反馈控制系统的开环传递函数为

$$G(s)=\frac{K}{s(s+1)(s+2)}$$

试设计一个串联滞后－超前校正环节，使校正后的系统静态速度误差系数 $K_v\geqslant10s^{-1}$，相角裕度 $R_m\geqslant45°$，幅值裕度 $G_m\geqslant10$ dB。绘制校正前后系统的开环Bode图、闭环单位阶跃响应曲线、校正前后的Bode图对比及校正前后Nyquist图对比。

解：由自动控制原理知识，确定I型系统开环放大系数 $K=K_v/2=20s^{-1}$，按串联滞后－超前校正环节设计步骤，编写MATLAB程序，并以“l7_3.m”为文件名存盘，具体步骤如下。

(1) 绘制原系统Bode图和闭环阶跃响应曲线，检查是否满足设计要求。

```
clear;num=20;den=conv([1 0],conv([1 1],[1 2]));% 分子、分母多项式系数向量
G=tf(num,den);% 原系统开环传递函数
Gy_c=feedback(G,1)% 校正前闭环系统传递函数
[Gm,Pm,Wcg,Wcp]=margin(G)% 求取幅值、相位稳定裕度和相角穿越频率、剪切频率
figure(1);
margin(G),grid % 绘制原系统Bode图
figure(2);
step(Gy_c,'r',5)% 绘制原系统闭环单位阶跃响应曲线
hold on
```

运行程序，输出校正前原系统频域稳定性能参数如下：

```
Gm = 0.3000             % 幅值稳定裕度
Pm = -28.0814           % 相位稳定裕度
Wcg = 1.4142            % 相角穿越频率
Wcp = 2.4253            % 剪切频率
```

输出校正前系统Bode图和闭环单位阶跃响应曲线分别如图7－12、图7－13所示。

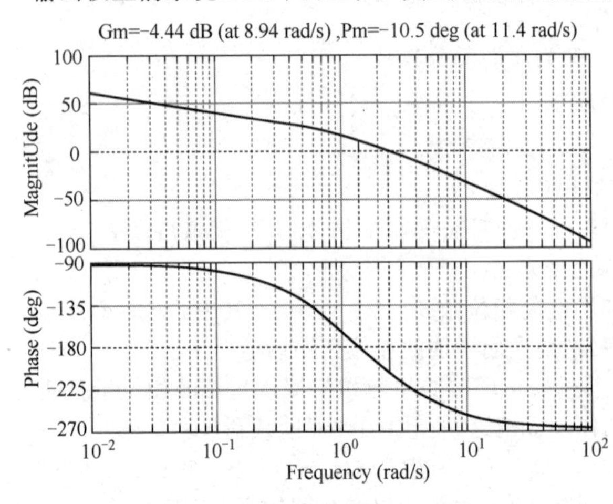

图7－12 例7－3校正前系统的Bode图

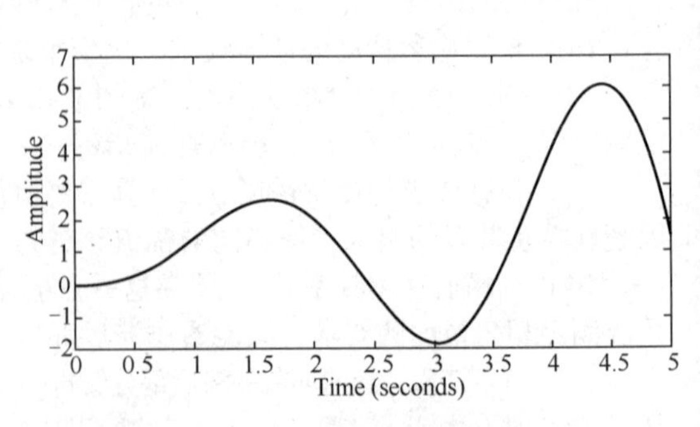

图7－13 例7－3校正前系统的闭环单位阶跃响应曲线

由于相位稳定裕度$\gamma(P_m) = -28.0814° < 45°$，且闭环阶跃响应曲线发散，故必须进行滞后－超前校正环节设计。

（2）续写（1）中程序，求取滞后－超前校正环节传递函数和校正后系统频域稳定参数。续写的程序代码如下：

```
yPm =45 +12;% 增加相角裕量12
[mag,pha,w] =bode(G);% 求取开环频率特性的幅值和相位角
Mag =20 * log10(mag);% 幅值的对数值
phi =(yPm - Pm) * pi/180;
alpha =(1 +sin(phi))/(1 - sin(phi));
kc =alpha % 滞后校正补偿系数
Mn = -10 * log10(alpha);
Wcgn =spline(Mag,w,Mn)% 确定最大相角位移频率
T =1/Wcgn/sqrt(alpha);% 求T值
Tz =alpha * T;
Gc1 =tf([Tz 1],kc * [T 1])% 获取超前校正器的传递函数
[Gm,Pm,Wcg,Wcp] =margin(G * kc * Gc1)% 求取超前校正后幅值、相位裕度和穿越频率、剪切频率
gamma =45 +6;% 相角裕度 +6
w =0.01:0.01:1000;
[mag,pha] =bode(G * kc * Gc1,w);
n =find(180 +pha - gamma < =0.1);
wgamma =n(1)/100;
[mag,pha] =bode(G * kc * Gc1,wgamma)
Mag = -20 * log10(mag);
beta =10^(Mag/20);
w2 =wgamma/10;
w1 =beta * w2
a =1/w2;b =1/w1;
numc2 =[a,1];denc2 =[b,1];
Gc2 =tf(numc2,denc2)          % 求取超前校正环节传递函数
```

运行程序，输出滞后校正补偿系数如下：

```
kc = 542.1133
```

输出滞后校正环节传递函数如下：

```
Gc1 =
  3.046 s + 1
  -----------
  3.046 s + 542.1
```

输出滞后校正后系统频域稳定参数如下：

```
Gm =7.9260                    % 幅值稳定裕度
Pm =17.1961                   % 相位稳定裕度
Wcg =21.8355                  % 相角穿越频率
Wcp =7.6443                   % 剪切频率
```

输出超前校正环节传递函数如下：

```
Gc2 =
  3.891 s + 1
 -------------
  26.61 s + 1
```

(3) 续写 (2) 中程序，完成校正后系统 Bode 图和闭环输出响应曲线绘制，验证是否满足题目设计要求。续写的程序代码如下：

```
Gzq=Gc2*G*kc*Gc1; % 校正后系统传递函数
[Gm,Pm,Wcg,Wcp]=margin(Gc2*G*kc*Gc1)  % 求取滞后-超前校正后幅值、相位稳定裕度和相角穿越频率、剪切频率
Gx_c=feedback(Gc2*G*kc*Gc1,1);% 校正后闭环系统传递函数
figure(3);
margin(Gc2*G*kc*Gc1),grid% 绘制校正后系统 Bode 图
figure(4);
step(Gy_c,'r',5)% 绘制校正后闭环单位阶跃响应曲线
hold on
step(Gx_c,'b',5)% 绘制校正后闭环单位阶跃响应曲线
grid on
gtext({'校正后的'}),gtext({'校正前的'}),
```

运行程序，输出校正后系统的 Bode 图如图 7-14 所示，校正前后系统闭环阶跃响应曲线对比图如图 7-15 所示。

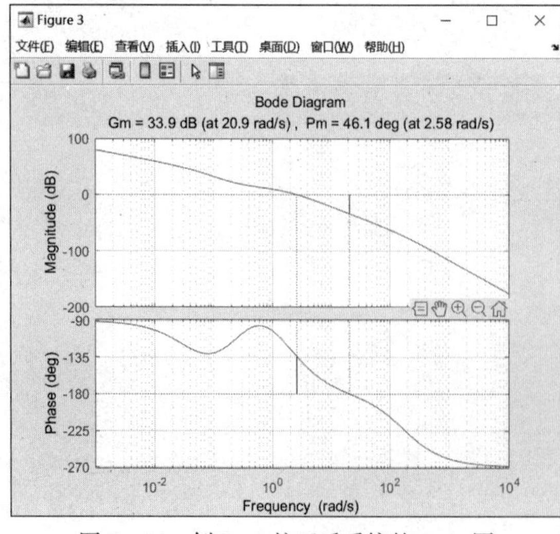

图 7-14 例 7-3 校正后系统的 Bode 图

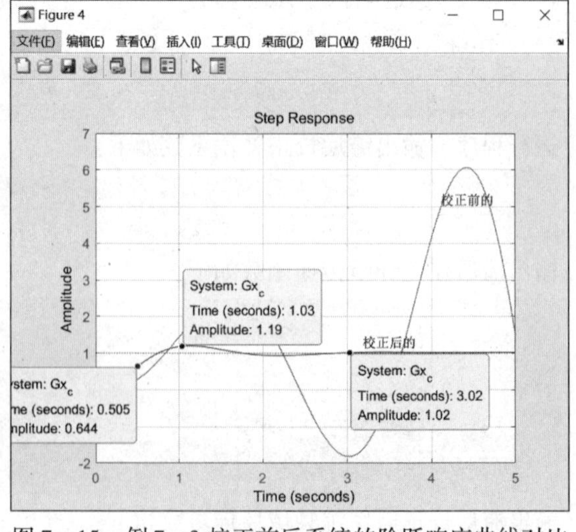

图 7-15 例 7-3 校正前后系统的阶跃响应曲线对比

输出滞后 - 超前校正后系统频域稳定性能参数如下：

```
Gm =49.69                    % 幅值裕度
Pm = 46.06                   % 相位裕度
Wcg =20.91                   % 穿越频率
Wcp = 2.58                   % 剪切频率
```

由于相位稳定裕度 $\gamma(Pm) = 46.06° > 45°$，且校正后系统上升时间 $t_s = 0.505$ s，超调量 $\sigma\% = 20.1\%$，调整时间 $t_s = 3.2$ s，故校正后系统满足设计要求。

（4）续写（3）中程序，绘制完成系统校正前后 Bode 图和 Nyquist 图对比。续写的程序代码如下：

```
figure(5);bode(G,'r');hold on
bode(G * kc * Gc1,'b',Gc2 * G * kc * Gc1,'g');
grid on
gtext({'校正后的'}),gtext({'校正前的'}),
gtext({'校正后的'}),gtext({'校正前的'});% 用鼠标在曲线上添加标注
figure(6);nyquist(G,'r');hold on
nyquist(Gc2 * G * kc * Gc1,'b');
gtext({'校正前的'}),gtext({'校正后的'})% 用鼠标在曲线上添加标注
```

程序运行，输出校正前后 Bode 图和 Nyquist 图对比分别如图 7 - 16 和图 7 - 17 所示。

从图 7 - 16 可以看出，滞后 - 超前校正环节主要作用于 0.01 ~ 10 频率段，滞后校正将低频部分的相频曲线“压低”，超前校正则将高频部分的相频曲线“抬高”，从而提高系统中频段的相位。同时，系统的增益频率左移，双重作用下，系统的相角裕度大大增加。此外，相角穿越频率右移，使系统的幅值裕度也进一步提高。

由此可见，超前 - 滞后校正较好地满足了题目设计的要求，但也牺牲了系统的幅值穿越频率。

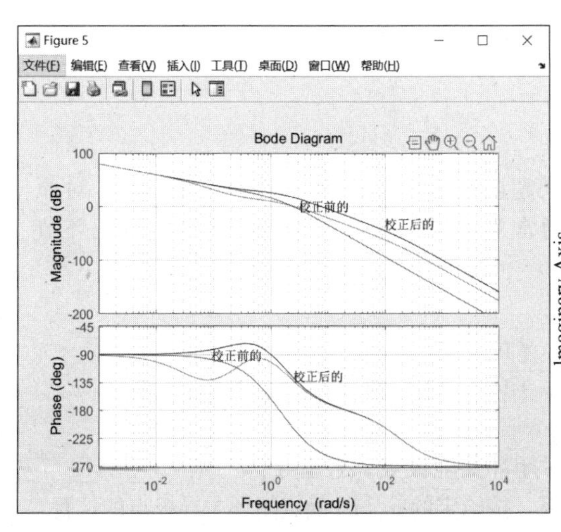

图 7 - 16　例 7 - 3 校正前后系统的 Bode 图对比

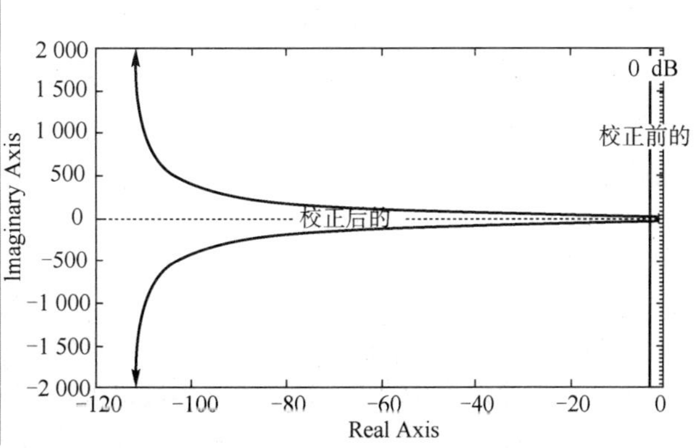

图 7 - 17　例 7 - 3 校正前后系统的 Nyquist 图对比

7.3　基于根轨迹法的控制系统校正

当系统的幅值由0增加到正无穷大时，闭环特征方程的根在平面上的变化轨迹称为根轨迹；当系统的幅值由零减小到负无穷大时，闭环特征方程的根在平面上的变化轨迹称为补根轨迹。系统闭环特征方程的根轨迹与补根轨迹称为全根轨迹，通常情况下的根轨迹是指增益K由0到正无穷大下的根轨迹。

用根轨迹法进行控制系统校正的基础，是通过在系统开环传递函数中增加零点和极点以改变根轨迹的形状，从而使系统根轨迹在S平面上通过希望的闭环极点。应用根轨迹进行校正，实质上是通过校正装置改变根轨迹，从而将一对主导闭环极点配置到期望的位置上。

在开环传递函数中增加极点，可以使根轨迹向右移动，从而降低系统的相对稳定性，增大系统调节时间（7.4节介绍的积分控制，相当于给系统增加了位于原点的极点，因此降低了系统的稳定性）。

在开环传递函数中增加零点，可以使根轨迹向左移动，从而提高系统的相对稳定性，减少系统调节时间（7.4节介绍的微分控制，相当于给系统前向通道中增加了零点，因此增加了系统的超调量，并且加快了瞬态响应）。

当系统的性能指标是以最大超调量、上升时间、调整时间、阻尼比及希望的闭环阻尼比、闭环极点无阻尼振荡频率等表示时，采用根轨迹法进行校正比较方便。当设计系统时，若需要对增益以外的参数进行调整，则必须通过引入适当的校正装置来改变原来的零点和极点。

采用根轨迹法确定串联校正参数的条件：（1）已确定采用串联校正方案；（2）给定时域指标，即σ_p、t_s、e_{ss}。

设已知系统不可变部分的传递函数为

$$G_o(s) = K\frac{(s-z_1)(s-z_2)\cdots(s-z_m)}{s^v(s-p_1)(s-p_2)\cdots(s-p_n)}$$

式中：K为开环增益，$K=\lim\limits_{s\to 0}s^vG_o(s)=k^*\dfrac{\prod\limits_{i=1}^{m}(-z_i)}{\prod\limits_{j=1}^{n-v}(p_j)}$，开环极点$p_j(j=1,2,3,\cdots,n-v)$和零点$z_i(i=1,2,3,\cdots,m)$为已知数据，$k^*$是将分子和分母分别写成因子相乘的形式，称作根轨迹增益。

7.3.1　根轨迹法的串联超前校正

基于根轨迹法的串联超前校正设计是通过在串联超前校正环节增加开环极点和零点，对原系统根轨迹进行调整，从而得到所需要的根轨迹，通常用解析法获得系统的串联超前校正环节的传递函数。

设校正环节的传递函数为

$$G_c(s)=K_C\frac{T_zs+1}{T_Ps+1}$$

用根轨迹法设计串联超前校正环节的步骤如下：

（1）先假设系统的控制性能由靠虚轴最近的一对闭环共轭极点s_d来主导；

（2）应用二阶系统参量ζ和ω_n与时域指标间的关系，按给定的σ_p与t_s确定闭环主导极点的位置；

（3）绘制原系统根轨迹，如果根轨迹不能通过希望的闭环主导极点，则表明仅调整增益不能满足给定要求，需要校正装置，如果原系统根轨迹位于期望极点的右侧，则应加入超前校正装置；

（4）计算超前校正装置应提供的超前相角

$$\theta_c = \pm(2K+1)\pi - \angle G_o(s_d)$$

（5）求校正在零、极点的位置；

（6）由幅值条件确定校正后系统增益；

（7）校验系统的性能指标，如果系统不能满足要求指标，则需要适当调整零、极点的位置。如果需要大的静态误差系数，则应采用其他方案。

由以上根轨迹法设计超前校正装置原则，可以采用 MATLAB 编写校正函数，调用函数便可设计出所需要求的校正器，为线性控制系统的方案设计提供了一种简单有效的途径。

下面通过实例介绍如何利用 MATLAB 实现校正装置的设计。

【例 7 -4】已知系统开环传递函数为

$$G_o(s) = \frac{2}{s(0.25s+1)(0.1s+1)}$$

试设计超前校正装置，使其校正后系统的静态速度误差系数 $K_v = 10$，闭环主导极点 $\zeta = 0.3$，自然振荡角频率 $\omega_n = 10.5$ rad/s。绘制校正前后系统的根轨迹图和阶跃响应曲线，通过对比验证系统校正后是否满足设计要求。

解：求满足系统静态速度误差要求的校正器的放大系数 K_c。由控制原理知识，已知系统为 Ⅰ 型系统，满足要求的放大系数 $K = K_v = 10$，故校正环节的放大系数为 $K_c = K/K_o = 10/2 = 5$。编写 MATALB 程序，并以“l7_4. m”为文件名存盘，具体步骤如下。

（1）检验原系统是否满足题设要求的程序。

```
clear;
num = 2 * [1];                  % 原传递函数分子多项式系数向量
den = conv([1 0],conv([0.2,1],[0.15,1]));
                                % 原传递函数分母多项式系数向量
G = tf(num,den);
Gy_c = feedback(G,1);           % 建立原系统闭环传递函数
figure(1);
rlocus(G),grid on               % 绘制原系统根轨迹图
figure(2);step(Gy_c)
grid on
```

运行程序，输出原系统根轨迹图和闭环单位阶跃响应曲线分别如图 7 - 18 和图 7 - 19 所示。

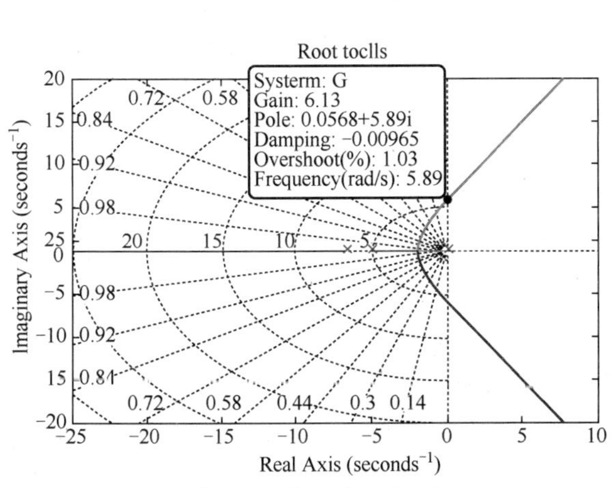

图 7 - 18　例 7 - 4 校正前系统的根轨迹图

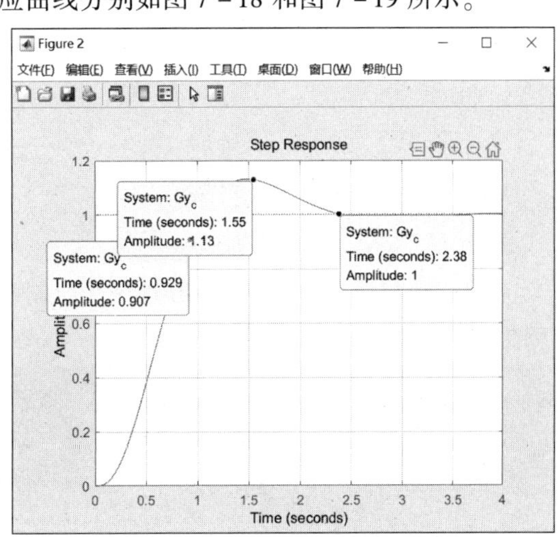

图 7 - 19　例 7 - 4 校正前系统的闭环单位阶跃响应曲线

由于振荡角频率为5.89＜10.5 rad/s不满足设计要求，故需要进行超前校正。

（2）编写求取串联超前校正环节传递函数的子函数（函数文件名为“l7cqxz_foot.m”）。

```
function Gc = l8cqxz_foot(G,s1,kc)
numG = G.num{1};denG = G.den{1};
ngv = polyval(numG,s1);
dgv = polyval(denG,s1);
g = ngv/dgv;
theta_g = angle(g);
theta_s = angle(s1);
mgc = abs(g);
ms = abs(s1);
Tz = (sin(theta_s) - kc * mgc * sin(theta_g - theta_s))/(kc * mgc * ms
* sin(theta_g);
Tp = -(kc * mgc * sin(theta_s) + sin(theta_g + theta_s))/(ms * sin
(theta_g));
Gc = tf([Tz 1],[Tp 1]);% 求取超前校正环节传递函数
end
```

（3）续写（1）中程序，求取超前校正环节传递函数 G_c。续写的程序代码为

```
zeta = 0.3;                          % 闭环主导极点
wn = 10.5;                           % 自然振荡角频率
[numc,denc] = ord2(wn,zeta);         % 构建二阶系统分子分母多项式
s = roots(denc);
s1 = s(1);
kc = 5;                              % 经计算求得的校正环节放大系数
Gc = l8cqxz_root(G,s1,kc)            % 超前校正环节传递函数
```

运行程序，输出超前校正传递函数 G_c 如下：

```
Gc =
  0.3055 s + 1
 --------------
  0.03429 s + 1
```

（4）续写（3）中MATLAB程序，绘制校正后系统根轨迹和闭环单位阶跃响应曲线。续写的程序代码如下：

```
G = tf(num,den);                   % 校正前开环传递函数
GGc = G * Gc * kc;                 % 校正后开环传递函数
Gx_c = feedback(GGc,1);            % 校正后闭环传递函数
figure(3);
```

```
rlocus(GGc),grid % 绘制校正后系统根轨迹确定振荡角频率
figure(4);
step(Gx_c)% 绘制校正后闭环单位阶跃响应曲线
grid on
```

运行程序，输出校正后的根轨迹图和闭环单位阶跃响应曲线分别如图 7－20 和图 7－21 所示。

由图 7－20 看出，自然振荡角频率 $\omega_n=17.7>10.5$，满足设计要求。另外，右击图 7－19 和图 7－21 中的空白处，选择“Charateristics”选项，要分别选择“Peak Response”“Rise Time”和“Setting Time”便可得到系统的超调量、上升时间和调节时间。由图 7－19 可见，校正前系统的上升时间 $t_r=0.673$ s，超调量 $\sigma\%=12.1\%$，调节时间 $t_s=2.26$ s；由图 7－21 可知，校正后系统的上升时间 $t_s=0.139$ s，超调量 $\sigma\%=32\%$，调整时间 $t_s=1.09$ s。

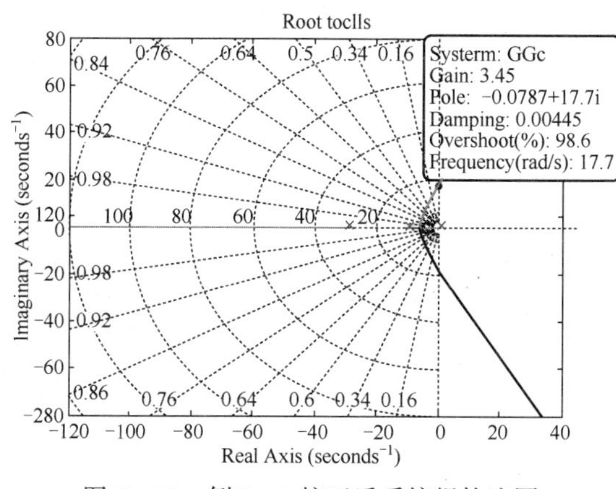

图 7－20　例 7－4 校正后系统根轨迹图

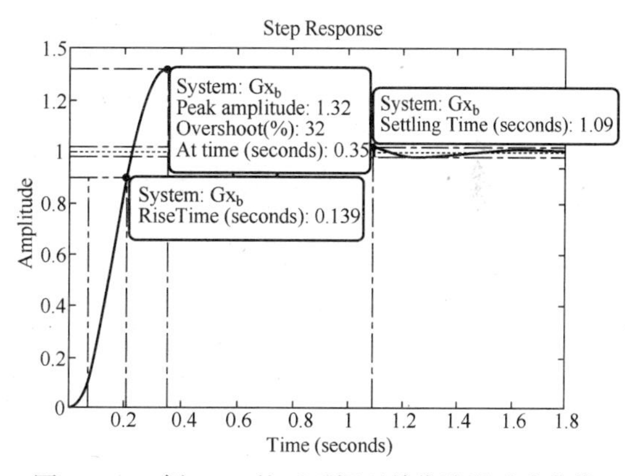

图 7－21　例 7－4 校正后闭环单位阶跃响应曲线

（5）续写（4）中程序，绘制校正前后根轨迹和闭环单位阶跃响应曲线，检查校正后系统是否满足题设要求。续写的程序代码如下：

```
figure(5);
rlocus(G,GGc),hold on
gtext({'校正后的'});gtext({'校正前的'});
grid on
figure(6);
step(Gy_c,'r');hold on;
step(Gx_c,'b');grid
gtext({'校正后的'});gtext({'校正前的'});
```

运行程序，输出校正前后系统根轨迹图对比和闭环单位阶跃响应曲线对比分别如图 7－22 和图 7－23 所示。

由于校正后根轨迹向左移动使根轨迹与虚轴的交点提升，即自然振荡角频率提升，从而使校正后闭环系统阶跃响应曲线性能（上升时间和调整时间都减少）提高，故本设计满足题设要求。

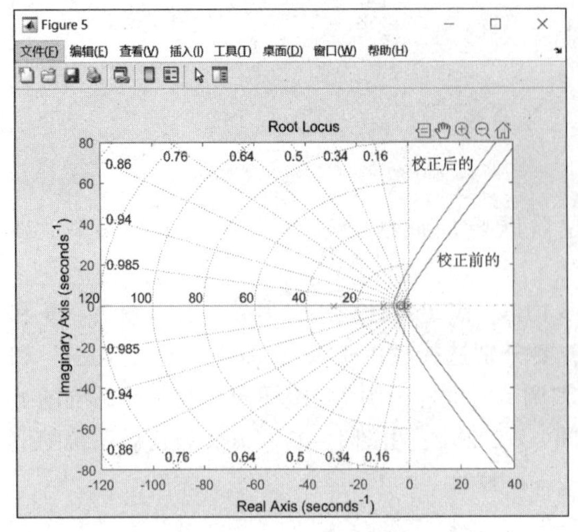

图 7-22 例 7-4 校正后系统根轨迹图对比

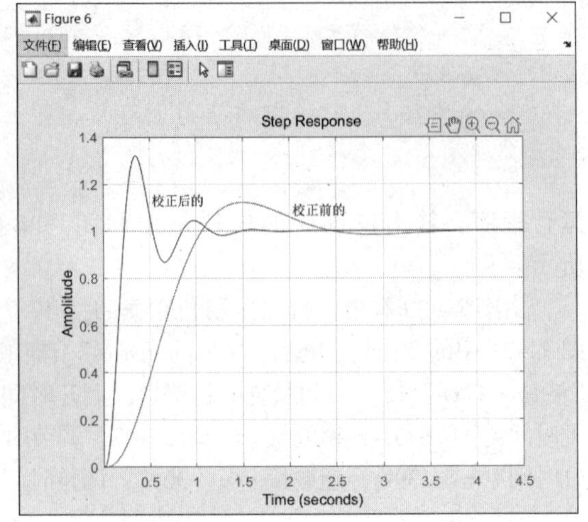

图 7-23 例 7-4 校正后系统的闭环单位阶跃响应曲线对比

7.3.2 根轨迹法的串联滞后校正

滞后校正装置将给系统带来滞后相角，引入滞后校正装置的真正目的不是提供一个滞后相角，而是要使系统增益适当减少，以提高系统的稳态精度。滞后校正的设计主要是利用它的高频衰减作用，降低系统的截止频率，从而使得系统获得充分的相位裕度。

用根轨迹法设计串联滞后校正的设计步骤如下：

(1) 绘制出未校正系统的根轨迹；

(2) 根据设计要求的瞬态响应指标，确定希望的闭环主导极点，根据根轨迹的幅值条件，计算与主导极点对应的开环增益；

(3) 按给定的性能指标中关于稳态误差的要求，计算出预期增大的误差系数值；

(4) 由预期增大的误差系数值确定校正装置 β 值，通常 β 取值不超过 10；

(5) 确定滞后校正装置的零点和极点，原则是使零点和极点靠近坐标原点，且两者相距 β 倍；

(6) 绘制校正后系统的根轨迹，并求出希望的主导极点；

(7) 由希望的闭环极点，根据幅值条件，适当调整放大器的增益；

(8) 检验校正后系统各项性能指标，若不满足要求，则适当调整校正装置零点和极点。

【例 7-5】 已知系统的开环传递函数为

$$G(s) = \frac{4}{s(s+3)}$$

试设计滞后校正装置，要求校正后系统的静态速度误差系数 $K_v \leq 5$，闭环主导极点满足阻尼比 $\zeta = 0.32$，设计满足要求的滞后校正器传递函数，绘制系统校正前后根轨迹图和单位阶跃响应曲线，并进行对比验证。

解： 根据控制原理知识，由于 I 型系统的速度误差 $K_v = K$，所以 $K = K_v = 5$。编写 MATLAB 程序，并以“l7_5. m”为文件名存盘，其具体步骤如下。

(1) 编写程序绘制原系统根轨迹图和闭环阶跃响应曲线，检验是否满足题设指标。程序代码如下：

```
clear;num=4;den=conv([1 0],[1 3]);
G=tf(num,den);
Gy_b=feedback(G,1);% 校正前原系统闭环传递函数
figure(1);
rlocus(G),grid % 校正前原系统根轨迹图
figure(2);
step(Gy_b);grid on
```

运行程序，输出原系统根轨迹图和闭环单位阶跃响应曲线分别如图 7－24 和图 7－25 所示。

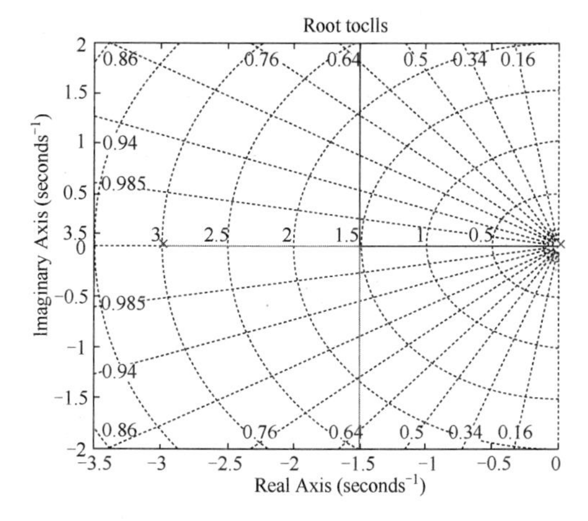

图 7－24　例 7－5 原系统根轨迹图

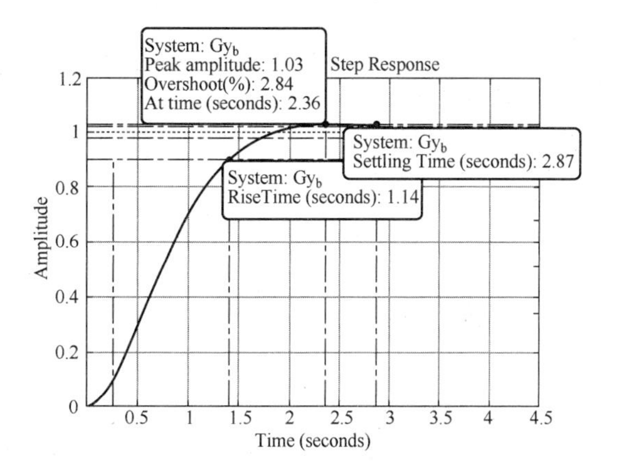

图 7－25　例 7－5 原系统闭环单位阶跃响应曲线

由于超调量为 $\sigma\%=2.84$，上升时间 $t_r=1.14$ s，调节时间 $t_s=2.87$ s，且根轨迹分离点 1.5，说明原系统上升时间和调节时间稍长，需要进行串联滞后校正设计。

（2）编写程序求取串联滞后校正装置传递函数 G_c。

①首先编写计算串联校正装置参数的子函数（子函数文件名为“l8zhxz_ root. m”），其程序代码如下：

```
% G 为原系统的开环传递函数,Gc 为滞后校正环节传递函数,kc 为增益放大系数
function [Gc,kc]=l8zhxz_root(G,zeta,wc,Tz)
G=tf(G);
[r,k]=rlocus(G);
za=zeta/sqrt(1-zeta^2)
ri=r(1,find(imag(r(1,:))>0));
ra=imag(ri)./real(ri);
kc=spline(ra,k(find(imag(r(1,:))>0)),1/za)
syms x;syms ng; syms dg
ng=poly2sym(G.num{1});
dg=poly2sym(G.den{1});
ess=limit(ng*kc/dg*x);
beta=round(100/sym2poly(ess)/wc);
Tp=Tz/beta;
```

```
Gc =tf([1,Tz],[1,Tp])
end
```

②续写①中程序求 G_c。续写的程序代码如下：

```
zeta =0.32;% 阻尼比
wc =5;                                  % 静态速度误差系数
Tz =0.1;
[Gc,kc] =18zhxz_root(G,zeta,wc,Tz)
```

运行程序，输出串联滞后校正系数和传递函数，具体如下：

```
kc = 5.4932                             % 串联校正环节放大系数
Gc =
  s + 0.1
---------------                         % 校正传递函数
  s + 0.03333
```

（3）绘制校正前后根轨迹图、闭环系统阶跃响应曲线，验证校正环节是否符合设计要求。续写②中程序如下：

```
GGc =G*Gc*kc;                           % 校正后系统开环传递函数
Gx_b =feedback(GGc,1);                  % 校正后系统闭环传递函数
figure(3);
rlocus(G,GGc),grid                      % 绘制校正前后系统根轨迹
gtext({'校正后的'}),gtext({'校正前的'});文字标注
figure(4);
step(Gy_b,'r',Gx_b,'b');hold on;
gtext({'校正后的'}),gtext({'校正前的'})
```

运行程序，输出校正前后系统根轨迹图对比和闭环单位阶跃响应曲线对比分别如图7-26和图7-27所示。

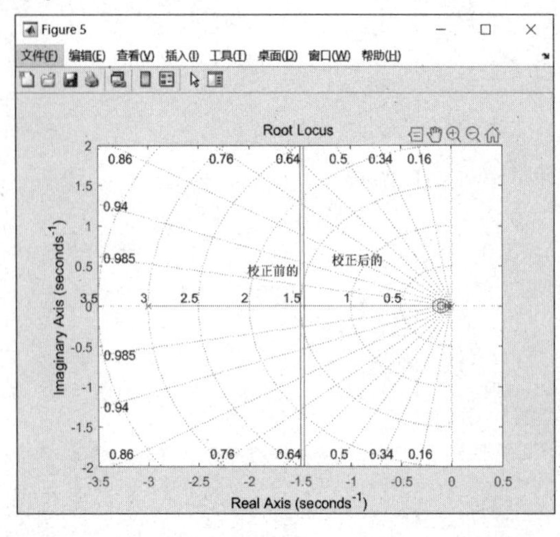

图7-26　例7-5校正前后系统根轨迹图对比

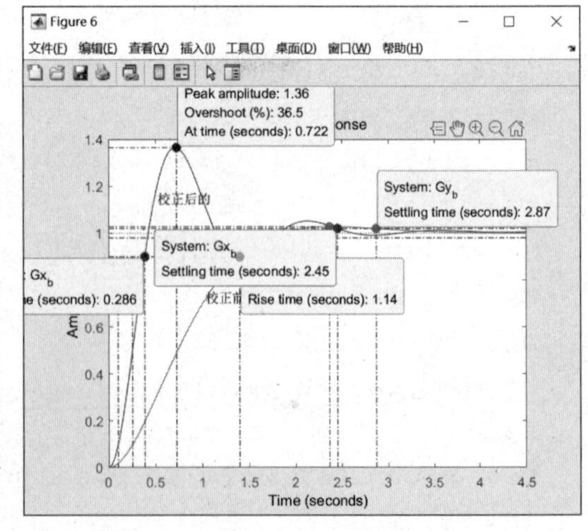

图7-27　例7-5校正前后系统闭环单位阶跃响应曲线对比

右击如图 7－27 中的空白处，选择“Charateristics”选项，再分别选择“Peak Response”“Rise Time”和“Setting Time”选项便可得到系统的超调量、上升时间和调节时间。由于校正前系统的超调量 $\sigma\% = 2.84\%$，上升时间 $t_r = 1.14$ s，调节时间 $t_s = 2.87$ s；校正后系统的超调量 $\sigma\% = 36.5\%$，上升时间 $t_r = 0.286$ s，调节时间 $t_s = 2.45$ s。而校正前后系统根轨迹图对比显示，根轨迹分离点向右零轴靠近，可见校正后系统的性能提高了，故本设计满足题设要求。

7.3.3 根轨迹法的串联超前－滞后校正

在某些情况下可以同时采用串联滞后和超前校正，即滞后－超前校正，综合两种校正方法进行系统校正。根轨迹法的串联超前校正和滞后校正都有各自的优点和缺点，当需要同时改善系统的动态性能和稳态性能，即大幅度增大增益和带宽时，常采用超前－滞后校正。

用根轨迹法设计串联超前－滞后校正装置的步骤和传递函数选择如下。

（1）根据需要的性能指标，确定希望的主导极点 s_d 的位置；

（2）为使闭环极点位于希望的位置，计算超前－滞后校正中超前部分产生的超前相角，即

$$\theta_c = \pm(2k+1)\pi - \angle G_o(s_d)$$

（3）超前－滞后校正环节的传递函数为

$$G_c(s) = K_c[(s+1/T_1)/(s+\beta/T_1)][(s+1/T_2)/(s+1/T_2\beta)]$$

（4）对超前－滞后校正中滞后部分的 T_2 选择要足够大，从而使滞后校正部分的零、极点靠近原点，其表达式为

$$|(s_d+1/T_2)/(s_d+1/T_2\beta)| = 1,\ |(s_d+1/T_1)/(s_d+\beta/T_2)||K_1G_o(s_d)| = 1,$$
$$\angle(s_d+1/T_1) - \angle(s_d+\beta/T_1) = \theta$$

（5）利用求得的 β 值，选择 T_2，使

$$|(s_d+1/T_2)/(s_d+1/T_2\beta)| \approx 1,\ 0° < \angle[(s_d+1/T_2)/(s_d+1/T_2\beta)] < 3°$$

（6）检验串联超前－滞后组成的闭环系统的性能指标是否满足要求。

【例 7－6】已知系统开环传递函数为

$$G(s) = \frac{8}{s(s+0.4)}$$

试设计超前－滞后校正环节使其校正后系统的稳态速度误差系数 $K_v \leq 5s^{-1}$，闭环主导极点满足阻尼比 $\zeta = 0.5$ 和自然振荡角频率 $\omega_n = 5$ rad/s，相角裕度为 50°，绘制校正前后系统的根轨迹图和闭环单位阶跃响应曲线并进行校验，对比是否满足系统设计要求。

解：编写程序，以“l7－6. m”为文件名存盘，具体步骤如下。

（1）绘制原系统开环传递函数根轨迹图和闭环单位阶跃响应曲线，检验原系统是否满足本题设计指标要求。编写 MATLAB 程序代码如下：

```
num=8;den=conv([1 0],[1 0.4]);
G=tf(num,den);                    %原系统开环传递函数
figuer(1);rlocus(G),grid          %绘制原系统根轨迹图
Gb=feedback(G,1);figure(2);step(Gb),grid
                                  %绘制原系统闭环阶跃响应曲线
```

运行程序，输出原系统根轨迹图和闭环单位阶跃响应曲线分别如图 7－28 和图 7－29 所示。

由于系统根轨迹分离点为 －0.2 < 主导极点 0.5，且系统的调整时间 $t_s = 19.1$ s，超调量 $\sigma\% = 80\%$。因此，系统不满足设计要求，需要进行串联滞后－超前校正。

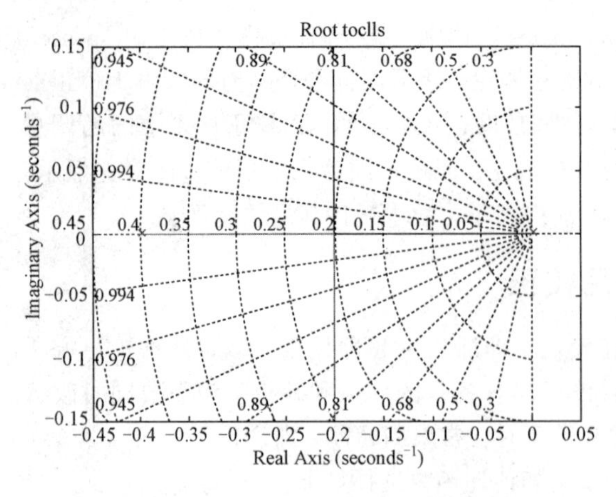

图 7-28　例 7-6 校正前系统根轨迹图

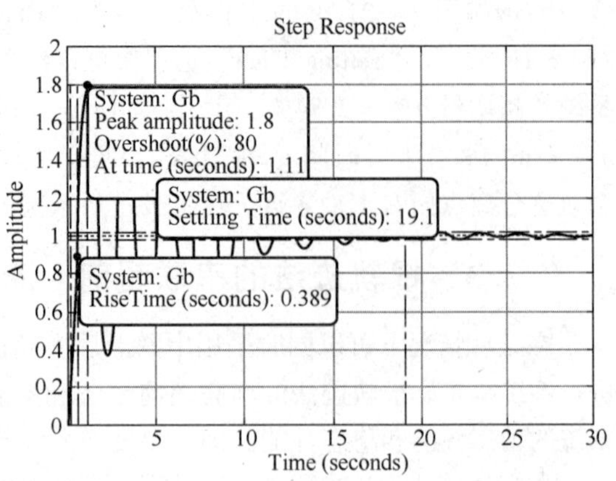

图 7-29　例 7-6 校正前系统闭环单位阶跃响应曲线

（2）续写（1）中程序，求取串联超前和滞后校正环节传递函数 G_{c_1}、G_{c_2} 和滞后校正环节补偿系数 k_{c_2}。由题意设超前校正环节补偿系数 $k_{c_1}=1$，相角裕度 $\gamma_{P_m}=50+5$，$T_z=0.1$。另外，程序中调用了 7.3.1 和 7.3.2 中的求串联超前、滞后校正环节函数的子函数。编写的程序代码如下：

```
% 求取超前和滞后校正环节传递函数 Gc1、Gc2 和滞后补偿系数 kc2
zeta =0.5;wc =5;% 题设条件阻尼比、自然振荡角频率
Kc1 =1;Tz =0.1;yPm =50 +5; % 人为设置参数
ng =G.num{1};dg =G.den{1};
[num,den] =ord2(wc,zeta);%
s =roots(den);
s1 =s(1);
Gc1 =l8cqxz_root(G,s1,kc1)% 求取超前校正环节传递函数
G1 =G * Gc1 * kc;
[Gc2,kc2] =l8zhxz_root(G,zeta,wc,Tz)% 求取滞后校正环节传递函数和补偿
系数
```

运行程序，输出超前校正环节传递函数及滞后补偿参数如下：

```
Gc1 =
  1.242 s + 1                          % 超前校正环节传递函数
 -------------
  0.1867 s + 1
kc = 0.0625                            % 滞后校正环节补偿参数
Gc2 =
  s + 0.1                              % 滞后校正环节传递函数
 -------------
  s + 0.0025
```

（3）续写（2）中程序，绘制校正前后系统根轨迹和闭环单位阶跃响应曲线进行对比，检验系统设计是否满足要求。续写的程序代码如下：

```
    GGc = G1 * Gc2 * kc2;
    Gy_b = feedback(G,1);                    % 校正前原系统闭环传递函数
    Gx_b = feedback(GGc,1);                  % 校正后系统闭环传递函数
    figure(3);rlocus(GGc,G),grid
    gtext({'校正前的'}),gtext({'校正后的'})
    figure(4);step(Gy_b,'r');hold on;step(Gx_b,'b'),grid ;gtext({'校正前
的'}),
    gtext({'校正后的'})
```

运行程序，输出校正前后系统根轨迹图对比和闭环单位阶跃响应曲线对比分别如图 7－30 和图 7－31 所示。

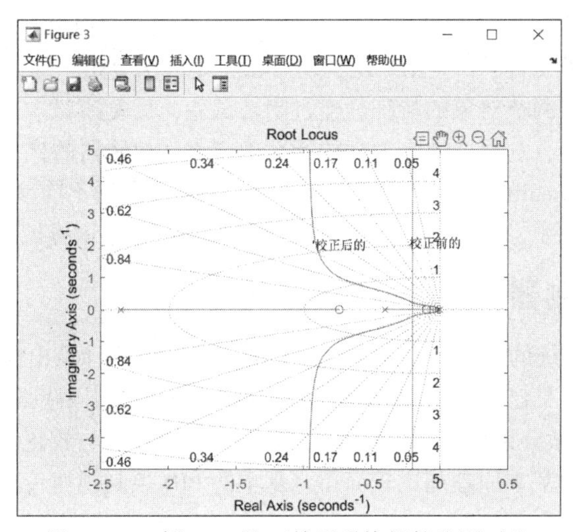

图 7－30 例 7－6 校正前后系统根轨迹图对比

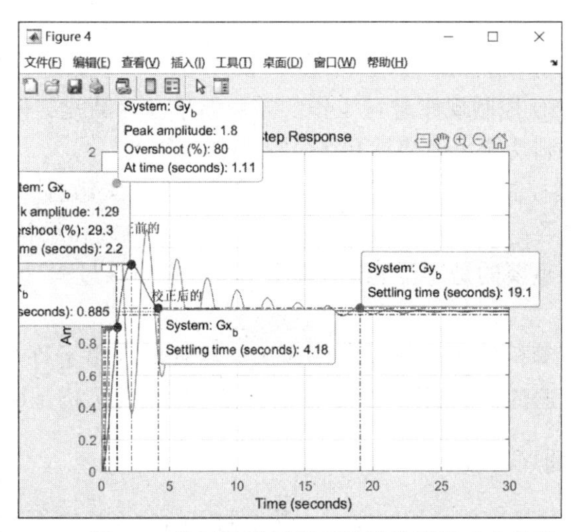

图 7－31 例 7－6 校正前后闭环系统单位阶跃响应曲线对比

由于校正前上升时间 $t_r = 0.575$ s，调整时间 $t_s = 24.7$ s，超调量 $\sigma\% = 67.3\%$；校正后上升时间 $t_r = 2.93$ s，调整时间 $t_s = 14.3$ s，超调量 $\sigma\% = 19\%$，因此校正后系统的稳定性能提高了，故本设计满足题设要求。

7.4 PID控制器设计及MATLAB/Simulink应用

目前的自动控制技术大部分建立在反馈的基础上，反馈包括测量、比较和执行（校正和调节）3个基本要素，即检测被控对象的参数变量，并与期望值相比较，然后用误差来校正和调节控制系统的响应。反馈在控制系统中应用的关键是做出正确的测量和比较后，如何能用于系统的校正与调节。

在自动控制技术的发展历程中，比例、积分和微分（PID）控制是历史悠久、控制性能最强的校正与调节方式。PID控制器问世至今已有超过80 a的历史，它因结构简单、稳定性好、工作可靠、调整方便而成为工业控制的主要技术之一。即便在控制技术飞速发展的今天，工业控制中仍有95%以上的控制回路具有PID结构，并且许多高级控制都是以PID控制为基础的。

PID控制器结构和算法简单，应用广泛，但参数整定方法复杂，通常用凑试法来确定，即根据具体的调节规律、不同调节对象的特征，经过闭环试验，反复凑试。PID控制器的参数整定是控制系统设计的核心内容，它根据被控过程的特性确定PID控制器的比例系数、积分时间和微分时间。利用在MATALB/Simulink环境下仿真，不仅可以快捷地获得不同参数下系统的动态特性和稳态特性，还能加深理解比例、积分和微分环节对系统的影响，积累用凑试法整定参数的经验。

7.4.1 PID控制器简述

PID控制器是根据系统的偏差，利用比例、积分和微分单元计算出控制量进行控制的，由于其应用广泛，使用灵活，早已成为系列化产品。PID控制器在使用中只需要设定三个参数（比例参数K_P、积分系数K_I和微分系数K_D）即可。在控制系统的调节与校正设计中，PID控制规律的优越性十分明显，而它的基本原理却比较简单。基本的PID控制规律传递函数可描述为

$$G_c(s) = K_P + \frac{K_I}{s} + K_D s$$

PID控制器具有以下优点：

（1）原理简单，使用方便，PID参数（K_P、K_I和K_D）可以根据过程动态特性及时调整；

（2）适应性强，按PID控制规律进行工作的控制器早已商品化，即使目前最新型的工业过程控制计算机，其基本控制功能也仍然是PID控制；

（3）鲁棒性强，即其控制品质对被控制对象特性的变化不太敏感。

PID控制器固有的缺点：当控制非线性、时变、耦合及参数和结构不确定的复杂过程（对象）时，效果不理想；更重要的是，若PID控制器不能控制复杂过程（对象），则无论怎样调整参数都不能起作用。

在科学技术尤其是计算机技术迅速发展的今天，尽管涌现出了许多新的控制方法和手段，但PID控制规律仍是最普遍的控制规律，PID控制器在多数情况下仍是最简单、最好的控制器。

7.4.2 比例控制

比例（P）控制是一种最简单的控制方式，其控制器的输出与输入误差信号成比例关系。当仅有P控制时，系统输出会存在稳态误差。采用P控制的系统传递函数为

$$G_c(s) = K_P$$

式中：K_P称为比例系数或增益（视情况可设置为正或负），一些传统的控制器常用比例带（Proportional Band，PB）来取代比例系数K_P，比例带是比例系数的倒数，也称为比例度。

具有比例环节的控制系统结构如图 7－32 所示。

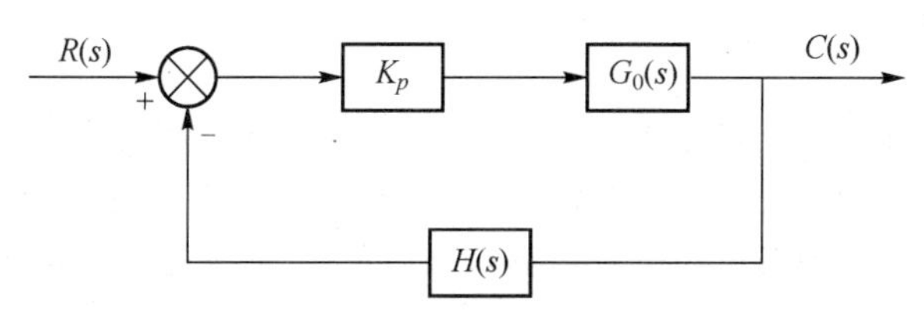

图 7－32　具有比例环节的控制系统结构

下面举例说明 P 控制（比例调节）对系统性能的影响。

【例 7－7】 设图 7－32 中的系统传递函数为

$$G_0(s) = \frac{1}{(s+1)(3s+1)(4s+1)}$$

$H(s)=1$，系统为单位负反馈，对系统采用纯比例控制，比例系数 $K_P=0.1$，2.0，2.4，3.0，3.5。试求各比例系数下系统闭环单位阶跃响应，并绘制响应曲线。

解：编写的 MATLAB 程序代码如下：

```
G=tf(1,conv(conv([1,1],[3,1]),[4,1]));     % 建立开环传递函数
kp=[0.1,2.0,2.4,3.0,3.5];                   % 5 个不同的比例系数
for i=1:5
G=feedback(kp(i)*G,1);% 建立各个不同的比例控制作用下的闭环传递函数
step(G);hold on % 求取相应的单位阶跃响应,并在同一个图上绘制响应曲线
end
gtext('kp=0.1');gtext('kp=2.0');gtext('kp=2.4');gtext('kp=3.0');
gtext('kp=3.5');                            % kp 取不同值的文字注释
```

以“l7_7. m”为文件名存盘，并运行程序，输出响应曲线如图 7－33 所示。由图 7－33 可以看出，随着 K_P 值的增大，系统响应速度加快，系统超调量增加，调节时间也随之增加，当 K_P 值增大到一定值后，闭环系统将不稳定。

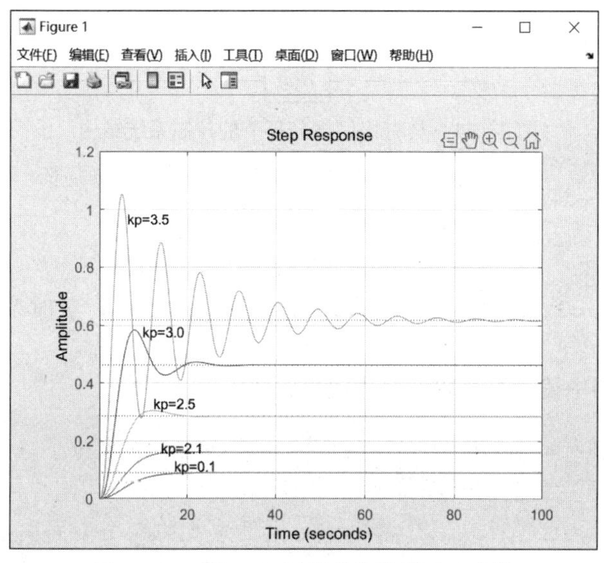

图 7－33　例 7－7 系统单位阶跃响应曲线

7.4.3 微分控制

微分（D）控制能够在系统运行早期修正信号，增加系统的阻尼程度，改善系统稳定性，但对系统的稳态性能没有影响，且对噪声敏感，容易出现控制器输出响应过于强烈。

D控制表现为控制器的输出量 $u_d(t)$ 与输入偏差 $e(t)$ 的变化速度成正比，其表达式为

$$u_d(t) = \tau \frac{\mathrm{d}e(t)}{\mathrm{d}t}$$

D控制的优点：能够敏感感知输入量的波动，使控制器尽早做出反应，增加了系统的阻尼程度，提高了系统的响应速度，提高了系统的动态性能；当用于串联校正时，实际上使系统增加了一个开环零点，使系统的相角裕度提高。

D控制的缺点：若系统的输入量不变，则即使输入量和输出量之间存在偏差，D控制也无法作用；同时，若系统中出现变化率很大的噪声，则D控制会有过度的响应，影响控制器的工作。

因此，D控制仅对动态过程起作用，对稳态过程没有影响，且对系统噪声敏感，一般不会单独使用。

7.4.4 比例微分控制

在比例控制的基础上，加上微分控制作用，便构成比例微分（PD）控制，其输出$u(t)$与输入$e(t)$的关系为

$$u(t) = K_P e(t) + K_P \tau \frac{\mathrm{d}e(t)}{\mathrm{d}t}$$

式中：K_P为比例系数；τ为微分时间常数；K_P与τ均为可调参数。

当系统引入微分环节后，会有超前的控制作用，能使系统的稳定性增加，最大偏差和余差减小，加快控制过程，改善控制质量。具有比例微分环节的控制系统结构如图7－34所示。

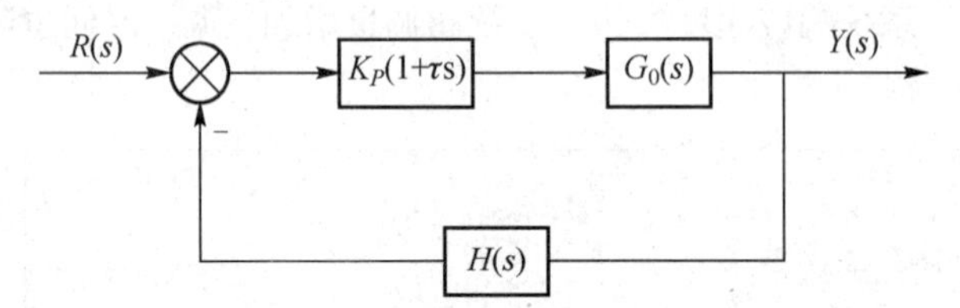

图7－34 具有比例微分环节的控制系统结构

【例7－8】 设图7－34中的系统传递函数为

$$G_0(s) = \frac{1}{(s+1)(3s+1)(4s+1)}$$

$H(s)=1$，比例系数 $K_P=2$。试绘制微分系数 $\tau=0$，0.3，0.7，1.5，3时系统的闭环单位阶跃响应曲线。

解：在文件编辑器中编写的MATLAB程序代码如下：

```
clear;num =1;den =conv(conv([1,1],[3,1]),[4,1]);% 分子、分母多项式系数向量
G =tf(num,den);% 建立开环传递函数
kp =2;tou =[0,0.3,0.7,1.5,3];  % 比例系数和5个不同微分系数
```

```
for i =1:5
G1 =tf([kp*tou(i),kp],1)% 建立各个不同的比例微分控制作用下的系统开环传递函数
sys = feedback(G1 * G,1);% 建立相应的闭环传递函数
step(sys);hold on% 求取相应的单位阶跃响应,并在同一个图上绘制响应曲线
end
gtext('tou = 0');gtext ('tou = 0.3');gtext ('tou = 0.7');gtext ('tou = 1.5');% 放置 tou 取不同值的文字注释
```

以“l7_8. m”为文件名存盘，并运行程序，输出曲线如图 7－35 所示。从图 7－35 中可知，当采用 PD 控制时，系统阶跃响应有相当大的超调量和较强烈的振荡，且随着微分作用的加强，系统的超调量减少，提高了稳定性，上升时间减少，提高了快速性。

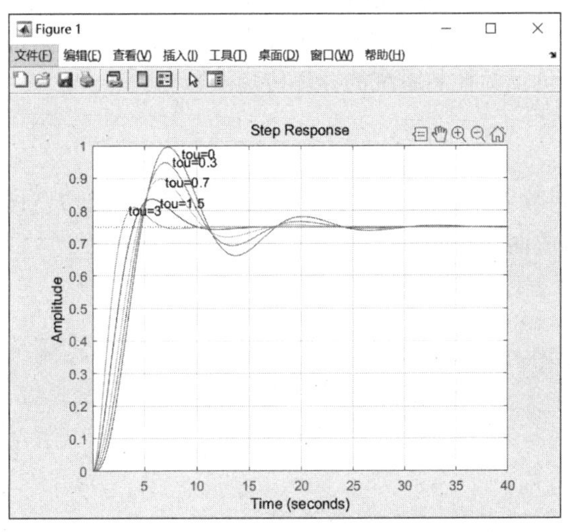

图 7－35　例 7－8 系统闭环单位阶跃响应曲线

7.4.5　积分控制

采用积分 I 控制的系统的传递函数为

$$G(s) = K_I \frac{1}{s}$$

式中：K_I 为积分系数。

I 控制器的输出信号为

$$u_I(t) = K_I \int_0^t e(t)\mathrm{d}t$$

取微分为

$$\frac{\mathrm{d}u_I}{\mathrm{d}t} = K_I e(t)$$

可见，即控制器输出信号 $u_I(t)$ 变化率与输入 $e(t)$ 成正比。

对于一个自动控制系统，进入稳态后还存在稳态误差，则称该系统为有差系统。为了消除稳态误差，在控制器中必须引入积分项，积分项的大小取决于对误差的积分时间，随着时间的增加，积分项增大，从而推动 I 控制器的输出增大，使稳态误差进一步减小，直到为 0。

7.4.6 比例积分控制

在P控制的基础上，加上I控制作用，便构成比例积分（PI）控制，其输出 $u(t)$ 与输入 $e(t)$ 的关系为

$$u(t) = K_P[e(t) + \frac{1}{T_I}\int_0^t e(t)]$$

采用PI控制的系统的传递函数为

$$G_c(s) = K_P + \frac{K_P}{T_I}s = K_P\left(1 + \frac{1}{T_I}s\right)$$

式中：T_I 为积分时间常数。

当PI控制器与被控对象串联连接时，相当于在系统中增加了位于原点的开环极点，同时也增加了位于S平面左半部分的开环零点。极点可以提高系统的类型级别，并能消除或减小系统的稳态误差；负实部的零点则可减小系统的阻尼比，缓和PI控制器极点对系统稳定性及动态过程产生的不利影响。在实际工程中，PI控制器通常用来改善系统的稳态性能。

【例7-9】 已知单位负反馈控制系统的开环传递函数为

$$G_0(s) = \frac{1}{(s+1)(3s+1)(4s+1)}$$

采用PI控制，比例系数 $K_P=3$。试求当积分时间常数 $T_I=4$，7，14，20，27 时系统的闭环单位阶跃响应，并绘制响应曲线。

解：编写的MATLAB程序代码如下：

```
    clear;num =1;den = conv(conv([1,1],[3,1]),[4,1]);分子、分母多项式系
数向量
    G =tf(num,den);% 建立开环传递函数
    kp =3;   % 比例系数
    ti =[3,7,14,20,27];      % 5 个不同的积分时间
    for i =1:5
    G1 =tf([kp,kp/ti(i)],[1,0]) % 建立各个不同的比例积分控制作用下的系统开
环传递函数
    sys = feedback(G1 * G,1);% 建立相应的闭环传递函数
    step(sys);hold on % 求取相应的单位阶跃响应,并在同一个图上绘制响应曲线
    end
    gtext('ti =4');gtext('ti =7');gtext('ti =14');gtext('ti =21');gtext('
ti =27');% 取不同值的文字注释
```

以“l7_10.m”为文件名存盘，并运行程序，系统输出响应曲线如图7-36所示。

从图7-36可知，随着积分时间的减小，积分控制作用增强，闭环系统的稳定性变差。

7.4.7 比例积分微分控制

比例积分微分（PID）控制器的输出信号为

$$u(t) = K_P\left[e(t) + \frac{1}{T_I}\int_0^t e(t) + \tau\frac{\mathrm{d}e(t)}{\mathrm{d}t}\right] \tag{7-1}$$

式中：K_P、T_I、τ 三者均是可调的参数。

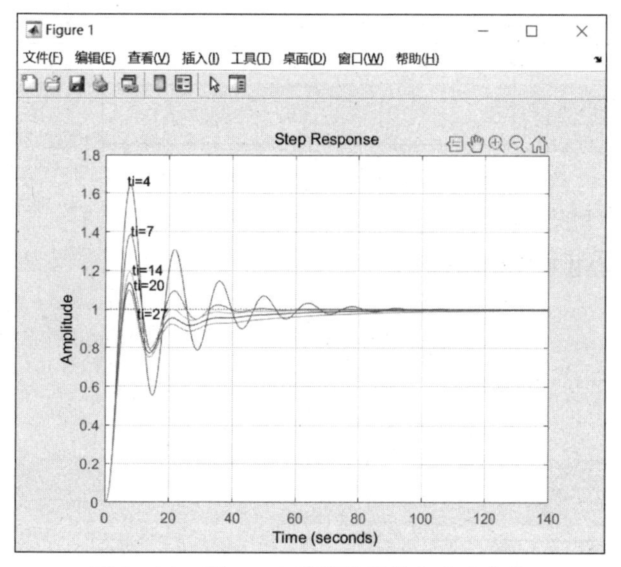

图 7-36 例 7-10 系统阶跃输出响应曲线

采用 PID 控制的系统的传递函数为

$$G_c(s) = K_P + \frac{K_P}{T_I}\frac{1}{s} + K_P \tau s$$

PID 控制器特性：

（1）当 PID 控制器与被控对象串联连接时，可以提高系统的类型级别，还提供了两个负实部的零点；

（2）与 PI 控制器相比，PID 控制器除了具有提高系统稳态性能的优点外，还多提供了一个负实部零点，因此更能提高系统动态性能。

PID 控制通过积分作用消除余差，通过微分作用缩小超调量、加快系统响应，综合了 PI 控制与 PD 控制的优势。从频域角度来看，PID 控制是通过积分作用于系统的低频段，以提高系统的稳态性能；通过微分作用于系统的中频段，以改善系统的动态性能。

采用差分变换，可将式（7-1）用差分方程表示为位置 PID 控制算法，其表达式为

$$u_k = K_P\left[e_k + \frac{T}{T_I}\sum_{i=1}^{k} e_i + \frac{\tau}{T}(e_k - e_{k-1})\right] \tag{7-2}$$

式中：T 为采样时间。

由式（7-2）可以导出增量 PID 控制算法，其公式为

$$\Delta u_k = u_k - u_{k-1} = d_0 e_k + d_1 e_{k-1} + d_2 e_{k-2}$$

式中：$d_0 = K_P\left(1 + \frac{T}{T_I} + \frac{\tau}{T}\right)$；$d_1 = -K_P\left(1 + \frac{2\tau}{T}\right)$；$d_2 = K_P\frac{\tau}{T}$。

增量 PID 控制算法只需当前时刻和前两个采样时刻的偏差。

【例 7-10】 具有 PID 环节的控制系统结构如图 7-37 所示。其中，被控对象 $G_0(s) = \frac{0.998}{0.021s + 1}$。试采用计算机编写增量 PID 算法程序绘制不同 PID 参数作用下的系统输出曲线，并分析参数对系统输出的影响。

解：（1）确定 PID 参数组合为 PID = [0.22，0.13，0；0.4，0.13，0；0.4，0.25，0；0.8，0.23，0.4；0.8，0.2，1；0.7，0.2，0.9]，即初始化 PID 参数。

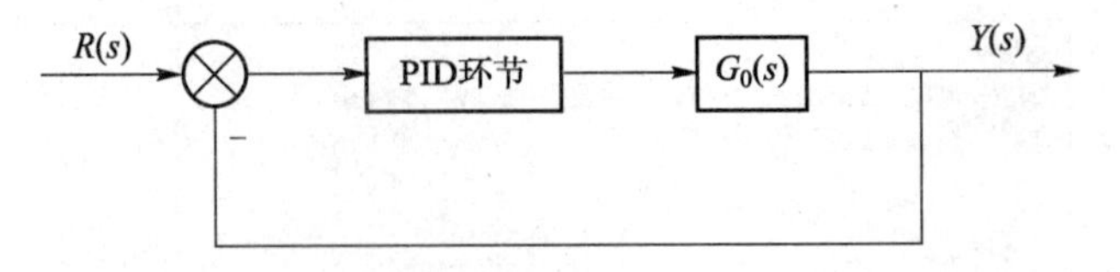

图 7－37　具有 PID 环节的控制系统结构

（2）编写的 MATLAB 程序代码如下：

```
close all
PID =[0.22,0.13,0;
    0.4,0.13,0;
    0.4,0.25,0;
    0.8,0.23,0.4;
    0.8,0.2,1;
    0.7,0.2,0.9];% 初始化 PID 参数
for pid =1:1:6
ts =0.005;% 采样时间 =0.005s
sys =tf(0.998,[0.021,1]);% 建立被控对象传递函数
dsys =c2d(sys,ts,'z');        % 离散化
[num,den] =tfdata(dsys,'v');
e_1 =0;% 前一时刻的偏差
Ee =0;% 累积偏差
u_1 =0.0;% 前一时刻的控制量
y_1 =0;% 前一时刻的输出
% PID 参数
kp =PID(pid,1);
ki =PID(pid,2);
kd =PID(pid,3);
u =zeros(1,1000);
time =zeros(1,1000);
for k =1:1:1000
    time(k) =k*ts;% 时间参数
    r(k) =1500;% 给定量
    y(k) = -1*den(2)*y_1 +num(2)*u_1 +num(1)*u(k);
    e(k) =r(k) -y(k);% 偏差
    u(k) =kp*e(k) +ki*Ee +kd*(e(k) -e_1);
    Ee =Ee +e(k);
    u_1 =u(k);
    y_1 =y(k);
    e_1 =e(k);
end
```

```
subplot(2,3,pid);
p1 =plot(time,r,'-.');xlim([0,1]);grid on;
p2 =plot(time,y,'--');xlim([0,1]);grid on;
title(['Kp =',num2str(kp),' Ki =',num2str(ki),' Kd = ',num2str(kd)]);
hold on;
end
```

以“l7_11. m”为文件名存盘，并运行程序，系统输出响应曲线如图 7－38 所示。

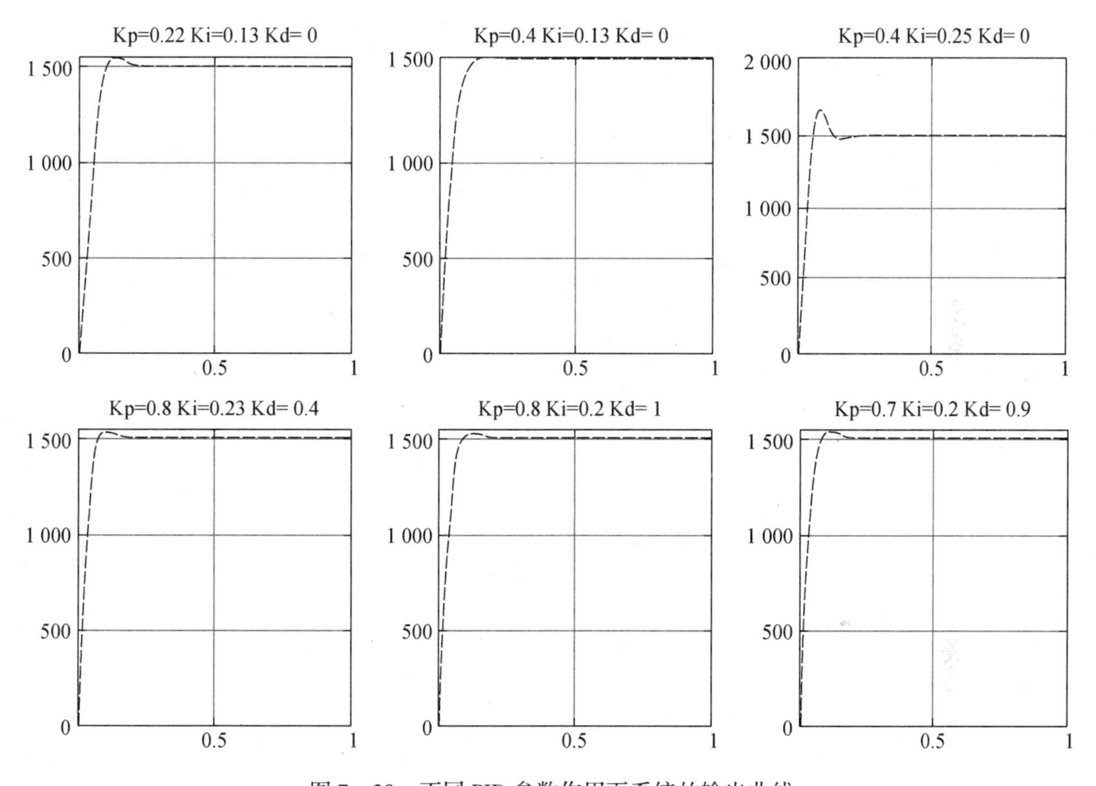

图 7－38　不同 PID 参数作用下系统的输出曲线

由图 7－38 看出，修改 K_P 会造成上升时间的缩短，但是有可能也会带来较大的超调量。积分的增加是一个严重的滞后环节，会减小相位裕度，也会带来超调量（超调量并不是绝对的，相对于较小的 K_P 可能会产生较大的超调，而 K_P 较大时超调会减小）。然而积分的引入也是必要的，否则将会很长时间无法削弱误差 $e(k)$，微分的引入相当于超前校正，会减少超调量，但是过度的微分很可能会造成尾部振荡，使系统逐渐变得不稳定。因此微分和积分之间需要平衡，当满足这个平衡时，系统几乎没有振荡，同时响应速度也较快。

另外，D 控制对纯滞后环节不能起到改善控制品质的作用且会放大高频噪声信号。在实际应用中，当设定值有突变时，为了防止由于微分控制输出的突跳，常将微分控制环节设置在反馈回路中，这种做法称为微分先行，即微分运算只对测量信号进行，而不对设定信号进行。具有微分先行的 PID 控制结构如图 7－39 所示。

【例 7－11】 控制对象 $G_0 = \dfrac{1}{70s+1}e^{-80t}$，采样时间为 20 s，输入信号为带有高频干扰的方波信号，$r(t) = \text{sign}(\text{square}(0.000\,5\pi t)) + 0.05\sin(0.03\pi t)$，执行机构控制在[－10，10]，仿真时

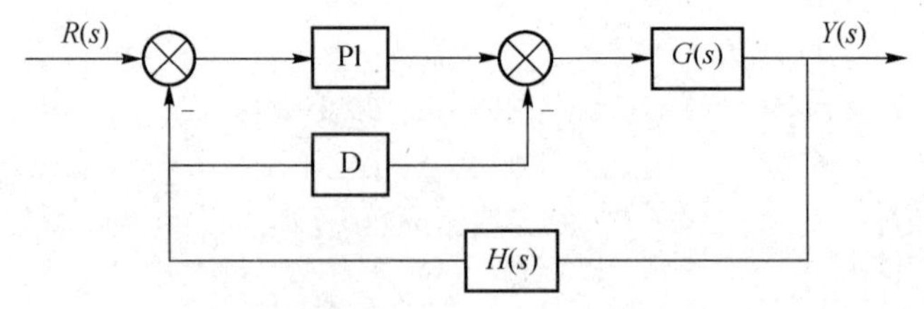

图 7-39　微分先行的 PID 控制结构图

间为 8 000 s，其中：$K_P=0.3$；$K_I=0.006$；$K=18$；gama = 0.4。采用微分先行 PID 和标准 PID 控制算法进行仿真实验，绘制 2 种算法的系统输入、输出曲线。

解：编写的 MATLAB 程序代码如下：

```
clear all;
close all;
ts =20;
M =2;
ki =0.006;
kd =18;
kp =0.3;
gama =0.4;
sys =tf(1,[70,1],'inputdelay',[80]);
dsys =c2d(sys,ts,'zoh');
[num,den] =tfdata(dsys,'v');
ud_1 =0;y_1 =0;e_1 =0;ei =0;
u_1 =0;u_2 =0;u_3 =0;u_4 =0;u_5 =0;
Td =kd/kp;
c1 =gama * Td/(gama * Td +ts);
c2 =(Td +ts)/(gama * Td +ts);
c3 =Td/(gama * Td +ts);% 微分先行算法中的参数 c1,c2,c3
for k =0:1:400
time(k +1) =k * ts;
y(k +1) = -den(2) * y_1 +u_5 * num(2);% 输出量
ud(k +1) =c1 * ud_1 +c2 * y(k +1) -c3 * y_1;
ud_1 =ud(k +1);
r(k +1) =sign(sin(0.0005 * pi * time(k +1))) +0.05 * sin(0.03 * pi *
time(k +1));
if M = =1
    e(k +1) =r(k +1) -ud(k +1);
    ei =ei +e(k +1) * ts;
    u(k +1) =kp * e(k +1) +ki * ei;
else
    e(k +1) =r(k +1) -y(k +1);
```

```
        ei =ei +e(k +1) * ts;
        u(k +1) =kp * e(k +1) +ki * ei +kd * (e(k +1) -e_1)/ts;
    end
    if u(k +1) >10
        u(k +1) =10;
    else if u(k +1) < -10
            u(k +1) = -10;
        end
    end
    y_1 =y(k +1);
    u_5 =u_4;u_4 =u_3;u_3 =u_2;u_2 =u_1;u_1 =u(k +1);e_1 =e(k +1);
    end
    hold on;
    if M = =2
        figure(1);
        plot(time,r,'r',time,y,'b');grid on
        xlabel('时间(单位:S)');
        ylabel('输入/输出');
        legend('输入','普通 PID 输出');
    else
        figure(2);
        plot(time,r,'r',time,y,'b');grid on
        xlabel('时间(单位:s)');
        ylabel('输入/输出');
        legend('输入','微分先行 PID 输出');
    end
```

以“l8_11. m”为文件名存盘，并运行程序，普通 PID 控制的输入/输出曲线和微分先行 PID 控制的输入/输出曲线如图 7-40 和图 7-41 所示。

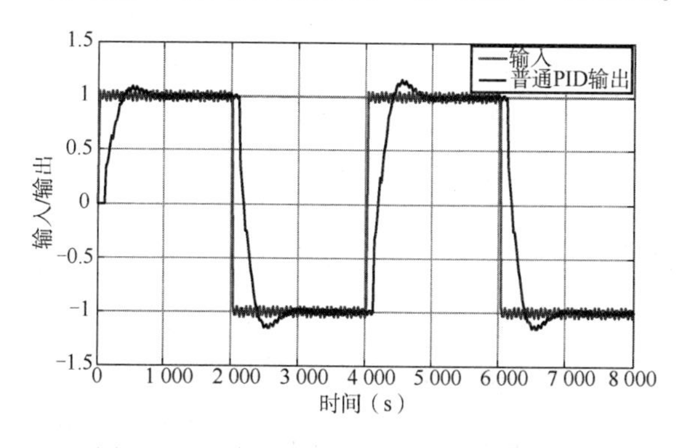

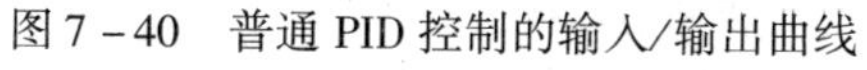
图 7-40 普通 PID 控制的输入/输出曲线

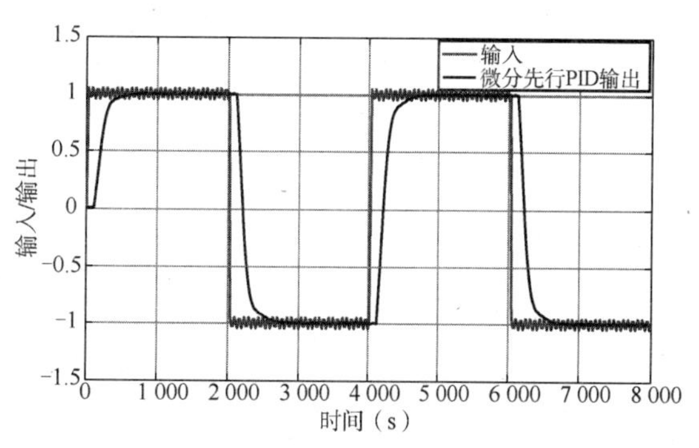

图 7-41 微分先行 PID 控制的输入/输出曲线

由两种 PID 算法的系统输入输出可得，当输入 $r(t)$ 具有高频干扰信号时，可采用微分先行 PID 算法，即只对输出进行微分，能够避免给定值频繁升降引起的振荡，改善系统的动态性能。

7.5 PID控制器参数整定

PID控制理论的发展历史已经有近百年了，它的构思最先于1922年Minorsky的论文中发表。PID控制器的模型首先出现在Callender等人在1936年所发表的论文里，而著名的Ziegler与Nichols则在1942年提出了PID控制的调整法则，历经了半个多世纪，PID一直是历史最久的控制系统设计方法，现在依然被广泛地使用。

PID控制器参数的整定的方法有很多，概括起来有两大类。

（1）理论计算整定方法：主要依据系统的数学模型，经过理论计算确定控制器参数，所得到的计算数据必须通过工程实际进行调整和修改。

（2）工程计算整定方法：主要有响应曲线（Ziegler－Nichols）法、临界比例度法和衰减振荡法，这些整定方法的共同点都是要通过试验，然后按照工程经验公式对控制器参数进行整定。

总之，无论采用哪一种方法所得到的控制器参数，都需要在实际运行中进行最后调整与完善。本节主要介绍工程计算整定方法。

7.5.1 响应曲线法

PID参数的整定方法可以分为时域整定和频域整定两大类。时域方法中最基本的是Ziegler与Nichols提出的Z－N阶跃响应法。在实际的工程应用中传统的Z－N整定方法有着多种变形，而Ziegler－Nichols工程整定方法或称为响应曲线法，是工程上最常用的快速整定PID参数的方法。

响应曲线法根据给定对象的瞬态响应来确定PID控制器的参数，具体获取PID控制器参数的实验过程如下。

（1）通过实验，获得被控制对象的阶跃响应，即在系统开环、带负载并处于稳定的情况下，给系统输入一个阶跃信号，测量出系统的输出响应曲线。

（2）在响应曲线上手工绘制过点P的切线，确定延迟时间L和时间常数T，如图7－42所示。

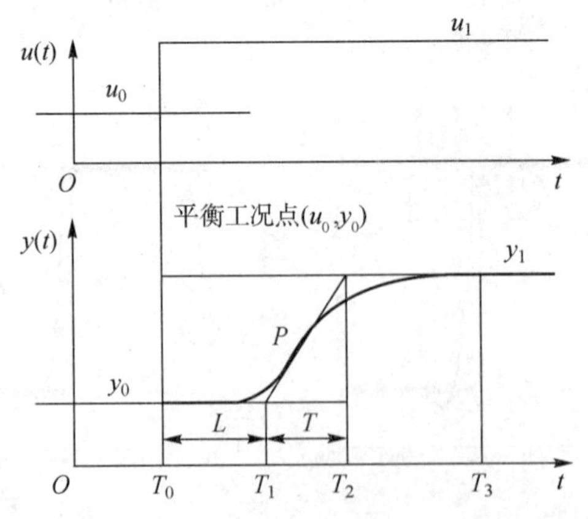

图7－42 阶跃输入与被控对象的阶跃响应曲线

如果将阶跃响应曲线$y(t)$看作近似S形曲线，则可以用此方法，否则不能用。

S形曲线用延迟时间L和时间常数T来描述，则对象传递函数可近似为

$$G(s)=\frac{y(s)}{u(s)}=\frac{Ke^{-Ls}}{Ts+1} \tag{7-3}$$

式中：K 是放大系数，其参数值为

$$K=\frac{y_1-y_0}{y_{\max}-y_{\min}}\Big/\frac{u_1-u_0}{u_{\max}-u_{\min}} \tag{7-4}$$

利用延迟时间 L、放大系数 K 和时间常数 T，根据表 7－1 中的公式确定控制器的比例系数（K_P）、积分时间（T_I）和微分时间（τ）的值。

表 7－1 响应曲线法整定参数

控制器类型	比例系数 K_P	积分时间 T_I	微分时间 τ
P	$T/(KL)$	—	—
PI	$1.1T/(KL)$（或 $0.9T/(KL)$）	$3.3L$	—
PID	$1.2T/(KL)$（或 $0.85T/(KL)$）	$2.2L$	$0.5L$

【例 7－12】 已知控制系统结构如图 7－43 所示，系统开环传递函数为

$$G_0(s)=\frac{8}{(360s+1)}e^{-160s}$$

试用响应曲线法计算系统 P、PI、PID 控制器参数，并分别绘制整定后闭环系统的单位阶跃响应曲线。

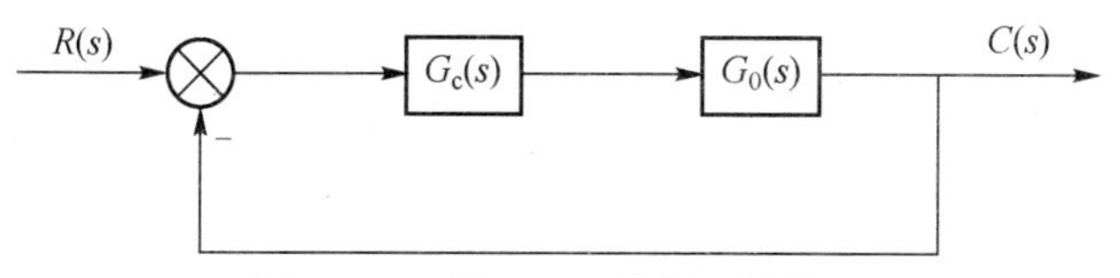

图 7－43 例 7－12 控制系统结构

解： 依据题设条件构建测试参数的开环系统 Simulink 仿真模型；测试被控对象的延迟时间 L、放大系数 K 和时间常数 T；构建 P、PI 和 PID 控制器闭环系统 MATLAB 仿真模型；根据表 7－1 计算出 P、PI 和 PID 控制器的相关参数；分别绘制 P、PI 和 PID 控制的单位阶跃响应曲线并对仿真结果进行分析。具体步骤如下。

（1）如图 7－44 所示，构建测试参数 Simulink 的开环系统仿真模型，并设置相应模块的参数，设置阶跃信号发生器幅值为 1、比例模块（Gain）系数为 1、传递函数模块（Transfer Fcn）参数如图示和滞后环节模块（Transport Delay）时间为 160 s。

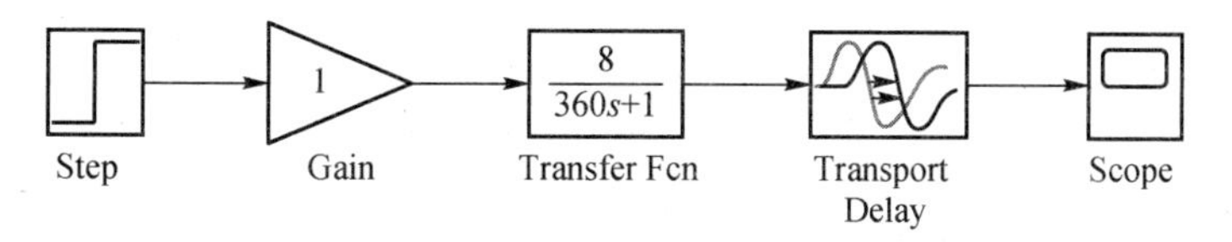

图 7－44 测试参数 Simulink 仿真模型

仿真时间取 2 000 s，双击 Scope 模块得输出曲线如图 7－45 所示。

由图 7－45 可知，按响应曲线参数法，在示波器输出曲线图中手工绘制一条切线、直线和竖线，大致得到测试被控对象的延迟时间 $L=160$ s，时间常数 $T=(620-160)$ s $=460$ s 和放大系数 $K=8$。

（2）创建 P 控制器闭环系统模型，如图 7－46 所示。

由表 7－1 计算 P 控制器比例系数 $K_P=T/KL=460/8\times160=0.359\ 375$，添加比例模块（Gain）系数为 0.359 375，设仿真时间为 3 000 s，仿真后双击 Scope 模块得 P 控制闭环单位阶跃响应曲线，如图 7－47 所示。

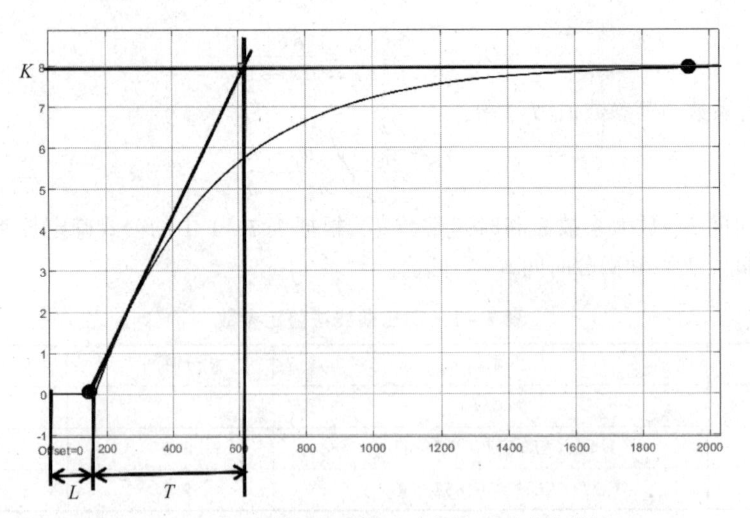

图 7-45　一阶惯性纯滞后对象的开环响应曲线

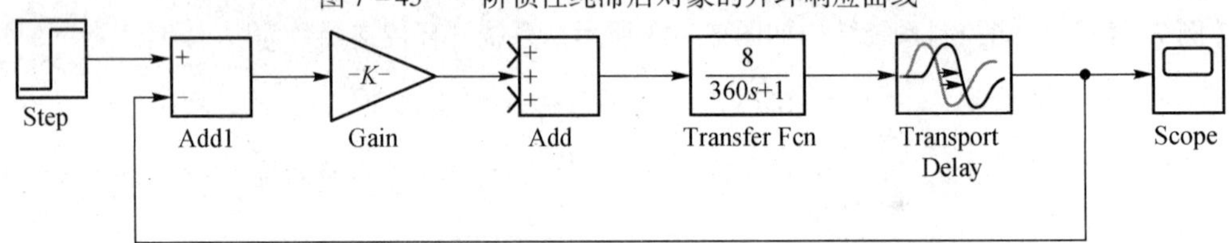

图 7-46　P 控制闭环控制系统仿真模型

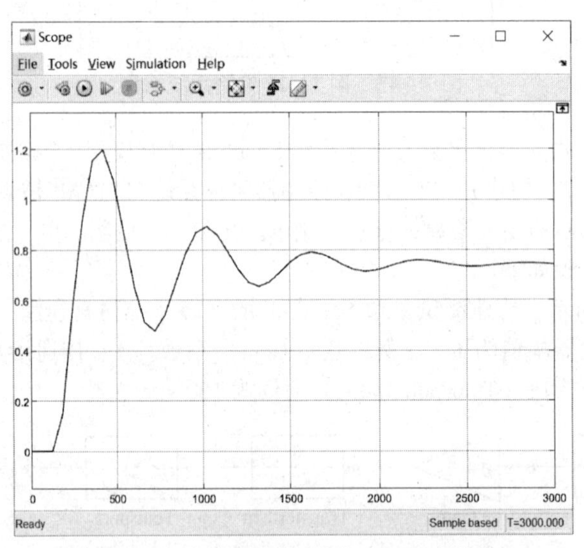

图 7-47　P 控制闭环单位阶跃响应曲线

由图 7-47 曲线可知，P 控制闭环单位阶跃响应曲线振荡衰减，与输入给定值 1 有偏差，即 P 控制曲线趋于稳定值近似 0.8。

（3）构建 PI 控制器闭环系统仿真模型，如图 7-48 所示。

由表 7-1 计算 PI 控制器比例系数 $K_P=1.1T/(KL)=1.1\times0.359\ 375=0.395$，积分时间 $T_I=3.3\times160\ \text{s}=528\ \text{s}$，构成闭环 PI 控制系统，设仿真时间 3 000 s。启动仿真，运行结束后双击 Scope 模块，得到单位阶跃响应曲线，如图 7-49 所示。

由表 7-1 中公式 $K_P=0.9T/(KL)=0.9\times0.359\ 375=0.323$，积分参数 T_I 不变，启动仿真，输出单位阶跃响应曲线如图 7-50 所示。

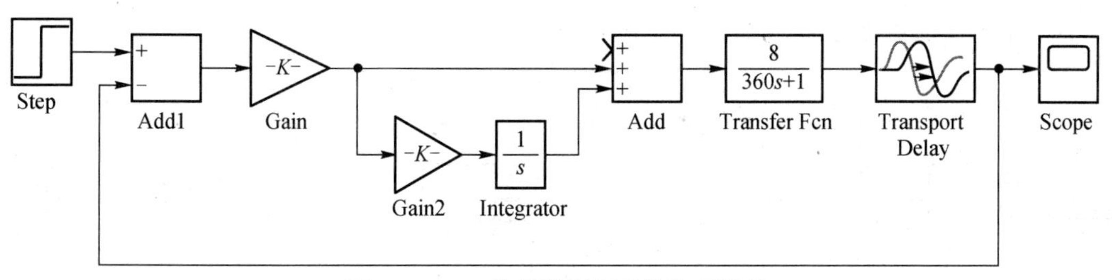

图 7－48　PI 控制器闭环系统仿真模型

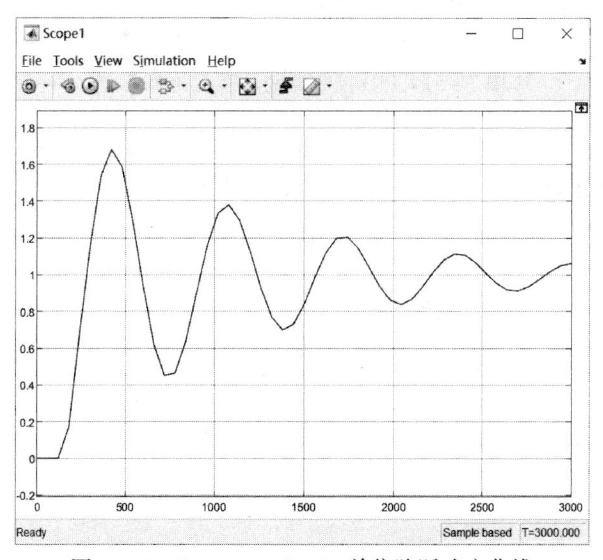

图 7－49　$k_p=1.1T/(KL)$ 单位阶跃响应曲线

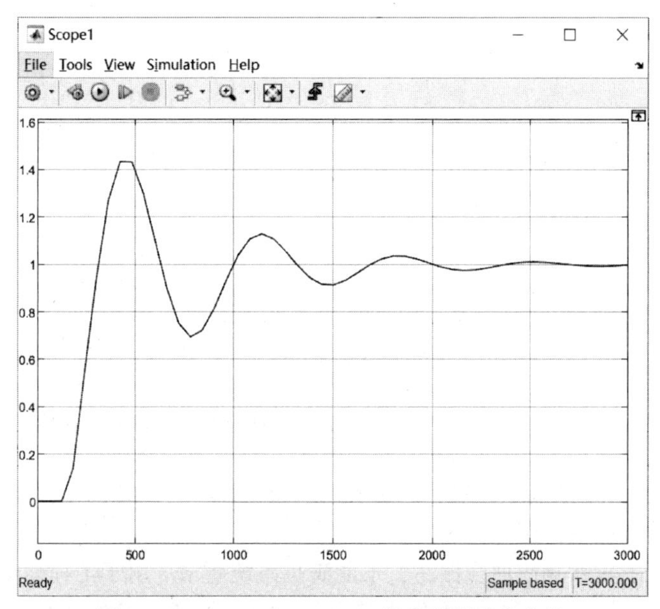

图 7－50　$K_P=0.9T/(KL)$ 单位阶跃响应曲线

由图 7－49 和图 7－50 可知，PI 控制闭环单位阶跃响应曲线衰减振荡，趋于稳定值 1，与输入值无偏差，但超调量比 P 控制时要大。

（4）创建 PID 控制器闭环系统模型，如图 7－51 所示。

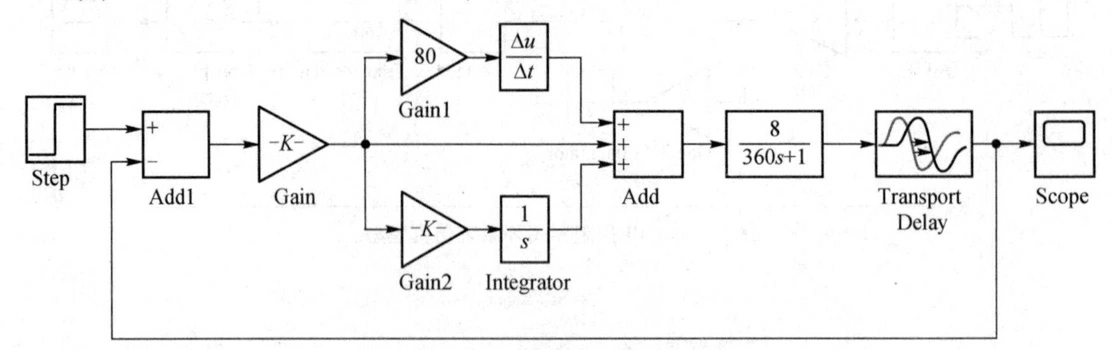

图 7－51　PID 控制器闭环系统仿真模型

由表 7－1 中选公式 $K_P=1.2T/KL$，计算 PID 控制器比例系数为 $1.2\times0.359\ 375=0.431\ 25$，积分时间 $T_I=2.2L=2.2\times160\ \mathrm{s}=352\ \mathrm{s}$，微分时间 $\tau=0.5L=0.5\times160\ \mathrm{s}=80\ \mathrm{s}$；将 K_P、T_I和 τ 值分别添加到图 7－51 所示的相关模块中如比例模块（Gain）为 0.431、积分时间模块（Gain2）为 $1/T_I=1/352s^{-1}$和微分时间模块（Gain1）为 80 s，设仿真时间 3 000 s。启动仿真，运行结束后双击 Scope 得单位阶跃响应曲线，如图 7－52 所示。

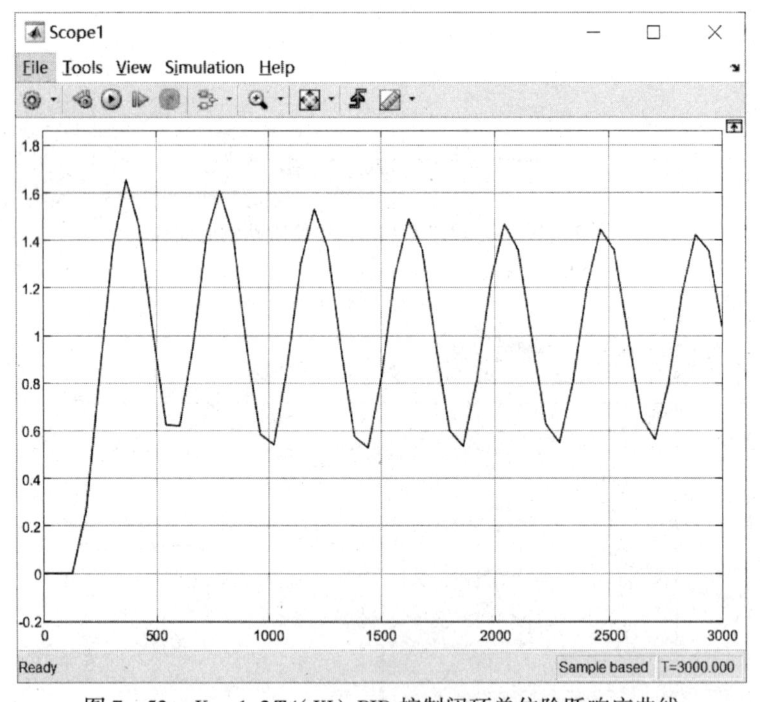

图 7－52　$K_p=1.2T/(KL)$ PID 控制闭环单位阶跃响应曲线

由表 7－1 中公式 $K_P=0.85T/(KL)\ =0.85\times0.359\ 375=0.305$，积分参数 T_I 和微分参数 τ 不变，启动仿真，输出曲线如图 7－53 所示。

由图 7－52 可知，阶跃响应曲线振荡，不能满足系统要求。由于工程整定方法依据的是经验公式，不具有普适性，因此按照此经验公式整定的 PID 参数不一定能应用，这时需要换经验公式。由图 7－53 阶跃响应曲线可知，曲线输出的第二个峰值相对较高，如果进一步整定其他参数，将会得到希望的单位阶跃响应曲线。

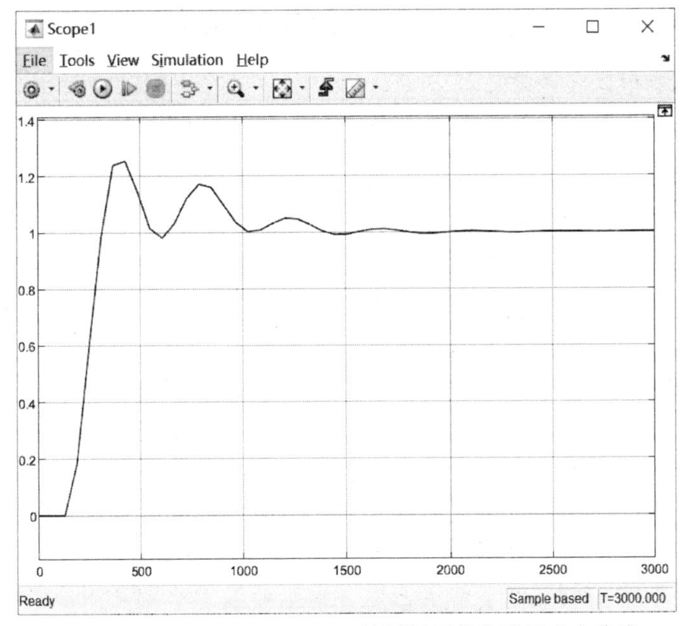

图 7－53　$K_P=0.85T/KL$ PID 控制闭环单位阶跃响应曲线

7.5.2　临界比例度法

临界比例度法又称为 Ziegler－Nichols（齐格勒－尼柯尔斯）法，是闭环的参数整定方法，此方法将控制器的积分作用和微分作用全部去除，基于纯比例控制系统调节比例度 δ 由小到大的变化，直到系统输出曲线临界振荡来获取试验数据，如临界比例度 δ_k 和临界振荡周期 T_k，再结合一些经验公式，获得控制器的最佳参数整定值。采用临界比例度法的条件：已知被控对象传递函数；被控对象的阶数≥3。临界比例度法的具体实验整定步骤如下。

（1）在构建的测试参数的闭环控制系统模型中，将调节器置于纯比例作用下，从大到小逐渐改变调节器的比例系数，直到系统出现等幅振荡的过渡过程曲线，如图 7－54 所示。此时的比例系数称为临界比例度 K_δ，相邻波峰间的时间间隔称为临界振荡周期 T_δ；

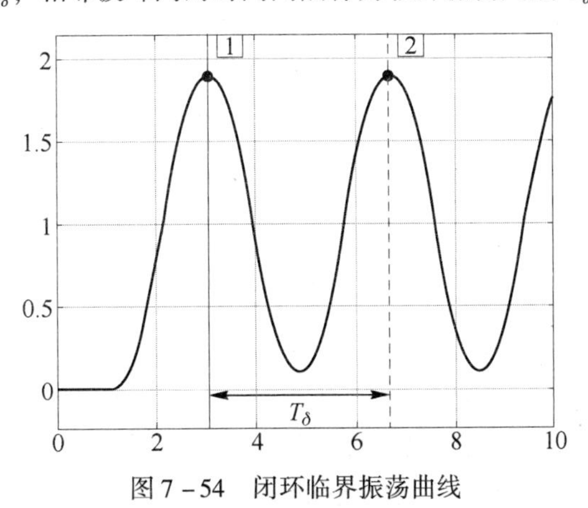

图 7－54　闭环临界振荡曲线

（2）系统等幅震荡结束，记下临界比例系数 K_δ 和临界振荡周期 T_δ 的值；

（3）根据 K_δ 和 T_δ 的值，采用表 7－2 中的经验公式，计算控制器 P、PI 和 PID 相关参数。

表 7－2　临界比例度法整定参数

控制器类型	比例系数 K_P	积分时间 T_I	微分时间 τ
P	$0.5K_\delta$	—	0
PI	$0.45K_\delta$	$0.833T_\delta$	0
PID	$0.6K_\delta$	$0.5T_\delta$	$0.125T_\delta$

按“先P后I最后D”的操作程序将调节器整定参数调到计算值上，也可再进一步调整。临界比例度法应用于工业现场的注意事项如下：

（1）有的过程控制系统，临界比例度很小，调节阀不是全关就是全开，对工业生产不利；

（2）有的过程控制系统，当调节器比例度 δ 调到最小刻度值时，系统仍不产生等幅振荡，对此，将最小刻度的比例度作为临界比例度 δ_k 进行调节器参数整定；

（3）工业现场调试系统的调节器比例度与控制器的比例系数是倒数关系。

【例 7－13】 已知控制系统结构如图 7－55 所示，其开环传递函数为

$$G_0(s) = \frac{5}{s(s+1)(s+3)}$$

试采用临界比例度法计算系统 P、PI、PID 控制器的参数，并分别绘制整定后系统的单位阶跃响应曲线。

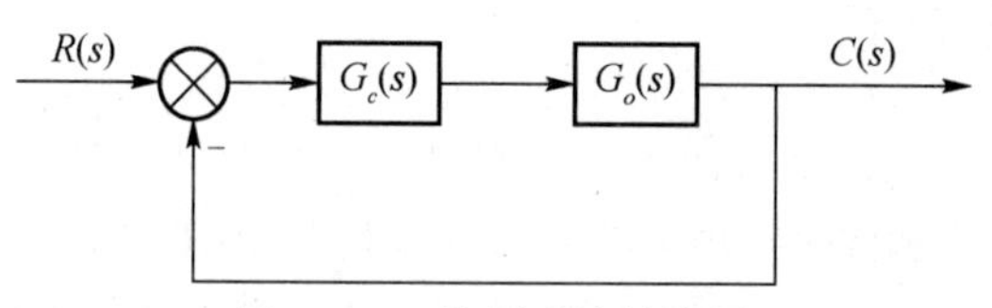

图 7－55　控制系统结构图

解： 依据题设条件构建测试参数的闭环系统 Simulink 仿真模型；调整比例系数 k 测试被控对象的临界比例系数 K_δ 和临界振荡周期 T_δ 的值；构建 P、PI 和 PID 控制器闭环系统 MATLAB 仿真模型；根据表 7－2 计算出 P、PI 和 PID 控制器的相关参数；分别绘制 P、PI 和 PID 控制的单位阶跃响应曲线并对仿真结果进行分析。具体步骤如下。

（1）构建测试参数的系统闭环 Simulink 仿真模型，如图 7－56 所示。

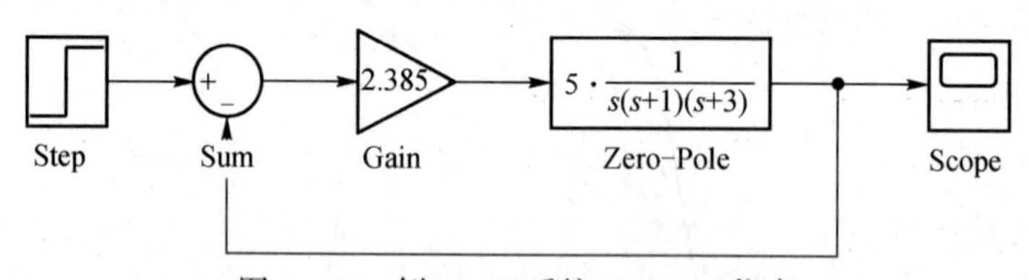

图 7－56　例 7－13 系统 Simulink 仿真

（2）获取系统的等幅振荡曲线，确定临界比例系数 K_δ 和临界振荡周期 T_δ 的值。

在图 7－56 所示的系统 Simulink 仿真模型中，试验着将比例模块 Gain 的值从大到小进行选择（本例选 6、4、2），观察示波器的输出曲线直到出现等幅振荡。当选 $K_\delta = K = 2.385$ 时，仿真时间为 15 s，仿真后双击 Scope 模块，输出曲线出现等幅振荡，如图 7－57 所示。

单击图 7－57 中工具栏“Cursor Measurements”（光标测量）选项，在图中出现一条竖直线和一条竖直点画线，移动两条线测出等幅振荡两个峰值之间的临界振荡周期（时间）T_δ 和峰值大小（自动显示其值）。即临界振荡周期为 $T_\delta = \Delta T = 6.688 - 3.052 = 3.636$ s，而峰值为 1.907 s。

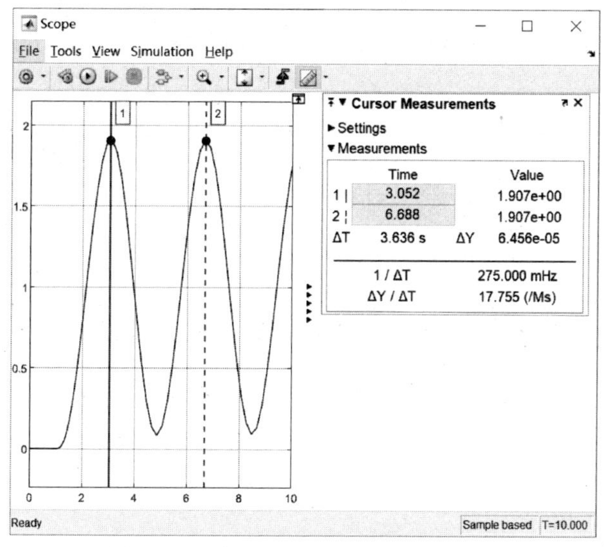

图 7－57 例 7－13 系统等幅振荡曲线

（3）P 控制器参数整定。构建 P 控制闭环系统仿真模型，如图 7－58 所示。

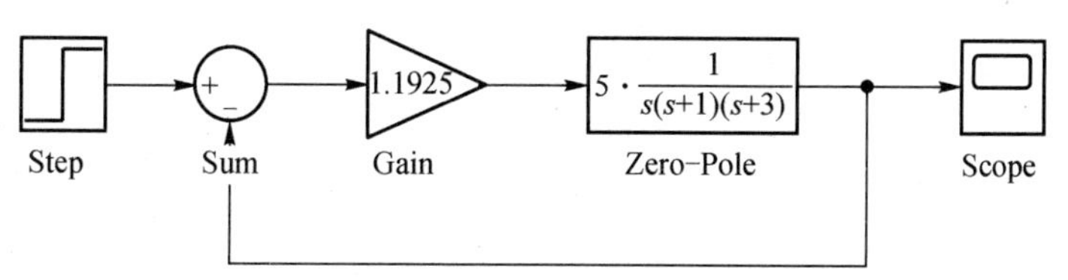

图 7－58 例 7－13 P 控制闭环系统仿真模型

根据表 7－2，可计算比例放大系数为 $K_P=0.5K_\delta=0.5\times2.385=1.1925$，将 $K_P=1.1925$ 添加到比例模块 Gain 参数设置上，仿真时间选 40 s，仿真结束后双击 Scope 模块，得到 P 控制单位阶跃响应曲线，如图 7－59 所示。

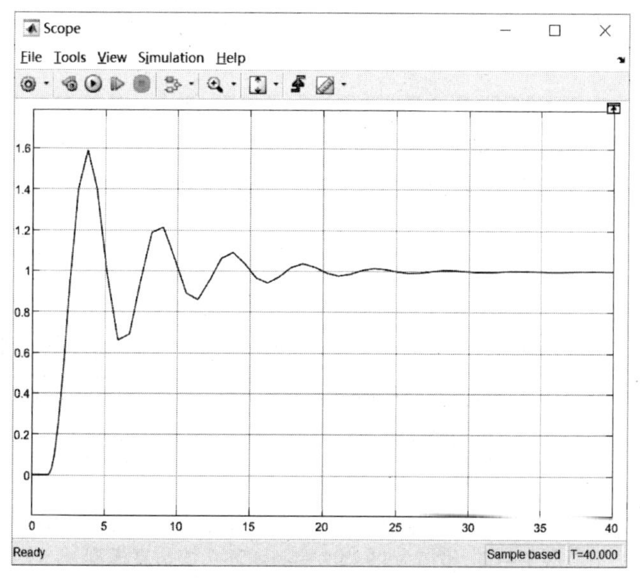

图 7－59 例 7－13 P 控制的单位阶跃响应曲线

由图 7-59 可知，P 控制单位阶跃响应曲线超调量较大，振荡衰减变化。

（4）PI 控制器参数整定。构建 PI 控制闭环系统仿真模型，如图 7-60 所示。

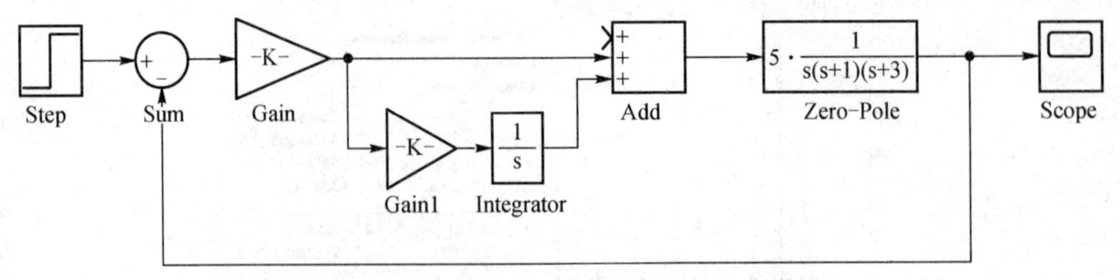

图 7-60　例 7-13 PI 控制闭环系统仿真模型

根据表 7-2，可计算出比例放大系数 $K_P = 0.45K_\delta = 0.45 \times 2.385 = 1.07325$，积分时间常数 $T_I = 0.833T_\delta = 0.833 \times 3.636 = 2.9988$ s。将 K_P 和 T_i 添加到比例模块 Gain 为 1.073 25 和模块 Gain1 为 $1/T_I = 1/2.9988$。仿真时间选 40 s，仿真结束后双击 Scope 模块，得到 PI 控制系统单位阶跃响应曲线，如图 7-61 所示。

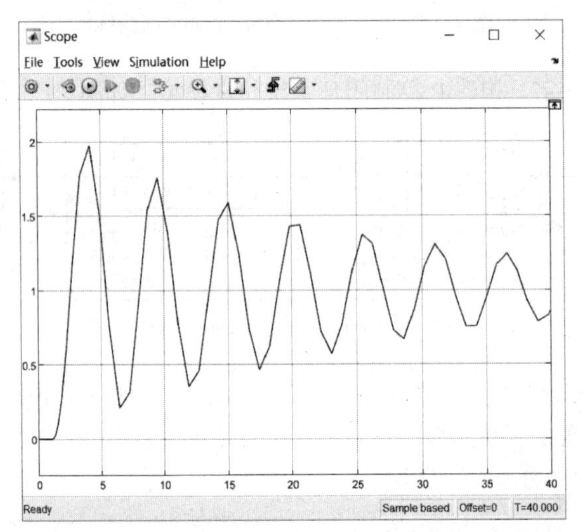

图 7-61　例 7-13 PI 控制闭环单位阶跃响应曲线

由图 7-61 可知，PI 控制系统单位阶跃响应曲线振荡衰减，系统稳定性较差。这是由于工程整定方法依据的是经验公式，不具有普适性。

（5）PID 控制器参数整定。构建 PID 控制闭环系统仿真模型，如图 7-62 所示。

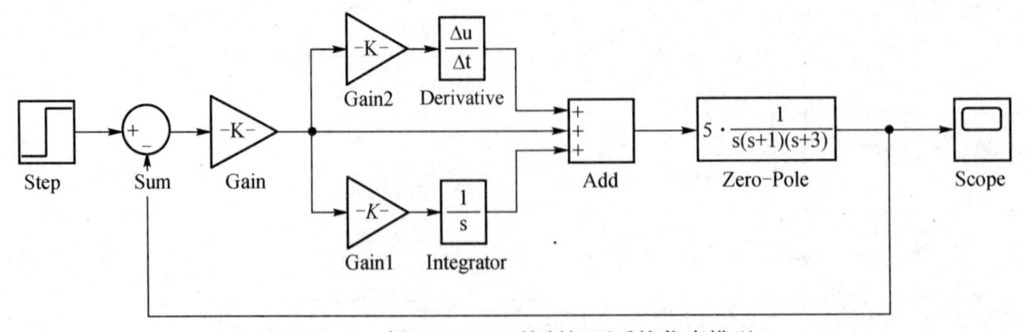

图 7-62　例 7-13 PID 控制闭环系统仿真模型

根据表 7－2，可计算出比例系数 $K_P = 0.6K_\delta = 0.6 \times 2.385 = 1.431$，积分时间 $T_I = 0.5T_\delta = 0.5 \times 3.636\ \text{s} = 1.818\ \text{s}$，微分时间 $\tau = 0.125T_\delta = 0.125 \times 3.636\ \text{s} = 0.4545\ \text{s}$。将 K_P、T_I 和 τ 添加到比例模块 Gain 为7.2，模块 Gain1 为 $1/1.818s^{-1}$ 和模块 Gain2 为0.454 5 s。仿真时间选40 s，仿真结束后双击 Scope 模块，得 PID 控制闭环单位阶跃响应曲线如图 7－63 所示。

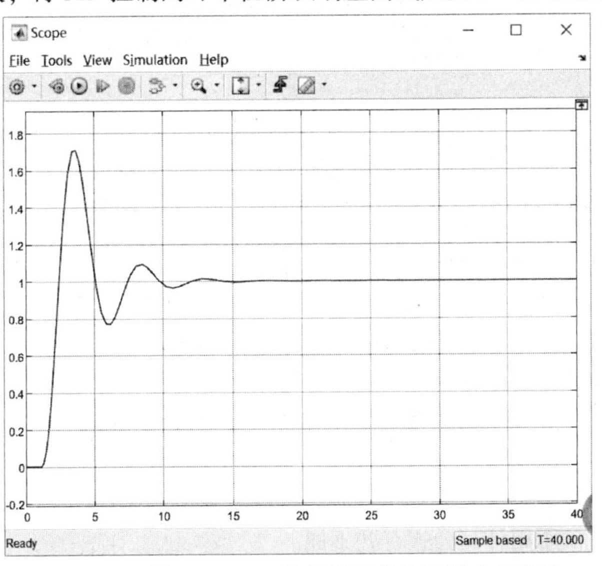

图 7－63　例 7－13 PID 控制闭环单位阶跃响应曲线

由图 7－63 可见，PID 控制闭环阶跃响应曲线响应速度与 P、PI 控制基本相同，从曲线波形看超调量稍大，但稳定性比 P、PI 控制都好。

7.5.3　衰减曲线法

衰减曲线法是闭环的参数整定方法，它是根据衰减频率特性进行控制器参数整定的，即基于控制系统过渡过程响应曲线的衰减比为 4:1（定值控制系统）或 10:1（随动系统）的实验数据，利用一些经验公式，确定控制系统的最佳参数值。

衰减曲线法具体整定的步骤如下：

（1）首先把控制系统中调节器参数置成纯比例作用（微设 $T_I = \infty$，积分时间设为 $\tau = 0$），使系统投入运行；

（2）待系统稳定后，作设定值的阶跃扰动，并观测系统的响应曲线。同时调整比例度，把比例度 δ 从大逐渐调小，直到出现 4:1（或 10:1）的衰减过程曲线，如图 7－64 所示。

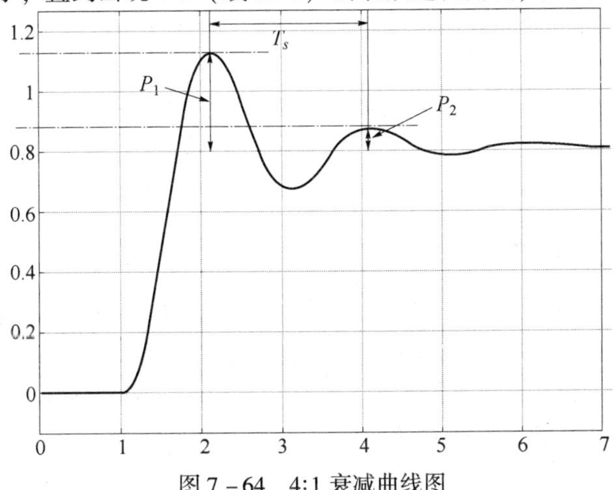

图 7－64　4:1 衰减曲线图

(3) 选择比例度为4:1，即 $P_1/P_2=4:1$，衰减比例度为 δ_s，上升时间为 t_r，两个相邻波峰间的时间间隔 T_S 称为4:1衰减振荡周期。

(4) 根据 δ_s、t_r 和 T_S，使用如表7-3所示的经验公式，可计算出调节器的各个整定参数值。

表7-3　衰减曲线法整定参数

控制器类型	比例度 δ	积分时间 T_I	微分时间 τ
P	δ_S	∞	0
PI	$0.8\delta_S$	$2t_r$ 或 $0.5T_S$	0
PID	$1.2\delta_S$	$1.2t_r$ 或 $0.3T_S$	$0.4t_r$ 或 $0.1T_S$

按“先P后I最后D”的操作顺序，将求得的整定参数设置在调节器上，再观察运行曲线，若不太理想，还可适当调整。衰减曲线法应用于工程实际中的注意事项如下。

(1) 在工程实际中，对于反应较快的控制系统，要准确认定4:1衰减曲线和读出 T_S 比较困难，此时，可用记录指针来回摆动2次就达到稳定作为4:1衰减过程。

(2) 在工程实际中，负荷变化会影响过程特性。当负荷变化较大时，必须重新整定调节器参数值。

(3) 若认为4:1衰减太慢，可采用10:1衰减过程。对于10:1衰减曲线法整定调节器参数的步骤与上述完全相同，仅所用计算公式有些不同。

【例7-14】 已知控制系统结构如图7-65所示。其中系统开环传递函数为

$$G_O(s)=\frac{10}{(s+1)(s+3)(s+5)}$$

试采用衰减曲线法计算系统P、PI、PID控制器的参数，并分别绘制整定后系统的单位阶跃响应曲线。

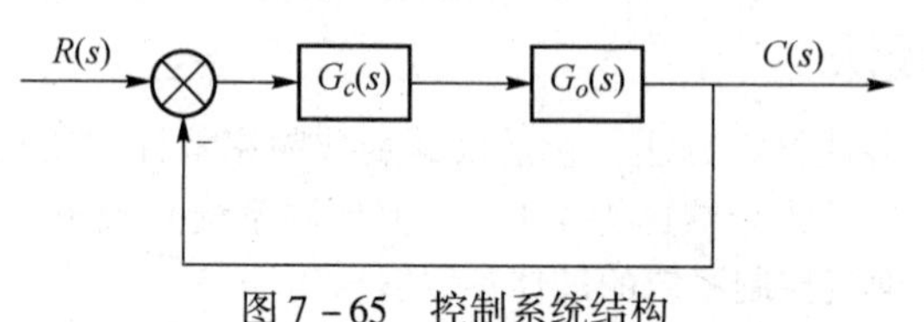

图7-65　控制系统结构

解： 依据题设条件构建测试参数的闭环系统Simulink仿真模型；调整比例度参数，获取测试系统被控对象的4:1衰减曲线，确定衰减比例度 δ_s 和两个曲线峰值之间的时间 T_S；构建P、PI和PID控制器闭环系统MATLAB仿真模型；根据表7-3计算出P、PI和PID控制器的相关参数；分别绘制P、PI和PID控制的单位阶跃响应曲线并对仿真结果进行分析，其具体步骤如下。

(1) 构建测试参数的系统闭环Simulink仿真模型，如图7-66所示。

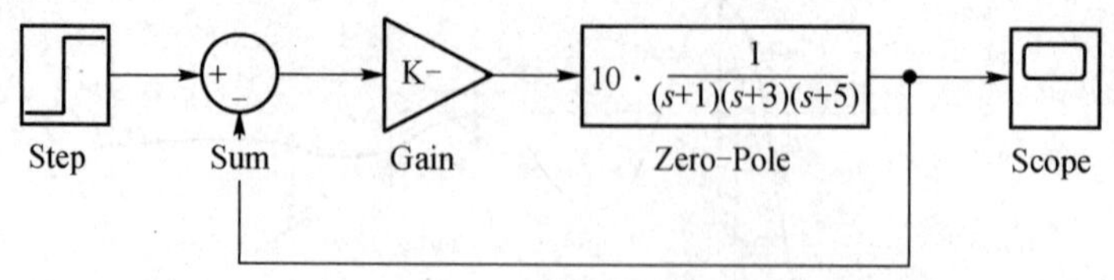

图7-66　例7-14测试参数系统Simulink仿真模型

(2) 按4:1衰减曲线调整比例度系数，获取系统的衰减曲线。首先，调整图7-66所示系统Simulink仿真模型图中的Gain的 K 值，从大到小进行试验，仿真结束后，观察示波器的输出，直到输出4:1衰减曲线为止（建议 K 取5~15）。当 $K=12$ 时，启动仿真，运行结束后双击Scope模块，得系统输出衰减振荡曲线如图7-67所示。

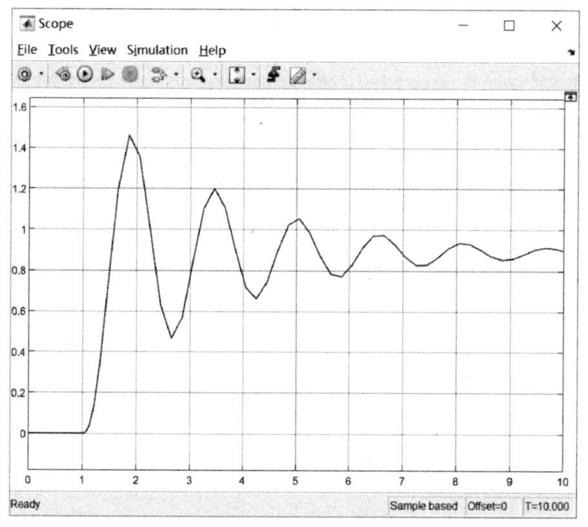

图 7-67 例 7-14 $K=12$ 时系统衰减振荡曲线

由图 7-67 可知，系统输出曲线衰减振荡，没有达到输出 4∶1 的衰减比例。继续减少 K 值。当 K 减少到 6.5 时，仿真结束后双击 Scope 模块，得系统 4∶1 衰减振荡曲线，如图 7-68 所示。

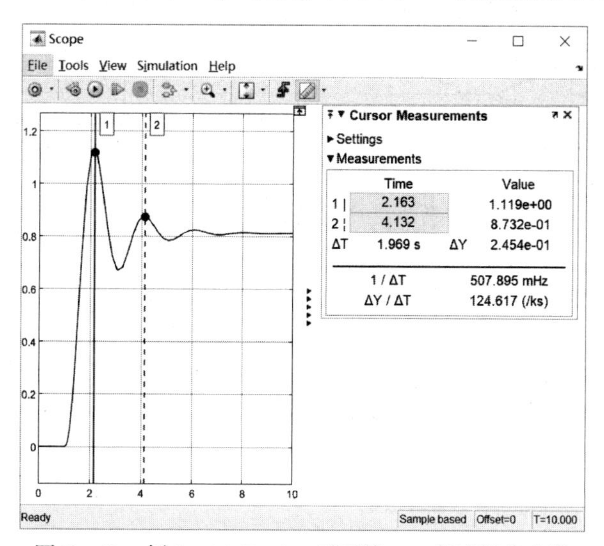

图 7-68 例 7-14 $K=6.5$ 时系统 4∶1 衰减振荡曲线

单击图 7-69 工具栏中的“Cursor Measurements”（光标测量）选项，在图中出现 2 条竖直线其中 1 条为点画线，移动 2 条线测出 2 个幅振荡峰值之间的周期 T_s 和 2 个峰值大小（自动显示其值）；由图 7-68 左侧可以看出，当 $t=2.163$ s 时，输出曲线出现第一峰值，其峰值为 1.119；在 $t=4.132$ s 左右时，输出曲线出现第二峰值，其值为 0.873 2，而稳定值为 0.8，经计算可得衰减度近似为 4∶1；显示的 2 个峰值间的时间常数为 $T_S=4.132-2.163=1.969$ s。

（3）根据表 7-3，进行 P 控制参数整定时，比例度 δ_s 和出现 4∶1 衰减振荡时比例系数相同，即在图 7-66 仿真模型中添加 Gain 模块，系数设置为 6.5，因此，P 控制时系统的单位阶跃响应曲线如图 7-69 所示。

由图 7-69 可知，P 控制单位阶跃响应曲线超调量不大，振荡衰减变化，但余差较大，稳态值趋于 0.8。

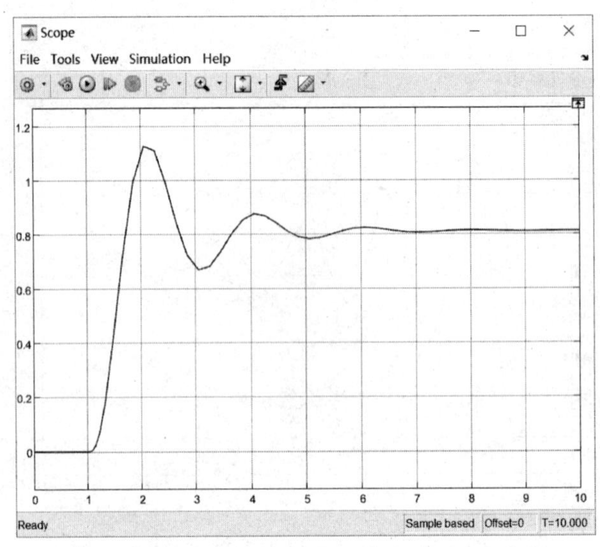

图 7-69　例 7-14 P 控制时单位阶跃响应曲线

(4) 根据表 7-3，当进行 PI 控制整定时，比例度 δ_s 为 $0.8\delta_s = 0.8 \times 6.5 = 5.2$，积分时间常数 $T_I = 0.5T_S = 0.5 \times 1.969 = 0.9845$，按如图 7-70 所示 PI 控制 Simulink 仿真模型进行接线。

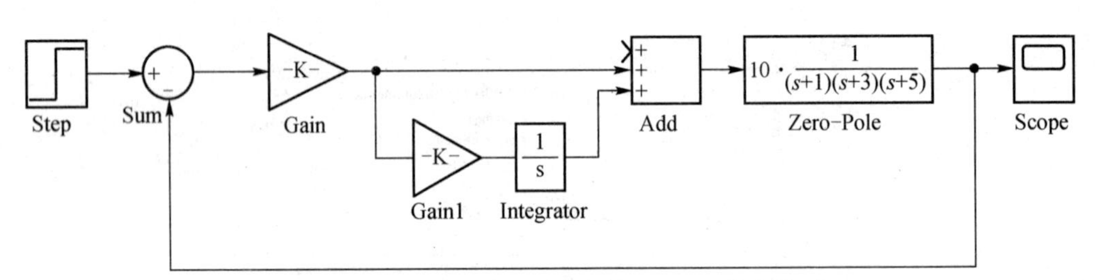

图 7-70　例 7-14 系统 PI 控制 Simulink 仿真模型

将模块 Gain 设置为 5.2，将模块 Gian1 设置为 $1/T_I = 1/0.9845$，设仿真时间为 10 s，仿真结束后双击 Scope 模块，得如图 7-71 所示输出结果。

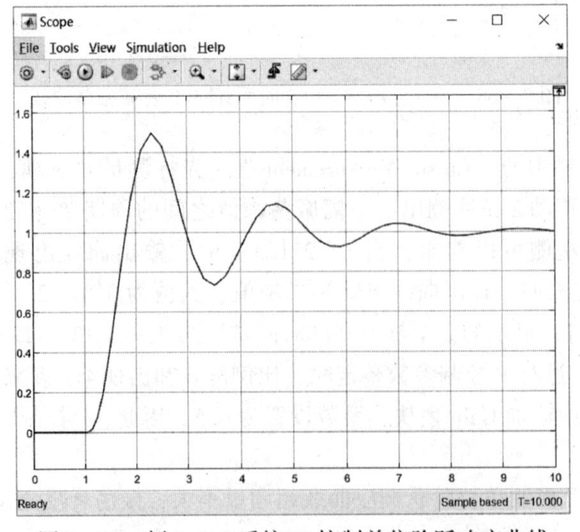

图 7-71　例 7-14 系统 PI 控制单位阶跃响应曲线

由图 7－71 可看出，PI 控制单位阶跃响应曲线上升时间与 P 控制相同，输出曲线超调量大，但稳态值趋 1，而 P 控制稳态值趋于 0.8。

（5）根据表 7－3，可知当 PID 控制整定时，比例度 δ 为 $1.2\delta_s=1.2\times6.5=7.8$，积分时间常数 $T_I=0.3T_S=0.3\times1.969=0.5907$ s，微分时间常数 $\tau=0.1*T_S=0.1\times1.969=0.1969$ s。构建 PID 控制闭环系统仿真模型如图 7－72 所示。

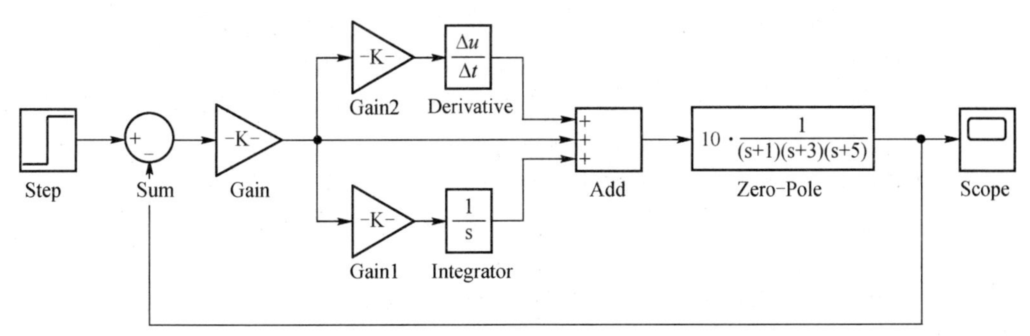

图 7－72 例 7－14 PID 控制闭环系统仿真模型

将图 7－72 中比例模块 Gain 设置为 7.8，模块 Gain2 设置为 $1/T_I=1/0.5907$ s，将模块 Gain1 设置为 tou＝0.1969 s，设置仿真时间 10 s，仿真结束后双击 Scope 模块，得如图 7－73 所示的曲线。

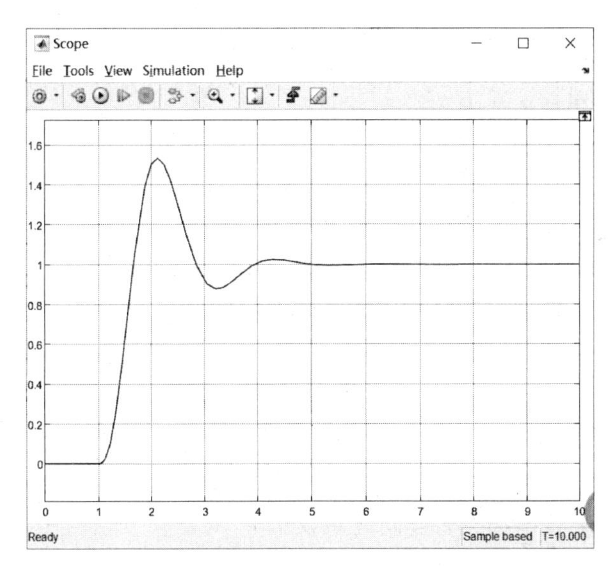

图 7－73 例 7－14 系统 PID 控制单位阶跃响应曲线

由图 7－73 可知，PID 控制单位阶跃响应曲线上的响应速度比 P、PI 控制要快，调节时间短，但超调量稍大些。

本节通过 3 个 PID 整定参数的实际例子，介绍了响应曲线法、临界比例度法和衰减曲线法用 MATLAB/Simulink 进行 PID 控制器参数整定的仿真过程。另外，在 PID 参数进行整定时，如果能够用理论的方法确定 PID 参数当然是最理想的，但在实际工程应用中，更多的是通过凑试法来确定 PID 的参数。

通过上面的例子，可以总结出以下 3 个基本的 PID 参数整定规律。

（1）增大比例系数一般能加快系统的响应，在有静差的情况下有利于减少静差，但是过大的比例系数会使系统有比较大的超调，并产生振荡，使稳定性变差。

(2) 增大积分时间有利于减少超调和振荡，使系统的稳定性增加，但使系统静差消除时间变长。

(3) 增大微分时间有利于加快系统的响应速度，使系统超调量减小，稳定性增加，但系统对扰动的抑制能力减弱。

另外，在凑试参数时可以参考以上规律调整对系统控制过程的影响趋势，对参数调整实行先比例，再积分，最后微分的整定步骤，即先整定比例部分，将比例参数由小到大，并观察相应的系数响应，直至得到反应快、超调小的响应曲线。如果系统没有静差或静差已经小到允许范围内，并且对响应曲线已经满意，则只需要比例调节器即可。

如果在比例调节的基础上系统的静差不能满足设计要求，则必须加入积分环节。在整定时先将积分时间设定到一个比较大的值，然后将已经调节好的比例系数略为缩小（缩小到原值的0.8倍），最后减小积分时间，使系统在保持良好动态性能的情况下，静差得到消除。在调节和整定控制器过程中，可以根据系统的响应曲线的好坏反复改变比例系数和积分时间，以其得到满意的控制过程和整定参数。

如果在上述调整过程中对系统的动态过程反复调整还不能得到满意的结果，则可以加入微分环节。首先把微分时间设置为0，然后逐渐增加微分时间，同时相应地改变比例系数和积分时间，逐步凑试，直至得到满意的调节效果。

练习题

7.1 已知系统开环传递函数为

$$G(s) = \frac{10}{s(0.2s+1)(0.5s+1)}$$

试设计串联超前校正环节，使其校正后系统的静态误差 $K_v = 10s^{-1}$，相角裕度≥50°，并绘制校正前后系统的开环 Bode 图和闭环单位阶跃响应曲线。

7.2 已知某单位负反馈控制系统的开环传递函数为

$$G(s) = \frac{1}{s(s+1)(s+5)}$$

试设计串联滞后－超前校正环节，使校正后的系统静态速度误差系数 $=10s^{-1}$，相角裕度≥60°，幅值裕度≥8 dB。绘制校正前后系统的开环 Bode 图、闭环单位阶跃响应曲线和校正前后的 Bode 图对比及 Nyquist 图对比。

7.3 已知系统开环传递函数为

$$G(s) = \frac{10}{s(s+2)(s+5)}$$

试设计超前校正装置，使其校正后系统的静态速度误差系数 $K_v = 50s^{-1}$，闭环主导极点 $\zeta = -2 \pm \sqrt{3}\,\mathrm{i}$，绘制校正前后系统的根轨迹图和阶跃响应曲线，通过对比验证系统校正是否满足设计要求。

7.4 已知具有 PD 环节的控制系统结构如下图所示。

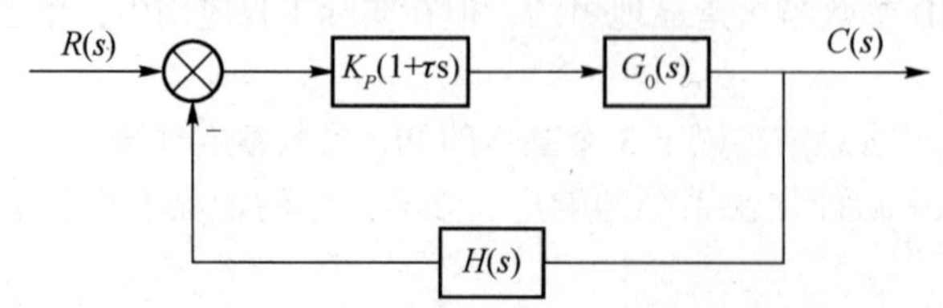

其中，开环传递函数为 $G_0(s)=\frac{1}{(s+1)(2s+1)(3s+1)}$，$H(s)=1$，设比例系数 $K_P=2$。试编写 MATLAB 程序绘制微分系数 $\tau=0$，0.3，0.7，1.5，3 时的系统的闭环单位阶跃响应曲线。

7.5 已知系统开环传递函数 $G_o(s)=\frac{13.73}{(s+1)(4.05s+1)}e^{-1.5s}$，试用 Ziegler－Nichols（齐格勒－尼柯尔斯）整定法计算系统 P、PI、PID 控制器参数，并分别绘制整定后闭环系统的单位阶跃响应曲线。

参考文献

[1] 胡寿松. 自动控制原理 [M]. 6 版. 北京：科学出版社，2017.
[2] 孙德宝. 自动控制原理 [M]. 北京：化学工业出版社，2002.
[3] 王艳秋. 自动控制原理 [M]. 北京：北京理工大学出版社，2018.
[4] 王正林，王胜开，陈国顺，等. MATLAB/Simulink 与控制系统仿真 [M]. 4 版. 北京：电子工业出版社，2017.
[5] 薛定宇. 控制系统仿真与计算机辅助设计 [M]. 2 版. 北京：机械工业出版社，2014.
[6] 张晓华. 控制系统数字仿真与 CAD [M]. 2 版. 北京：机械工业出版社，2006.
[7] 黄忠霖，黄京. 控制系统 MATLAB 计算及仿真 [M]. 3 版. 北京：国防工业出版社，2016.
[8] 钱积新，王慧，周立芳，等. 控制系统的数字仿真与计算机辅助设计 [M]. 2 版. 北京：化学工业出版社，2010.
[9] 张威. MATLAB 基础与编程入门 [M]. 3 版. 西安：西安电子科技大学出版社，2017.
[10] 吴晓燕，张双选. MATLAB 在自动控制中的应用 [M]. 西安：西安电子科技大学出版社，2015.
[11] 张霞萍. MATLAB 8 · X 程序设计及典型应用 [M]. 西安：西安电子科技大学出版社，2017.
[12] 黄忠霖. 新编控制系统 MATLAB 仿真实训 [M]. 北京：机械工业出版社，2014.
[13] 党宏社. 控制系统仿真 [M]. 西安：西安电子科技大学出版社，2008.
[14] 胡寿松. 自动控制原理题海大全 [M]. 北京：科学出版社，2012.
[15] 王正林，郭阳宽. MATLAB/Simulink 与过程控制系统仿真 [M]. 北京：电子工业出版社，2012.
[16] 郁凯元. 控制工程基础 [M]. 北京：清华大学出版社，2010.
[17] 王锦标. 计算机控制系统 [M]. 2 版. 北京：清华大学出版社，2008.